強誘電体デバイス

Kenji Uchino　原著

内野研二・石井孝明　共訳

森北出版株式会社

Ferroelectric Devices
by Dr.Kenji Uchino;International Center for Actuators and
Transducers (ICAT), The Pennsylvania State University,
University Park, Pennsylvania
Copyright © 2000 by Marcel Dekker, Inc., 270 Madison Avenue,
New York, New York 10016

■本書の無断複写は，著作権法上での例外を除き禁じられています．
複写される場合は，その都度事前に㈱日本著作出版権管理システム
（電話 03-3817-5670，FAX 03-3815-8199）の許諾を得て下さい．

まえがき

　強誘電体は高誘電率誘電体，焦電センサ，圧電デバイス，電気光学デバイス，PTC素子のようなさまざまなデバイスに応用できるのだが，現在までのところ，セラミックキャパシタ，圧電着火素子，圧電ブザー，PTCサーミスタのような比較的簡単な素子の商品化に限られているのが現状である．もちろん今までに高機能強誘電体素子の実用化研究は数多く行われてきたのであるが，実用化例はあまり多くない．光センサでは，半導体材料が応答速度や感度の点で強誘電体材料よりも優れており，記憶素子では磁気材料が，ディスプレイでは液晶が市場を席巻しており，強誘電体材料が主役の座を奪うまでには至っていない．このような強力な競争相手のいる分野で成功することは並大抵のことではなく，強誘電体材料がこれらの分野でも応用され商品化されるためには，材料やデバイスの基礎知識や開発経験の系統的積み重ねが欠かせない．

　しかしながら著者の25年にわたる「強誘電体デバイス」の講義から感じたことは，学生や企業の研究者が強誘電体分野を学ぼうとしたときに初学者向けの系統的教科書が見つからないことであった．そこで著者の講義ノートを中心にデバイス開発の哲学も含めて新しい教科書を執筆することにしたのである．本書は強誘電体デバイス，強誘電体材料，デバイス設計，駆動／制御法の理論的背景とともに，実際の応用例，さらに将来の予測についても言及した．強誘電体の歴史は古く，しかもデバイス開発は多岐にわたっておりすべてを一冊の本で網羅することはほとんど不可能である．そこで本書では，強誘電体デバイスの設計／開発法，薄膜／厚膜デバイスなど，重要で基礎的な事項に内容を絞って執筆した．

　各章について紹介しよう．1章「強誘電体の一般論」では全体像を述べ，2章「強誘電体の数学的取り扱い」で理論的取り扱いを述べる．3章「材料およびデバイス設計と製造プロセス」では，実際のデバイス設計／製造法について触れる．4章「高誘電率誘電体」ではキャパシタ応用について，5章「強誘電体メモリーデバイス」，6章「焦電デバイス」ではそれぞれ薄膜／厚膜応用について述べる．7章「圧電デバイス」では，圧電アクチュエータ，超音波モータ，音響トランスデューサ，圧電センサについて取り扱う．8章「電気光学デバイス」では，光スイッチ，ディスプレイ，光導波

路，光起電力デバイスなどの光学デバイスを説明する．9章「PTC材料」，10章「複合材料」ではそれぞれの材料およびデバイス応用について基礎的な事項を学ぶ．最後に11章「強誘電体デバイスの将来」では強誘電体の市場規模を予測し，著者のベストセラーデバイス開発戦略を紹介する．

　本書は，電子材料，光学材料，通信，精密機械，ロボット関係分野の大学院生および企業の技術者を対象に考えて執筆した．75分の講義30回分に相当する．例題および解答を充実させたので参考書や自習書としても是非利用していただきたい．

　圧電アクチュエータ／センサについてより深く学びたい読者には，「Piezoelectric Actuators and Ultrasonic Motors」Kenji Uchino（Kluwer Academic Publishers：1997）と「Micromechatronisc」Kenji Uchino, Jayne Giniewicz（Marcel Dekker：2003）をお勧めする．

　本書の執筆に当たり，ICAT所員およびDr. Yukio Ito（元Rutgers University）に協力していただいた．特にDr. Uma Belegundu（現Lock Heaven University）には演習問題について，故Prof. Dr. Jayne Giniwicz（元Indiana University of Pennsylvanis）には本書全体について多くの助言をしていただいた．この場を借りて深く感謝する．

1999年1月　State Collegeにて
内野研二

目　次

第 0 章　必要な予備知識 …………………………………………………………1

第 1 章　強誘電体の一般論
　1.1　結晶構造と強誘電性 ……………………………………………………4
　1.2　自発分極の起源 …………………………………………………………6
　1.3　電界誘起歪みの起源 ……………………………………………………11
　1.4　電気光学効果 ……………………………………………………………15
　1.5　強誘電体の例 ……………………………………………………………19
　1.6　強誘電体の応用 …………………………………………………………21

第 2 章　強誘電体の数学的取り扱い
　2.1　物理的特性のテンソル表記 ……………………………………………24
　2.2　強誘電体の現象論 ………………………………………………………38
　2.3　反強誘電体の現象論 ……………………………………………………46

第 3 章　材料およびデバイス設計と製造プロセス
　3.1　材料設計 …………………………………………………………………55
　3.2　セラミックスの作製プロセス …………………………………………64
　3.3　デバイス設計 ……………………………………………………………69
　3.4　強誘電性の粒径依存性 …………………………………………………79
　3.5　強誘電分域の寄与 ………………………………………………………84

第 4 章　高誘電率誘電体
　4.1　セラミックキャパシタ …………………………………………………99
　4.2　チップキャパシタ ………………………………………………………100
　4.3　複合基盤 …………………………………………………………………101

4.4　緩和型強誘電体 …………………………………………………………102

第 5 章　強誘電体メモリデバイス
　5.1　DRAM ……………………………………………………………………112
　5.2　不揮発性強誘電体メモリ ………………………………………………118

第 6 章　焦電デバイス
　6.1　焦電材料 …………………………………………………………………123
　6.2　温度／赤外線センサ ……………………………………………………130
　6.3　赤外線画像センサ ………………………………………………………131

第 7 章　圧電デバイス
　7.1　圧電材料と特性 …………………………………………………………135
　7.2　圧力センサ／加速度センサ／ジャイロ ………………………………147
　7.3　圧電振動子／超音波トランスデューサ ………………………………150
　7.4　弾性表面波素子 …………………………………………………………162
　7.5　圧電トランス ……………………………………………………………164
　7.6　圧電アクチュエータ ……………………………………………………168
　7.7　超音波モータ ……………………………………………………………183

第 8 章　電気光学デバイス
　8.1　電気光学効果 ……………………………………………………………206
　8.2　透明電気光学セラミックス ……………………………………………207
　8.3　バルク電気光学デバイス ………………………………………………214
　8.4　導波路変調器 ……………………………………………………………221

第 9 章　PTC 材料
　9.1　PTC 現象の原理 …………………………………………………………225
　9.2　PTC サーミスタ …………………………………………………………229
　9.3　粒界型キャパシタ ………………………………………………………231

第 10 章　複合材料

10.1　コネクティビティ ……………………………………………………235
10.2　複合効果 ………………………………………………………………236
10.3　PZT とポリマの複合材料 ……………………………………………240
10.4　PZT 複合材料ダンパ …………………………………………………247

第 11 章　強誘電体デバイスの将来

11.1　マーケットシェア ……………………………………………………254
11.2　信頼性の問題 …………………………………………………………257
11.3　ベストセラーデバイスの開発 ………………………………………260

さくいん ……………………………………………………………………………281

記号集

C	キュリー・ワイス定数	(Curie-Weiss constant)
c	弾性スティッフネス	(Elastic stiffness)
D	電気変位	(Electric displacement)
d, g	圧電係数	(Piezoelectric coefficients)
E	電界（電場）	(Electric field)
G_1	ギブスの弾性エネルギ	(Gibbs elastic energy)
g	二次の電気光学定数	(Secondary electrooptic coefficient)
k	電気機械結合係数	(Electromechanical coupling factor)
M, Q	電歪係数	(Electrostrictive coefficients)
n	屈折率	(Refractive index)
P	誘電分極	(Dielectric polarization)
P_s	自発分極	(Spontaneous polarization)
P_r	残留分極	(Remanent polarization)
p	焦電係数	(Pyroelectric coefficient)
r	一次の電気光学係数	(Primary electrooptic coefficient)
s	弾性コンプライアンス	(Elastic compliance)
T_0	キュリー・ワイス温度	(Curie-Weiss temperature)
T_c	キュリー温度（相転移温度）	(Curie temperature (phase transition temperature))
X	応力	(Stress)
x	歪み	(strain)
x_s	自発歪み	(spontaneous strain)
v	音速	(Sound velocity)
α	イオン分極率	(Ionic polarizability)
γ	位相遅れ	(Phase retardation)
γ	ローレンツ因子	(Lorentz factor)
ε	比誘電率，誘電定数	(Relative permittivity, dielectric constant)
ε_0	真空の誘電率	(Vacuum permittivity)
λ	エネルギ伝達率	(Energy transmission coefficient)
μ	双極子モーメント	(Dipole moment)

第 0 章 必要な予備知識

強誘電体デバイスを理解するためには，どうしても知っておかなければならない予備知識がある．次の問題を解き，次ページの解答と照らし合わせて採点せよ．

問題

- 問 1　弾性**スティッフネス** c および弾性**コンプライアンス** s の定義を，応力 X と歪み x の関係を用いて示せ．
- 問 2　せん断応力 X_4 を図 1 中に示せ．
- 問 3　密度 ρ，弾性コンプライアンス s^E をもつ材料の**音速** v を示せ．
- 問 4　電極面積 S，電極間距離 t で，**比誘電率** ε の材料で満たされたキャパシタの静電容量 C を求めよ．
- 問 5　双極子モーメント qu [C·m] の双極子密度が N [m^{-3}] である材料の**分極** P を求めよ．
- 問 6　比誘電率 ε の **Curie-Weiss の法則**を示せ．ただし Curie-Weiss 温度を T_0，Curie-Weiss 定数を C とする．
- 問 7　屈折率 n の材料中の光速度を示せ．ただし真空中の光速度を c とする．
- 問 8　仕事関数を図 2 中に示せ．
- 問 9　出力インピーダンスが Z_0 のアンプがある．最大出力電力を得るための外部インピーダンス Z_1 を示せ．
- 問 10　圧電定数 d の**圧電体**に，外部応力 X を印加したときの誘起分極 P を求めよ．

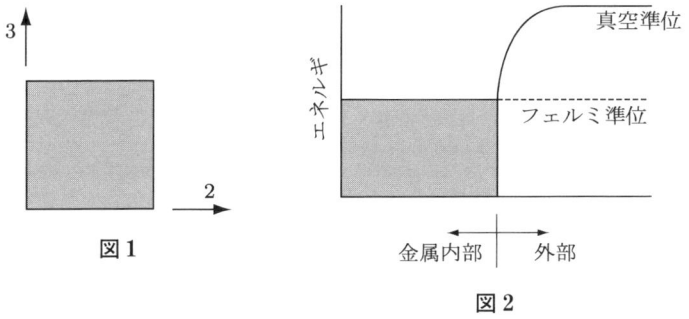

図 1　　　　　図 2

解答

各 10 点で，70 点以上であることが望ましい．

解 1 $X = cx,\ x = sX$

解 2 $x_4 = 2\,x_{23} = 2\,\phi$ （解図 1 参照）

解 3 $v = \dfrac{1}{\sqrt{\rho s^E}}$ （$v = \dfrac{1}{\rho s^E}$ は 5 点）

解 4 $C = \varepsilon_0 \varepsilon \dfrac{S}{t}$ （$C = \varepsilon \dfrac{S}{t}$ は 5 点）

解 5 $P = Nqu$

解 6 $\varepsilon = \dfrac{C}{T - T_0}$ （$\varepsilon = \dfrac{C}{T}$ は 5 点）

解 7 $c' = \dfrac{c}{n}$

解 8 （解図 2 参照）

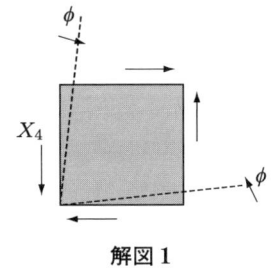

解図 1

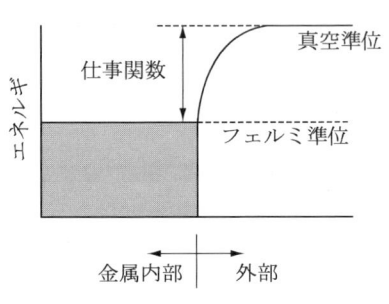

解図 2

解 9 $Z_1 = Z_0$ （解図 3 参照）

Z_1 に流れる電流は $\dfrac{V}{Z_0 + Z_1}$，印加される電圧は $\dfrac{Z_1}{Z_0 + Z_1}V$ である．よって電力 P は，

$$P = \dfrac{V^2 Z_1}{(Z_0 + Z_1)^2} = \dfrac{V^2}{\left(\dfrac{Z_0}{\sqrt{Z_1}} + \sqrt{Z_1}\right)^2} \leq \dfrac{1}{4}\dfrac{V^2}{Z_0}$$

である．最大出力電力 P_{max} は $\dfrac{Z_0}{\sqrt{Z_1}} = \sqrt{Z_1}$ の時に得られるので，$Z_1 = Z_0$ が答えとなる．

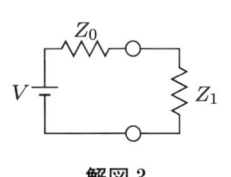

解図 3

解 10 $P = dX$ （同様な関係式に $x = dE$ がある．）

第1章　強誘電体の一般論

　表1.1に材料の各種効果の入力（電界，磁界，応力，熱，光）と出力（電荷／電流，磁化，歪み，温度，光）の関係についてまとめてある．電導体や弾性体のように，電圧や応力によって電流が流れたり歪んだりすること（良く知られている現象！）は，「当たり前」の材料（トリビアル材料）ということができるだろう．一方，焦電体や圧電体のように，熱や応力によって電界が生じること（予期せぬ現象！）は，「賢い」材料（スマート材料）ということができるのではないだろうか．これらの入出力マトリックスの非対角要素には，対応する逆効果が存在する．焦電効果には電気熱量効果，圧電効果には逆圧電効果であり，それらは，「センシング」と「アクチュエーティング」機能として同じ材料中に認められる．「知能」材料（インテリジェント材料）というものは，アクチュエータやセンサの機能に加えて，周辺環境変化に適応した"駆動／制御"もしくは"処理"機能を持たなければならない．強誘電体材料は，（磁気現象を除いて）ほとんどの効果を示す．したがって，強誘電体は非常に「賢い」材料というこ

表1.1　材料の各種効果

入力→　材料，素子　→出力

入力＼出力	電荷電流	磁化	歪み	温度	光
電界	誘電率導電率	電気磁気効果	逆圧電効果	電気熱量効果	電気光学効果
磁界	磁気電気効果	透磁率	磁歪効果	磁気熱量効果	磁気光学効果
応力	圧電効果	圧磁効果	弾性定数	―	光弾性効果
熱	焦電効果	―	熱膨張	比熱	―
光	光起電力効果	―	光歪効果	―	屈折率

対角項　　　　　　　　　　　センサ
非対角項　スマート材料　　　アクチュエータ

とができる．強誘電体は，高誘電率誘電体，焦電センサ，圧電デバイス，電気光学デバイス，PTC (Positive Temperature Coefficient：正温度係数）素子のように，さまざまな用途に用いられている．しかしながら，強誘電体デバイスは，優れた既存の材料が競争相手として存在する場合に，商品化に失敗する例が多い．光学センサがそのよい例で，典型的には半導体で作製された素子が，応答速度の点でも感度の点でも強誘電体よりも優れている．磁気デバイスは記憶素子として非常に多く使用されており，液晶素子は光学ディスプレイに使用されている．このような現象の原因の一つとして挙げられるのは，強誘電体材料についての系統的で包括的な知識が欠けているからではないだろうか．この章では，まず強誘電性の基礎知識について学ぶ．

1.1 結晶構造と強誘電性

いわゆる**誘電体**材料は，構成原子が正か負にある程度イオン化していると考えられている．そのようなイオン結晶では，電界が印加されると静電気的相互作用により，陽イオンは陰極に引かれ陰イオンは陽極に引かれる．電子雲も変形し，電気双極子を生じる．この現象は，誘電体の**電気分極**として知られており，その分極は定量的に，単位体積あたりの電気双極子の合計で表される（単位は $[C/m^2]$）．図 1.1 は電気分極の起源について模式的に示したものである．大きく分けて三種類の寄与，**電子分極，イオン分極，配向分極**がある．これらのどの分極が支配的であるかは，印加電界の周波数によって異なる．電子分極は，$[THz]$ - $[PHz]$ (10^{12}-10^{15} $[Hz]$，可視光よりも高い！）まで追随する．イオン分極は $[GHz]$ - $[THz]$ (10^9-10^{12} $[Hz]$，マイクロ波領域)

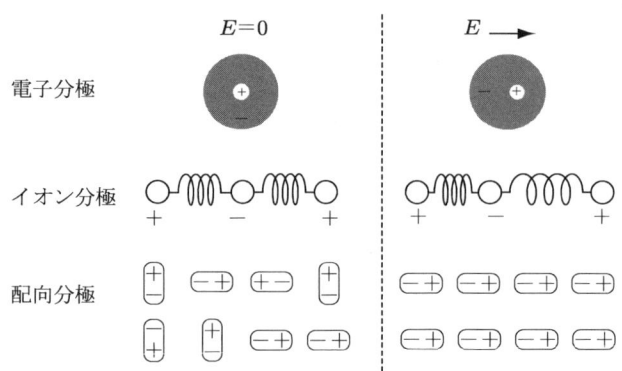

図 1.1 電気分極の微視的起源による分類

まで応答する．従って，比誘電率 ε と屈折率 n との間の関係

$$\varepsilon = n^2 \tag{1.1}$$

は，テラヘルツ以上の高周波領域のみで成り立つことに注意しなければならない．配向分極は，[MHz]‐[GHz]（10^6‐10^9 [Hz]）まで追随できる．永久双極子をもつ強誘電体材料がマイクロ波用の材料として用いられない理由はここにある．それらの材料は，低周波（kHz 程度）では高誘電率を示すが，周波数が上がるにつれて誘電率が急激に低下してしまうからである．

　誘電体で作られたキャパシタは，図 1.2 に示すように誘電分極 P が生じるため，空気キャパシタと比較してより多くの電荷を蓄えておくことができる．この時に蓄えられた単位面積あたりの電荷を物理的には**電気変位** D と呼び，電界 E との関係は式 (1.2) のようになる．

$$D = \varepsilon_0 E + P = \varepsilon \varepsilon_0 E \tag{1.2}$$

ここで，ε_0 は真空の誘電率（$= 8.854 \times 10^{-12}$ [F/m]）で，ε は材料の**比誘電率**（時に，単に**誘電率**と呼ぶこともあり，一般にテンソル量）である．

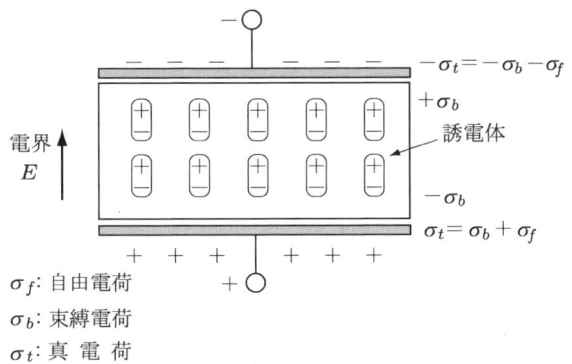

図 1.2 誘電体キャパシタの電荷蓄積

　結晶構造によっては，外部から電界を印加しなくても正のイオンと負のイオンの中心が一致していないものがある．そのような結晶には，**自発分極**が存在し，特に電界によってその向きが変えられる材料を**強誘電体**と呼ぶ．

　すべての誘電体が強誘電体とは限らない．結晶構造は，その対称性から 32 の点群に分類することができる．それらは，中心対称性がある構造とない構造に大きく二つに分けることができる．詳しくは表 1.2 に示す．中心対称性のない構造は 21 存在する．432 は例外であるが，そのほかの 20 種類は適切な応力印加によって結晶表面に正の電

荷と負の電荷が発生する．これらの材料を**圧電材料**という．これらの結晶の数学的取り扱いについては後で述べる．

表 1.2 中心対称性の有無と極性，非極性による晶族の分類

極性	中心対称性	晶族数	結晶系									
			立方		六方		正方		三方(菱面体)		斜方	単斜	三斜
非極性結晶(22)	有(11)	11	$m3m$	$m3$	$6/mmm$	$6/m$	$4/mmm$	$4/m$	$\bar{3}m$	3	mmm	$2/m$	$\bar{1}$
	無(21)	11	432 $\bar{4}3m$	23	622 $\bar{6}m2$	$\bar{6}$	422 $\bar{4}2m$	$\bar{4}$	32	3	222		
極性(焦電性)結晶(10)		10			$6mm$	6	$4mm$	4	$3m$	3	$2mm$	$\dfrac{2}{m}$	1

圧電性結晶 ▨

　焦電性は，自発分極の温度依存性に起因する現象であり，温度上昇につれて減少する自発分極の影響で，結晶表面に減少した分の電荷が発生する．焦電結晶のうちで，結晶の破壊を起こさずに自発分極を反転させることができるものを**強誘電体**と呼ぶ．この定義には曖昧さがともない，実際には焦電体に電界を印加して実験的に分極反転を確認することが必要となる．

1.2 自発分極の起源

　なぜ，弾性エネルギ的に無極性の方が安定なのに，自発分極を持つのであろうか．その理由を次に述べる．簡単のために，あるイオン A (電荷 q) に着目する．イオン A が結晶格子に対して変位することで双極子モーメントが発生するものとする．

　この種のイオンの変位は有限の温度における格子振動によるものと考えられている．図 1.3 にペロブスカイト結晶において可能な固有格子振動のいくつかを示す．(a) は初期状態の立方晶 (対称構造)，(b) は対称に伸ばされたもの，(c) は中心の陽イオンが一方向にシフトしたもの，(d) は中心の陽イオンが互い違いにシフトしたものである．もしもある特定の格子振動状態が結晶のエネルギを減少させるならば，イオンはエネルギ状態を低くしようとして，その状態に遷移し結晶は安定化する．まず，立

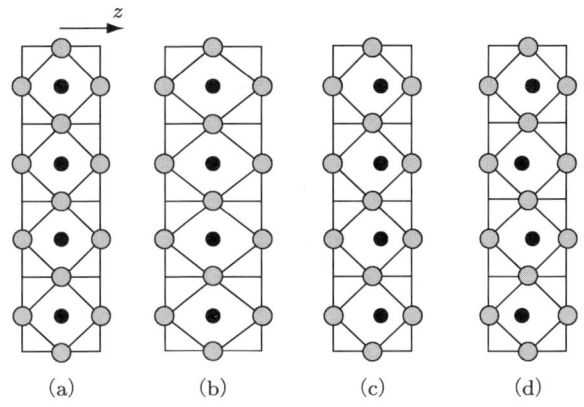

図 1.3 ペロブスカイト結晶における固有振動モード

方晶の (a) から始めるとする．(b) が安定化した状態だとすると，酸素八面体のみが変形した状態であり，双極子モーメントは生じていない．これを「音響モード」と呼ぶ．一方，(c) もしくは (d) が安定した状態だとすると，その状態は双極子モーメントを生じており，これを「光学モード」と呼ぶ．この安定した状態 (c) は強誘電状態，(d) は反強誘電状態である．もしもこの特殊なモードが，温度が低下するに従って安定化するならば，振動モード周波数も減少し（**ソフトフォノンモード**）ついにはある相転移温度においてこの周波数はゼロになる．

このことは，いかなるイオン A にとっても，外部電界がなくても周囲の分極 P からの局所場が存在することを意味する．局所場の概念を図 1.4 に模式的に示す．式 (1.3) に局所場の式を示す．

$$\mathbf{E}^{loc} = \mathbf{E}_0 + \sum_i \frac{3(\mathbf{p}_i \mathbf{r}_i)\mathbf{r}_i - r_i^2 \mathbf{p}_i}{4\pi\varepsilon_0 r_i^5} = \frac{\gamma}{3\varepsilon_0}\mathbf{P} \tag{1.3}$$

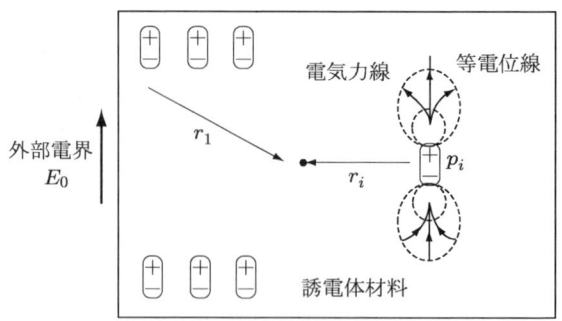

図 1.4 電気分極の生じた誘電体中の局所電界の概念図

局所場は，$\mathbf{E}^{loc} = \mathbf{E}_0 + \sum_i \dfrac{3(\mathbf{p}_i \mathbf{r}_i)\mathbf{r}_i - r_i^2 \mathbf{p}_i}{4\pi\varepsilon_0 r_i^5}$ で与えられる．

この局所場はイオンシフトの原動力である．ここに示す γ は**ローレンツ因子**と呼ばれる．等方性の立方晶系では，γ は 1 と知られており[1]，ε_0 は真空の誘電率で，8.854×10^{-12} [F/m] である．もしもイオン A の**イオン分極率**を α とすると，結晶単位胞当たりの双極子モーメントは，

$$\mu = \dfrac{\alpha\gamma}{3\varepsilon_0} P \tag{1.4}$$

となる．したがって，双極子モーメントのエネルギ（双極子相互作用）は，

$$w_{dip} = -\mu E^{loc} = -\dfrac{\alpha\gamma^2}{9\varepsilon_0^2} P^2 \tag{1.5}$$

となり，N を単位体積当たりの原子の数と定義すると，

$$W_{dip} = N w_{dip} = -\dfrac{N\alpha\gamma^2}{9\varepsilon_0^2} P^2 \tag{1.6}$$

となる．さらに，イオン A が無極性平衡位置から変位したときには弾性エネルギも増加する．もしも，変位が u で，力の係数を k，k' とすると，単位体積当たりのエネルギ増加は，

$$W_{dip} = N \left(\dfrac{k}{2} u^2 + \dfrac{k'}{2} u^4 \right) \tag{1.7}$$

となる．ここで，$k'\ (> 0)$ は高次の力の係数である．ここで注意しておかなければならないことは，焦電体では，k' は双極子モーメントの大きさを決定する重要な役割を果たすことである．

$$P = Nqu \tag{1.8}$$

q は電荷である．式 (1.8) を用いて式 (1.7) を書き換え，さらに式 (1.6) を合わせると，全エネルギが式 (1.9) のように求められる（図1.5参照）．

$$W_{tot} = W_{dip} + W_{elas}$$
$$= \left(\frac{k}{2Nq^2} - \frac{N\alpha\gamma^2}{9\varepsilon_0^2}\right)P^2 + \frac{k'}{4N^3q^4}P^4 \tag{1.9}$$

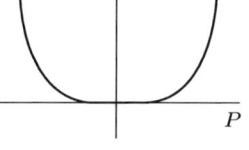

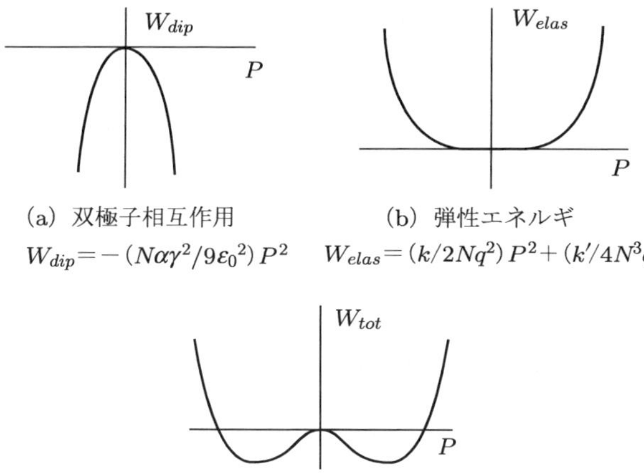

(a) 双極子相互作用　　　　(b) 弾性エネルギ
$W_{dip} = -(N\alpha\gamma^2/9\varepsilon_0^2)P^2$　　$W_{elas} = (k/2Nq^2)P^2 + (k'/4N^3q^4)P^4$

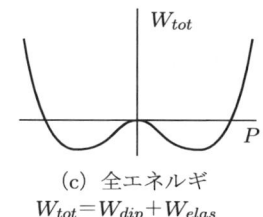

(c) 全エネルギ
$W_{tot} = W_{dip} + W_{elas}$

図1.5 自発分極の起源のエネルギ的説明

エネルギ極小条件を考えると，弾性エネルギの調和係数が双極子相互作用の係数と等しいか，もしくは大きかった場合に $P = 0$ となる．すなわち，イオン A は無極性平衡位置に安定に留まる．調和係数が小さい場合には，平衡位置からシフトした，

$$P^2 = \frac{(2N\alpha\gamma^2/9\varepsilon_0^2) - (k/Nq^2)}{k'/N^3q^2}$$

を満足するところが安定となる．ローレンツ因子の大きな例えばチタン酸バリウム（$\gamma = 10$）[2] などのようなペロブスカイト型結晶は，他の結晶構造よりも自発分極を持ちやすい．また，分極率は温度にも敏感で，相転移にも密接に関係する．仮に，イオン A の分極率（α）が，温度の減少と共に増加するとした場合，たとえ高温時に，$(k/2Nq^2) - (N\alpha\gamma^2/9\varepsilon_0^2) > 0$（常誘電体）であっても，温度低下と共に負になる可能性があり，すなわちそれは強誘電体に相転移する可能性があるということである．α と温度との一次近似的関係は，キュリー・ワイスの法則としてよく知られており，詳細は2.2節 (1) で述べる．

例題 1.1 ❖❖❖❖❖

チタン酸バリウムは室温で図 1.6 に示すように各イオンが変位する．自発分極の大きさを計算せよ．ただし，格子定数は，$c = 4.036\,[\text{Å}]$, $a = 3.992\,[\text{Å}]$ である．

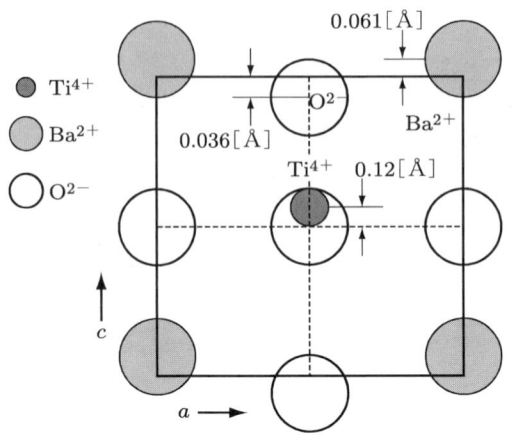

図 1.6 BaTiO$_3$ のイオンの変位

ヒント $P = N\mu$ (N：単位体積当たりの双極子モーメントの数)

解 双極子モーメントは電荷とそれらの変位の積で求められる．単位体積当たりの全双極子モーメントは Ba^{2+}, Ti^{4+}, O^{2-} からなる双極子の総和で求められる（ただし，単位格子に含まれる原子の割合に注意．角のイオンは 1/8，面心のイオンは 1/2 である）．

$$\begin{aligned}
p &= 8\,\frac{2e}{8}\,(0.061 \times 10^{-10}\,[\text{m}]) + 4e(0.12 \times 10^{-10}\,[\text{m}]) \\
&\quad + 2\left(\frac{-2e}{2}\right)(-0.036 \times 10^{-10}\,[\text{m}]) \\
&= 0.674 \times 10^{-10} e\,[\text{m}] \\
&= 1.08 \times 10^{-29}\,[\text{C·m}]
\end{aligned} \tag{P1.1.1}$$

ここで e は $1.602 \times 10^{-19}\,[\text{C}]$ である．単位胞の体積は，

$$\begin{aligned}
v &= a^2 c \\
&= (3.992)^2\,(4.036) \times 10^{-30}\,[\text{m}^3] \\
&= 64.3 \times 10^{-30}\,[\text{m}^3]
\end{aligned} \tag{P1.1.2}$$

自発分極は単位体積当たりの分極（全双極子）と定義されるので，

$$P_s = \frac{p}{v}$$

$$= \frac{1.08 \times 10^{-29} \,[\text{C}\cdot\text{m}]}{64.3 \times 10^{-30} \,[\text{m}^3]}$$

$$= 0.17 \,[\text{C/m}^2] \tag{P 1.1.3}$$

実験で求められた P_s の値は約 $0.25\,[\text{C/m}^2]$ である．

❖

1.3 電界誘起歪みの起源

　固体，特にセラミックス(無機材料)は比較的硬いが，状態パラメータの変化によって伸びたり縮んだりする．この**歪み**（$\frac{変位}{初期長}\frac{\Delta L}{L}$ で定義される）は，熱によるものは熱膨張，応力によるものは弾性変形としてよく知られている．絶縁材料としては，電界が変形を起こすことも知られており，このことを**電界誘起歪み**と呼ぶ．

　「電歪」は電界誘起歪みを表す一般的な表現として使われるとともに，「逆圧電効果」を含めて使われることもよくある．しかし固体の理論では，逆圧電効果は一次の電気機械結合効果として定義されており，歪みは電界に比例することとされている．一方，電歪効果は，二次の効果とされており，歪みは電界の二乗に比例する．したがって，厳密にいえばそれらは区別されるべきものである．しかしながら，原形相（高温の常誘電体相）が中心対称性をもつような強誘電体における圧電性は，起源的に電歪相互作用に由来するものと考えられており，両効果は関係がある．これらの現象は，材料が単分域単結晶であり，その状態が印加電界によって変化しないという仮定のもとに成り立つものである．実際の圧電セラミックスでは，強誘電分域の再配向による歪みも同様に重要である．

　電界でなぜ歪みが誘起されるのか簡単に説明しておく[3]．今簡単のため NaCl のようなイオン結晶を考えよう．図 1.7(a) と 1.7(b) には結晶格子の一次元的な剛体イオンバネモデルを示した．イオン同士をつないでいるバネは，静電的なクーロンエネルギと量子論的な反発エネルギなどに由来する結合力を等価的に表現したものである．(b) は結晶が中心対称性を有する場合を，(a) はより一般的な非中心対称的な場合を示す．(b) ではイオンを結合しているバネがすべて同じであるのに対して，(a) ではイオン間距離の長い方と短い方をつないでいるバネが同じでない．つまり，硬いバネと柔らかいバネが交互にある点が重要である．次に (a) の結晶格子に電界 E が印加された状態を考える．陽イオンは電界方向に，陰イオンは逆方向に引力が働くので，相対的

にイオン間距離は変化する．電界の印加方向によって(a)では柔らかい方のバネが大きく伸縮するわけで，これが電界 E に比例した歪み量 x を生ずることになる．これが**逆圧電効果**で，

$$x = dE \tag{1.10}$$

と表現した時の比例定数 d を圧電定数と呼ぶ．

一方，(b)ではバネが伸びと縮みを交互に生じ，通常その大きさがほぼ同じであるために，隣り合う陽イオン間距離（これを格子定数という）は変化しない．つまり歪みは生じないことになる．しかし詳しくみれば，イオン間はそのような理想的なバネ（調和性バネと呼ばれ，力 $F = $ バネ定数 $k × $ 変位量 δ が成立する）で結合されてはおらず，**非調和性**の含まれることが多い（$F = k_1\Delta - k_2\Delta^2$）．つまり，バネは若干伸びやすく縮みにくい性質をもっている．こうした微妙なシフト差が格子定数の変化をもたらし，これは電界 E の向きによらない（偶関数的）歪みとなる．これは**電歪効果**と呼ばれ，

$$x = ME^2 \tag{1.11}$$

と表され，M を電歪定数という．

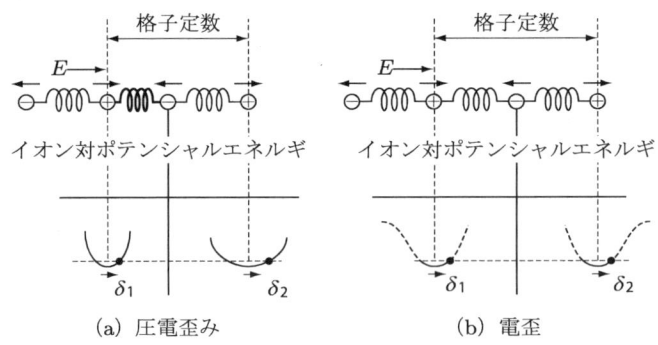

図 1.7　圧電歪みと電歪の微視的説明

さて，図 1.7(a)をもう一度参照されたい．この一次元的結晶は自発的な電荷の偏り，つまり双極子モーメント（＝電荷量 × イオンシフト量）をもっているとも理解される．この物性量は単位体積あたりのモーメント総和で表され，**自発分極**と呼ばれる．正方向の自発分極をもつ結晶に大きな逆バイアス電界を印加すると，イオン間距離の長短の逆転したもう一つの安定な結晶状態（これは外形を考えなければ結晶全体を180°回転させたものに等価で，負方向に自発分極をもつ）に遷移するものも存在する．この遷移は**分極反転**と呼ばれ，反転過程で大きな歪みの変化を伴う．この現象のみられる

物質を**強誘電体**と呼ぶことは 1.1 節で述べた．実際のアクチュエータ用セラミックスにおいては，上述した圧電，電歪および分極反転の 3 つの基本機構が分離された形で観測されることは少なく，複合的な形で歪みが誘起される．

図 1.8 に，圧電材料であるジルコン酸チタン酸鉛（PZT）セラミックスと電歪材料であるマグネシウムニオブ酸鉛（PMN）セラミックスの典型的な歪み曲線を示す[4]．PZT の場合，印加電圧が低いとほぼ直線的な歪みを示すが，印加電圧が高くなるにつれて履歴が大きくなってくる．これは，分極の再配向によって発生する．一方，PMN の場合はほとんど履歴がみられない．印加電圧が低いとほぼ印加電圧の二乗で歪みが変化するが，印加電圧が高くなるにつれて徐々に二乗ではなくなってくる．

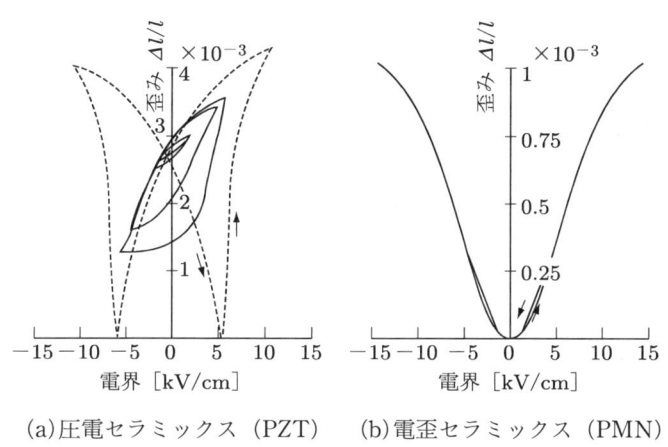

(a) 圧電セラミックス（PZT）　　(b) 電歪セラミックス（PMN）

図 1.8 電界誘起歪み特性

いままでは圧電逆効果について述べてきた．さて，圧電正効果とは何であろうか．それは，印加された応力（単位面積あたりの力）によって電荷（単位面積あたりクーロンで表す）が発生する現象であり，それらの関係は式 (1.10) 中で使用されている d 定数を用いて次のように表すことができる．

$$P = dX \tag{1.12}$$

例題 1.2　❖❖❖❖❖

ある種の PZT セラミックスが，圧電定数 $d_{33} = 590 \times 10^{-12}$ [C/N]，誘電率 $\varepsilon_3 = 3400$，弾性コンプライアンス $s_{33} = 20 \times 10^{-12}$ [m²/N] であったとする．

(a) 印加電界 $E_3 = 10 \times 10^5$ [V/m] のときの電界誘起歪みを求めよ．さらに完全に

拘束したという条件での発生応力を求めよ．

(b)印加応力 $X_3 = 3 \times 10^7 \,[\text{N/m}^2]$ のときの誘起電界を求めよ．さらに誘起電界が(a)で述べた $E_3 = 10 \times 10^5 \,[\text{V/m}]$ という値にならない理由を，電気機械結合係数 k を用いて説明せよ．

ヒント 第2章でテンソル表記を導入するが，ここでは問題を解くために添え字を無視した関係式を示す．

$$x = dE \tag{P 1.2.1}$$
$$P = dX \tag{P 1.2.2}$$
$$k^2 = \frac{d^2}{s\varepsilon_0\varepsilon} \tag{P 1.2.3}$$

解 (a)
$$\begin{aligned}x_3 &= d_{33}E_3 \\ &= (590 \times 10^{-12}\,[\text{C/N}])(10 \times 10^5\,[\text{V/m}]) \\ &= 5.9 \times 10^{-4}\end{aligned} \tag{P 1.2.4}$$

拘束条件下では，
$$\begin{aligned}X_3 &= \frac{x_3}{s_{33}} \\ &= \frac{5.9 \times 10^{-4}}{20 \times 10^{-12}\,[\text{m}^2/\text{N}]} \\ &= 3.0 \times 10^7\,[\text{N/m}^2]\end{aligned} \tag{P 1.2.5}$$

(b)
$$\begin{aligned}P_3 &= d_{33}X_3 \\ &= (590 \times 10^{-12}\,[\text{C/N}])(3 \times 10^7\,[\text{N/m}^2]) \\ &= 1.77 \times 10^{-2}\,[\text{C/m}^2]\end{aligned} \tag{P 1.2.6}$$

$$\begin{aligned}E_3 &= \frac{P_3}{\varepsilon_0\varepsilon} \\ &= \frac{1.77 \times 10^{-2}\,[\text{C/m}^2]}{3400 \times 8.854 \times 10^{-12}\,[\text{F/m}]} \\ &= 5.9 \times 10^5\,[\text{V/m}]\end{aligned} \tag{P 1.2.7}$$

誘起電界は(a)の場合 59 [%] にしかならない．このことは，電気機械結合係数 k で説明することができる．

電気的エネルギが圧電材料に印加された場合，蓄えられる電気的エネルギの他に，機械的エネルギに変換される部分がある．このときの比率を次式のように定義したのが**電気機械結合係数 k** である．

$$\begin{aligned}k^2 &= \frac{\text{蓄えられた機械的エネルギ}}{\text{入力電気的エネルギ}} \\ &= \frac{1}{2}\frac{x^2}{s} \bigg/ \frac{1}{2}\varepsilon_0\varepsilon E^2\end{aligned}$$

$$= \frac{1}{2}\frac{(dE)^2}{s} \bigg/ \frac{1}{2}\varepsilon_0\varepsilon E^2$$
$$= \frac{d^2}{s\varepsilon_0\varepsilon} \tag{P1.2.8}$$

一方,機械的エネルギが供給された場合,そのうちのいくらかは電気的エネルギに変換され,その時の比率を以下のように定義することができる.

$$k^2 = \frac{\text{蓄えられた電気的エネルギ}}{\text{入力機械的エネルギ}}$$
$$= \frac{1}{2}\frac{P^2}{\varepsilon_0\varepsilon} \bigg/ \frac{1}{2}sX^2$$
$$= \frac{1}{2}\frac{(dX)^2}{\varepsilon_0\varepsilon} \bigg/ \frac{1}{2}sX^2$$
$$= \frac{d^2}{s\varepsilon_0\varepsilon} \tag{P1.2.9}$$

本例題の場合,

$$k_{33}^2 = \frac{d_{33}^2}{s_{33}\varepsilon_0\varepsilon_3}$$
$$= \frac{(590\times 10^{-12}\,[\text{C/N}])^2}{(20\times 10^{-12}\,[\text{m}^2/\text{N}])(3400\times 8.854\times 10^{-12}\,[\text{F/m}])}$$
$$= 0.58 \tag{P1.2.10}$$

である.

(b)での誘起電界がおおよそ(a)での印加電界 10×10^5 [V/m] の k^2 の値になっているのは,電気→機械,機械→電気の各エネルギの変換効率が k^2 であるからである.

つまり,$\dfrac{\text{最後の電気エネルギ}}{\text{最初の電気エネルギ}} = k^4$ であり,$\dfrac{\text{最後の誘起電界}}{\text{最初の印加電界}} = k^2$ である.

❖

1.4　電気光学効果

　光は電界と磁界が直交する電磁波であることが知られており,この電界が誘電体結晶に電気分極を生じさせる.その結果,結晶を透過した光は結晶によって何らかの影響を受ける.光の周波数はきわめて高く([PHz] $= 10^{15}$ [Hz]),電子分極のみが電界の変化に追随できる.そして透明結晶の比誘電率は小さくて 10 をこえることはない.この高い周波数での比誘電率 ε は屈折率 n を用いて次の式で表すことができる.

$$\varepsilon = n^2 \tag{1.13}$$

　電界が結晶に印加されたとき,イオンの変位が誘起され,電子雲が変形し,**屈折率**が変化する.この現象を**電気光学効果**と呼ぶ.

　一般に,屈折率は二階の対称テンソル量として扱われるが,幾何学的に**屈折率楕円体**として次式で表される.

$$\frac{x^2}{n_1^2} + \frac{y^2}{n_2^2} + \frac{z^2}{n_3^2} = 1 \tag{1.14}$$

n_1, n_2, n_3 は主屈折率である．電界を印加された場合の屈折率の変化は，次の拡張した式で表される．

$$\frac{1}{n_{ij}^2(E)} - \frac{1}{n_{ij}^2(0)} = \sum r_{ijk}E_k + \sum R_{ijkl}E_kE_l \tag{1.15}$$

ここでは，$n(E)$ と $n(0)$，(n_0) は印加電界が E と 0 のときの屈折率を示し，r_{ijk} は **一次の電気光学係数（ポッケルス効果）** であり，R_{ijkl} は二次の係数（**カー効果**）である．

ペロブスカイト結晶（$m3m$）の常誘電相を例として考える．カー係数は次のマトリックスで示される．

$$\begin{bmatrix} R_{11} & R_{12} & R_{12} & 0 & 0 & 0 \\ R_{12} & R_{11} & R_{12} & 0 & 0 & 0 \\ R_{12} & R_{12} & R_{11} & 0 & 0 & 0 \\ 0 & 0 & 0 & R_{44} & 0 & 0 \\ 0 & 0 & 0 & 0 & R_{44} & 0 \\ 0 & 0 & 0 & 0 & 0 & R_{44} \end{bmatrix}$$

z 方向に電界が印加されたときの屈折率は，

$$\frac{x^2+y^2}{n_0^2\left(1-\dfrac{n_0^2}{2}R_{12}E_z^2\right)^2} + \frac{z^2}{n_0^2\left(1-\dfrac{n_0^2}{2}R_{11}E_z^2\right)^2} = 1 \tag{1.16}$$

で表される．

外部電界によって変化する屈折率は，直感的に次のように説明できる．電界 E_z が正方晶ペロブスカイト結晶に印加されたとき，結晶は z 方向に伸び，x，y 方向に縮む．したがって，z 方向の密度（もしくは充填度）は若干低下し，x，y 方向は若干高くなるために，z 方向の屈折率 n_z は低くなり，x，y 方向の屈折率 n_x，n_y は高くなる（屈折率は，光の伝搬方向に直交した電界の方向の電子密度もしくはイオン密度に比例する）．

光が y 方向に伝搬したときの，**常光**と**異常光**の間の位相遅れ Γ_y は

$$\Gamma_y = \frac{2\pi}{\lambda}\frac{n_0^3}{2}(R_{11}-R_{12})L\left(\frac{V_z}{d}\right)^2 \tag{1.17}$$

で表され，d は電極間距離，L は光路長（図 1.9 参照）である．

直交させた偏光板の間に結晶をはさみ，偏光軸を結晶の z 軸に対して $45°$ 回転して

配置した場合，透過光強度は印加電圧に比例して，次式のように変化する．

$$I = I_0 \sin^2\left(\frac{\Gamma_y}{2}\right) = \frac{1}{2} I_0 (1 - \cos \Gamma_y) \tag{1.18}$$

これが光シャッタ／光バルブの動作原理である．電界 0 では光強度は 0 である．最初に光強度が極大を示す（すなわち，$\Gamma_y = \pi$）印加電圧は重要な特性値であり，**半波長電圧**と呼ぶ．

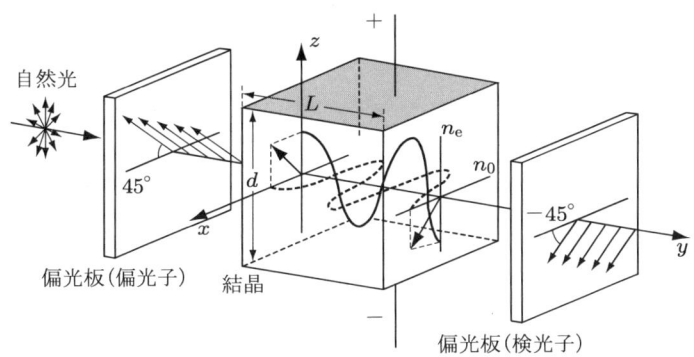

図 1.9 電気光学結晶による光位相遅れ．偏光板は直交させてある

例題 1.3 ❖❖❖❖❖

La を添加した常誘電体 PZT (PLZT) 試料を，図 1.9 に示すように直方体にカットし（光路長は L），直交させた偏光板の偏光軸を結晶の z 軸に対して 45°回転して配置する．電極間距離 d に電圧 V_z を印加したときに，波長 λ，強度 I_0 の光が結晶を透過した．透過光強度 $I(V_z)$ を求めよ．ただし PLZT 内部での光の損失は無視する．その他のパラメータを以下に示す．

電界 0 の時の屈折率：n_0

電気光学カー係数：R_{11}, R_{12}

位相遅れ：Γ_y

結晶表面の反射率：$R_e = [(n-1)/(n+1)]^2$

ヒント 屈折率楕円体は，印加電界 E_z により，次式のように変形する．

$$\frac{x^2 + y^2}{n_0^2 \left(1 - \dfrac{n_0^2}{2} R_{12} E_z^2\right)^2} + \frac{z^2}{n_0^2 \left(1 - \dfrac{n_0^2}{2} R_{11} E_z^2\right)^2} = 1 \tag{P 1.3.1}$$

透過光強度は，結晶に入る時と出る時の二回，反射により $(1-R_e)^2$ 減少する．そして，入射光（最初の偏光板を通過した光）には**常光**成分と**異常光**成分が同じ振幅で含まれている．

解 立方晶構造では，z 方向外部電界による屈折率の変化は，次のように表される．

$$\frac{1}{n_z{}^2(E_z)} - \frac{1}{n_0{}^2} = R_{11}E_z{}^2 \tag{P1.3.2}$$

$$\frac{1}{n_x{}^2(E_z)} - \frac{1}{n_0{}^2} = R_{12}E_z{}^2 \tag{P1.3.3}$$

$d\left(\dfrac{1}{n^2}\right) = -\dfrac{2}{n^3}\,dn$ の微分関係に着目すると，

$$n_z(E_z) = n_0 - \frac{1}{2}n_0{}^3 R_{11}E_z{}^2 \tag{P1.3.4}$$

$$n_x(E_z) = n_0 - \frac{1}{2}n_0{}^3 R_{12}E_z{}^2 \tag{P1.3.5}$$

である．たいていの場合は，$R_{11}>0$，$R_{12}<0$ である．

異常光（z 方向に偏光）と常光（x 方向に偏光）の波長は，

$$\lambda_z = \frac{\lambda_0}{n_z} \tag{P1.3.6}$$

$$\lambda_x = \frac{\lambda_0}{n_x} \tag{P1.3.7}$$

と表され，λ_0 は入射光の真空中での波長である．

光路長 L の結晶中の波数は L/λ_z，L/λ_x である．これらの光の位相差（遅れ Γ_y）は，

$$\begin{aligned}\Gamma_y &= 2\left(\frac{L}{\lambda_x} - \frac{L}{\lambda_y}\right)\\ &= \frac{2}{\lambda_0}L\frac{1}{2}n_0{}^3(R_{11}-R_{12})\left(\frac{V_z}{d}\right)^2\end{aligned} \tag{P1.3.8}$$

である．

直線偏光が PLZT に入射した場合の電界ベクトルを，

$$\begin{bmatrix} e_x \\ e_z \end{bmatrix} = \sqrt{I_0}\begin{bmatrix} \sin\left(\dfrac{2\pi}{\lambda_0}y - \omega t\right) \\ \sin\left(\dfrac{2\pi}{\lambda_0}y - \omega t\right) \end{bmatrix} \tag{P1.3.9}$$

と表した場合，PLZT からの透過光は，

$$\begin{bmatrix} e_x \\ e_z \end{bmatrix} = (1-R_e)^2\sqrt{I_0}\begin{bmatrix} \sin\left(\dfrac{2\pi}{\lambda_0}y - \omega t + \phi\right) \\ \sin\left(\dfrac{2\pi}{\lambda_0}y - \omega t + \phi - \Gamma_y\right) \end{bmatrix} \tag{P1.3.10}$$

と表される．

$-45°$ 回転した偏光板を通過した電界は，次式のように表される．

$$\begin{aligned}\frac{e_x}{\sqrt{2}} - \frac{e_z}{\sqrt{2}} &= (1-R_e)^2\sqrt{\frac{I_0}{2}}\left[\sin\left(\frac{2}{\lambda_0}y - \omega t + \phi\right) - \sin\left(\frac{2}{\lambda_0}y - \omega t + \phi - \Gamma_y\right)\right]\\ &= (1-R_e)^2\sqrt{\frac{I_0}{2}}\left[(1-\cos\Gamma_y)\sin\left(\frac{2}{\lambda_0}y - \omega t + \phi\right)\right.\end{aligned}$$

$$+ \sin \Gamma_y \sin \left(\frac{2}{\lambda_0} y - \omega t + \phi \right) \Big] \qquad (\text{P}1.3.11)$$

したがって，二枚目の偏光板を透過した光の強度は，

$$I = \frac{1}{2} (1 - R_e)^2 \frac{I_0}{2} \left[(1 - \cos \Gamma_y)^2 + (\sin \Gamma_y)^2 \right]$$

$$= \frac{1}{2} (1 - R_e)^2 I_0 (1 - \cos \Gamma_y) \qquad (\text{P}1.3.12)$$

図 1.10 は透過光強度 I の印加電圧 V_z 依存性を示す．**半波長電圧**（最初に光強度が極大値をもつときの印加電圧）は，次式で表される．

$$V_{z,\lambda/2} = d \sqrt{\frac{\lambda_0}{L n_0{}^3 (R_{11} - R_{12})}} \qquad (\text{P}1.3.13)$$

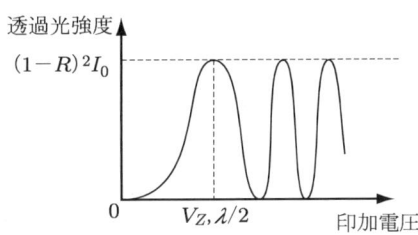

図 1.10 出射光強度の印加電圧依存性

❖

1.5 強誘電体の例

セラミックス強誘電体の代表的なものに，チタン酸バリウム（$BaTiO_3$）がある．これを例にして，強誘電体の諸物性について簡単に説明しておこう．

図 1.11 に示したように，$BaTiO_3$ はペロブスカイト型と呼ばれる結晶構造をもち，高温の常誘電相（無極性相）では自発分極をもたない（対称性は O_h-$m3m$）が，**キュリー温度**と呼ばれる相転移点 T_c（約 130 [°C]）以下では，自発分極を生じ，かつ結晶構造が少し縦長の正方晶（C_{4v}-$4mm$）となる．図 1.12 には，自発分極と誘電率の温度依存性を模式的に示す．自発分極 P_s は温度上昇につれて減少し，キュリー点において消失する．一方，誘電率 ε は，T_c 近傍で発散傾向を示す．また，逆誘電率 $1/\varepsilon$ は，常誘電相において広い温度範囲に渡り，温度と線形関係があることが知られており，**キュリー・ワイス則**といわれる．

$$\varepsilon = \frac{C}{T - T_0} \qquad (1.19)$$

ここで，C は**キュリー・ワイス定数**，T_0 は**キュリー・ワイス温度**である．T_0 は T_c より少し低い温度である．

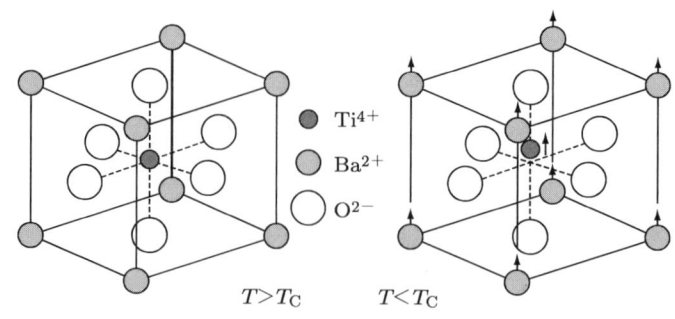

図1.11 BaTiO₃の結晶構造

自発分極 P_s と自発歪み x_s の間には，

$$x_s = QP_s^2 \tag{1.20}$$

なる関係が知られており，また x_s は温度上昇に対してほぼ線形的に減少する．BaTiO₃ の場合，強誘電相では圧電性を有し，常誘電相では非圧電性，つまり電歪効果を生ずる．室温から温度を減少させて行くにつれて，BaTiO₃ は複雑な相転移をいくつか起こす．図1.13 にそれらの相転移を示す．

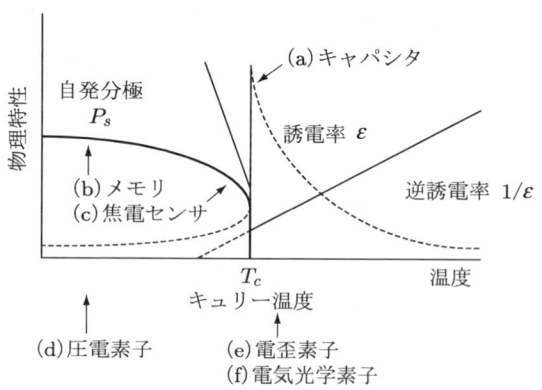

図1.12 自発分極と誘電率の温度特性

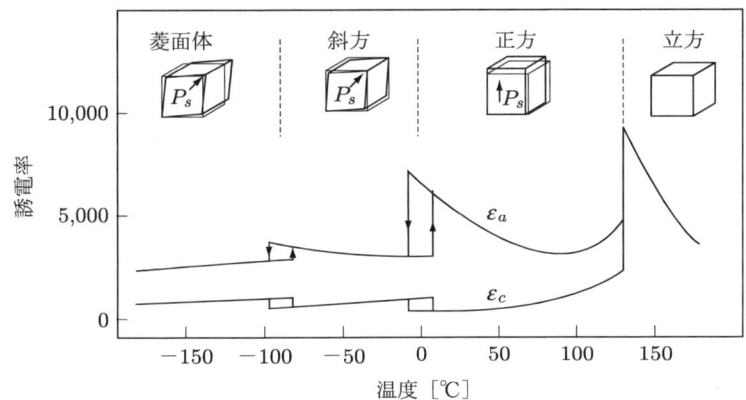

図 1.13　チタン酸バリウムの相転移

1.6　強誘電体の応用

　強誘電体材料のうち，特に多結晶セラミックスは応用範囲が広く，**高誘電率キャパシタ，強誘電体メモリ，焦電センサ，圧電／電歪トランスデューサ，電気光学素子，PTCサーミスタ**などの応用が期待されている．

　キャパシタ材料としては，相転移温度（キュリー点）近傍の誘電率ピークを利用するが，強誘電体メモリ材料としては，室温近傍では強誘電体でなければならない．焦電センサ用材料としては，キュリー点以下において自発分極の温度依存性の大きなものが望ましい．圧電材料は，センサやアクチュエータとして利用されており，キュリー点は室温よりも高いところになければならない．圧力センサ，加速度センサは現在，従来の圧電振動子に加わって商品化されている．精密位置決め装置やパルス駆動リニアモータも精密旋盤や半導体製造装置，オフィス機器などにすでに組み込まれ利用されている．近年発展がめざましいのが超音波モータである．電気光学材料はディスプレイや光通信システムのキーデバイスとしての発展が期待されている．サーミスタや，接合効果による抵抗値の正温度係数（PTC）をもつ半導性強誘電セラミックスもチタン酸バリウム系材料から開発が進んでいる．

章のまとめ

1. 分類

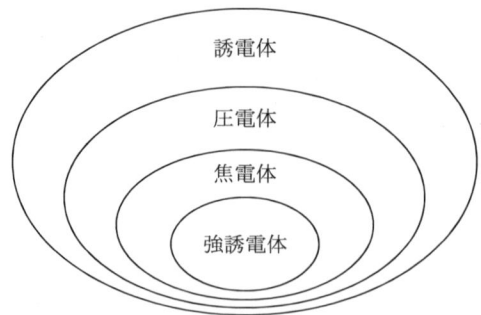

2. 強誘電体材料はさまざまな応用分野で期待されている
   - 高誘電率キャパシタ
   - 強誘電体メモリ
   - 焦電センサ
   - 圧電／電歪トランスデューサ
   - 電気光学デバイス
   - PTC サーミスタ

3. 自発分極の起源
   - 局所場の双極子相互作用→イオンの変位を促す
   - 弾性非調和項→イオンの変位を阻害する．

4. 電界誘起歪み
   - 圧電歪み→ $x = dE$ （非対称結晶）
   - 分極の再配向に伴う歪み
   - 電歪→ $x = ME^2$ （対称結晶）
   - 圧電的歪み：結晶を結ぶバネの異なる調和性に由来する．
   - 電歪：結晶を結ぶバネの非調和性に由来する．

5. 電気光学効果

   外部電界によって屈折率が変化する現象．この二次の効果をカー効果と呼び，よく使われる．この素子を利用するには偏光板が二枚必要で，偏光軸は直交させ，その偏光軸を入射光の電界方向に対して 45°回転させて利用する．

章末問題

1.1 二種類のイオン（$+q$ と $-q$）が距離 a の間隔で交互につながっている無限長の一次元鎖を考える．このときの $+q$ イオン周りのクーロンポテンシャルエネルギおよびマーデルングエネルギを求めよ．

ヒント

$$U = -\frac{1}{4\pi\varepsilon_0\varepsilon}\left(\frac{q^2}{r}\right)$$

$$\log(1+x) = x - \frac{x^2}{2} + \frac{x^3}{3} - \frac{x^4}{4} + \cdots$$

を用いよ．

1.2 チタン酸ニオブ酸カリウムは室温で立方晶である．外部電界 E_z をペロブスカイト構造の[100]軸に沿って印加すると，分極 P_3 が誘起される．電歪 $x_3 = Q_{11}P_3^2$, $x_1 = Q_{12}P_3^2$, 屈折率変化 $\Delta n_3 = -(1/2)n_0^3 g_{11} P_3^2$, $\Delta n_1 = -(1/2)n_0^3 g_{12} P_3^2$ である．各定数の実験値は，$Q_{11} = 0.090$ [m^{4}C^{-2}]，$Q_{12} = -0.035$ [m^{4}C^{-2}]，$g_{11} = 0.136$ [m^{4}C^{-2}]，$g_{12} = -0.038$ [m^{4}C^{-2}] である．Q と g，および Q_{11}/Q_{12} と g_{11}/g_{12} を比較し，結晶格子や印加電界に直交した軸方向のイオン充填度の観点から類似性を考察せよ．

参考文献

1) C. Kittel: Introduction to Solid State Physics 6th edition, Chap. 13, John Wiley & Sons, New York (1986).
2) W. Kinase, Y. Uemura and M. Kikuchi : J. Phys. Chem. Solids, 30, 441 (1969).
3) K. Uchino and S. Nomura: Bull. Jpn. Appl. Phys. 52, 575 (1983) ; K. Uchino, S. Nomura, L. E. Cross, R. E. Newnham and S. J. Jang : Electrostrictive Effect in Perovskites and Its Transducer Applications, J. Mater. Sci., 16, 459 (1981).
4) K. Uchino : Electrostrictive Actuators : Materials and Applications, Bull. Amer. Ceram. Soc. 65, No.4, 647 (1986).

第 2 章　強誘電体の数学的取り扱い

物理学者はたいてい線形近似や非線形展開理論を用いて自然現象を簡単な数式で表そうとする．フックの法則における応力と歪みの関係，オームの法則における電圧と電流の関係が物理学における最も有名な例であろう．これらの線形関係は線形代数を用いてマトリックスやテンソルの表記にまで拡張することができる．一方，マクローリン展開やテーラー展開が平衡状態近傍での物理量の微少な摂動(非線形効果も含む)を計算する時に利用される．本章では，物理特性のテンソル表記(線形関係)，および強誘電性の現象論（非線形関係）について述べる．

2.1　物理特性のテンソル表記[1]

(1) テンソル表記

まず初めに電気伝導度のテンソルについて考える．電気伝導度は印加電界 E と誘起電流密度 J の関係として定義される．

$$J = \sigma E \tag{2.1}$$

電界も電流密度も一階のテンソル（いわゆるベクトル）量であるので，電気伝導度 σ は二階のテンソル量であり，

$$\begin{bmatrix} J_1 \\ J_2 \\ J_3 \end{bmatrix} = \begin{bmatrix} \sigma_{11} & \sigma_{12} & \sigma_{13} \\ \sigma_{21} & \sigma_{22} & \sigma_{23} \\ \sigma_{31} & \sigma_{32} & \sigma_{33} \end{bmatrix} \begin{bmatrix} E_1 \\ E_2 \\ E_3 \end{bmatrix} \tag{2.2}$$

もしくは

$$J_i = \sum_j \sigma_{ij} E_j \tag{2.3}$$

と表される．

三階のテンソルの例としては印加電界 E と誘起歪み x の比例係数である圧電定数 d がある．

$$x = dE \tag{2.4}$$

E は一階の，x は二階のテンソルであるので，d は三階のテンソルで表される．

$$x_{jk} = \sum_i d_{ijk} E_i \tag{2.5}$$

d テンソルは三層の対称マトリックスからなっている．

$$一層 (i=1) \begin{bmatrix} d_{111} & d_{112} & d_{113} \\ d_{121} & d_{122} & d_{123} \\ d_{131} & d_{132} & d_{133} \end{bmatrix}$$

$$二層 (i=2) \begin{bmatrix} d_{211} & d_{212} & d_{213} \\ d_{221} & d_{222} & d_{223} \\ d_{231} & d_{232} & d_{233} \end{bmatrix}$$

$$三層 (i=3) \begin{bmatrix} d_{311} & d_{312} & d_{313} \\ d_{321} & d_{322} & d_{323} \\ d_{331} & d_{332} & d_{333} \end{bmatrix} \tag{2.6}$$

一般に，二つの物理量が p 階のテンソルおよび q 階のテンソルで表される場合，それらの関係をつなぐ物理量は（$p+q$）階のテンソルで表される．

(2) 結晶の対称性およびテンソル表記

もしも異なる方向に沿って測定した物理特性が一致すれば，それらの軸は結晶学的に等価であるといえる．この特性を利用して，テンソルの独立変数を減らすことができる．

例として，二階のテンソル量である電気伝導度について記述してみよう．二つの座標系における電流密度 $J(x, y, z)$ と $J'(x', y', z')$ の関係は，ユニタリマトリックス* を用いて表すことができる．

---

*虚数部のないユニタリマトリックスは次の関係がある．

$$\begin{bmatrix} a_{11} & a_{12} & a_{13} \\ a_{21} & a_{22} & a_{23} \\ a_{31} & a_{32} & a_{33} \end{bmatrix}^{-1} = \begin{bmatrix} a_{11} & a_{21} & a_{31} \\ a_{12} & a_{22} & a_{32} \\ a_{13} & a_{23} & a_{33} \end{bmatrix}$$

中心対称性を持つ場合，変換マトリックスは，

$$\begin{bmatrix} -1 & 0 & 0 \\ 0 & -1 & 0 \\ 0 & 0 & -1 \end{bmatrix}$$

となる．主軸に関する回転に関しては，

$$\begin{bmatrix} \cos\theta & \sin\theta & 0 \\ -\sin\theta & \cos\theta & 0 \\ 0 & 0 & 1 \end{bmatrix}$$

である．

$$\begin{bmatrix} J_1' \\ J_2' \\ J_3' \end{bmatrix} = \begin{bmatrix} a_{11} & a_{12} & a_{13} \\ a_{21} & a_{22} & a_{23} \\ a_{31} & a_{32} & a_{33} \end{bmatrix} \begin{bmatrix} J_1 \\ J_2 \\ J_3 \end{bmatrix} \tag{2.7}$$

電界も同様に,

$$\begin{bmatrix} E_1' \\ E_2' \\ E_3' \end{bmatrix} = \begin{bmatrix} a_{11} & a_{12} & a_{13} \\ a_{21} & a_{22} & a_{23} \\ a_{31} & a_{32} & a_{33} \end{bmatrix} \begin{bmatrix} E_1 \\ E_2 \\ E_3 \end{bmatrix} \tag{2.8}$$

もしくは,

$$E_i' = \sum a_{ij} E_j \tag{2.9}$$

と表すことができる.

そこで, 電気伝導度テンソル σ' は

$$\begin{bmatrix} J_1' \\ J_2' \\ J_3' \end{bmatrix} = \sigma' \begin{bmatrix} E_1' \\ E_2' \\ E_3' \end{bmatrix} \tag{2.10}$$

$$\begin{bmatrix} \sigma_{11}' & \sigma_{12}' & \sigma_{13}' \\ \sigma_{21}' & \sigma_{22}' & \sigma_{23}' \\ \sigma_{31}' & \sigma_{32}' & \sigma_{33}' \end{bmatrix} = \begin{bmatrix} a_{11} & a_{12} & a_{13} \\ a_{21} & a_{22} & a_{23} \\ a_{31} & a_{32} & a_{33} \end{bmatrix} \begin{bmatrix} \sigma_{11} & \sigma_{12} & \sigma_{13} \\ \sigma_{21} & \sigma_{22} & \sigma_{23} \\ \sigma_{31} & \sigma_{32} & \sigma_{33} \end{bmatrix} \begin{bmatrix} a_{11} & a_{21} & a_{31} \\ a_{12} & a_{22} & a_{32} \\ a_{13} & a_{23} & a_{33} \end{bmatrix} \tag{2.11}$$

もしくは,

$$\sigma_{ij}' = \sum_{k,l} a_{ik} a_{jl} \sigma_{kl} \tag{2.12}$$

と定義される.

例として結晶が z 軸に沿って二回対称軸を持つ時, 電気伝導度は変換に関して同じテンソル形式にならなければならない.

$$\begin{bmatrix} -1 & 0 & 0 \\ 0 & -1 & 0 \\ 0 & 0 & 1 \end{bmatrix}$$

条件より,

$$\begin{bmatrix} \sigma_{11}' & \sigma_{12}' & \sigma_{13}' \\ \sigma_{21}' & \sigma_{22}' & \sigma_{23}' \\ \sigma_{31}' & \sigma_{32}' & \sigma_{33}' \end{bmatrix} = \begin{bmatrix} -1 & 0 & 0 \\ 0 & -1 & 0 \\ 0 & 0 & 1 \end{bmatrix} \begin{bmatrix} \sigma_{11} & \sigma_{12} & \sigma_{13} \\ \sigma_{21} & \sigma_{22} & \sigma_{23} \\ \sigma_{31} & \sigma_{32} & \sigma_{33} \end{bmatrix} \begin{bmatrix} -1 & 0 & 0 \\ 0 & -1 & 0 \\ 0 & 0 & 1 \end{bmatrix}$$

$$= \begin{bmatrix} \sigma_{11} & \sigma_{12} & \sigma_{13} \\ \sigma_{21} & \sigma_{22} & \sigma_{23} \\ \sigma_{31} & \sigma_{32} & \sigma_{33} \end{bmatrix} \tag{2.13}$$

であり，(プライムのついたテンソル系がプライムのつかないテンソル系に等しくなければならないから) 次のような等式が導き出される．

$$\sigma_{31} = \sigma_{13} = \sigma_{32} = \sigma_{23} = 0$$
$$\sigma_{11}, \sigma_{22}, \sigma_{33} \neq 0$$
$$\sigma_{12} = \sigma_{21} \tag{2.14}$$

ここで重要なことは，ほとんどの物理的定数は対称テンソル形式であるということである．(この証明は本書の範疇を超えている．詳細は参考文献1)を参照されたい．)

圧電テンソルのような三階のテンソルの座標変換は，

$$d_{ijk}' = \sum a_{il} a_{jm} a_{kn} d_{lmn} \tag{2.15}$$

と表すことができる．

例として，結晶が z 軸に沿って四回対称軸を持つ時，変換マトリックスは

$$\begin{bmatrix} 0 & 1 & 0 \\ -1 & 0 & 0 \\ 0 & 0 & 1 \end{bmatrix}$$

と表される．

$d_{123} = d_{132}$ や $d_{213} = d_{231}$ (i 層目の d テンソルが対称) のようなテンソルの対称性を考慮すると，

$$d_{111} = d_{222} = d_{112} = d_{121} = d_{211} = d_{221} = d_{212} = d_{122}$$
$$= d_{331} = d_{313} = d_{133} = d_{332} = d_{323} = d_{233}$$
$$= d_{312} = d_{321} = 0$$
$$d_{333} = 0$$
$$d_{311} = d_{322}$$
$$d_{113} = d_{131} = d_{223} = d_{232}$$
$$d_{123} = d_{132} = -d_{213} = -d_{231} \tag{2.16}$$

を得ることができる．

よって d テンソルは，

1層目 $\begin{bmatrix} 0 & 0 & d_{131} \\ 0 & 0 & d_{123} \\ d_{131} & d_{123} & 0 \end{bmatrix}$

2層目 $\begin{bmatrix} 0 & 0 & -d_{123} \\ 0 & 0 & d_{131} \\ -d_{123} & d_{131} & 0 \end{bmatrix}$

3層目 $\begin{bmatrix} d_{311} & 0 & 0 \\ 0 & d_{311} & 0 \\ 0 & 0 & d_{333} \end{bmatrix}$ (2.17)

となる．

(3) テンソルの簡易表記（マトリックス表記）

一般的な三階のテンソルは $3^3 = 27$ 個の独立な成分からなっているが，d_{ijk} は j や k に関して対称なのでいくつかの成分は省略することができる．詳細は省略するが，18 の独立成分 d_{ijk} になる．このことにより，テンソルのマトリックス表示が可能となる．

現在のところ，すべての式はテンソルで表されているが，実際に特性を計算する時にはできるだけ添え字の数を少なくした方が楽である．そこでここでは，新しい添え字を定義する．$d_{21} = d_{211}$ や $d_{14} = 2d_{123}$ などである．テンソル表記の添え字の二つめと三つめ（応力，歪みの添え字に相当）をあわせて一つの添え字に省略する．

テンソル表記	11	22	33	23, 32	31, 13	12, 21
マトリックス表記	1	2	3	4	5	6

すると式 (2.6) は，

$\begin{bmatrix} d_{11} & \frac{1}{2}d_{16} & \frac{1}{2}d_{15} \\ \frac{1}{2}d_{16} & d_{12} & \frac{1}{2}d_{14} \\ \frac{1}{2}d_{15} & \frac{1}{2}d_{14} & d_{13} \end{bmatrix}$

$$\begin{bmatrix} d_{21} & \frac{1}{2}d_{26} & \frac{1}{2}d_{25} \\ \frac{1}{2}d_{26} & d_{22} & \frac{1}{2}d_{24} \\ \frac{1}{2}d_{25} & \frac{1}{2}d_{24} & d_{23} \end{bmatrix}$$

$$\begin{bmatrix} d_{31} & \frac{1}{2}d_{36} & \frac{1}{2}d_{35} \\ \frac{1}{2}d_{35} & d_{32} & \frac{1}{2}d_{34} \\ \frac{1}{2}d_{35} & \frac{1}{2}d_{34} & d_{33} \end{bmatrix} \tag{2.18}$$

と書くことができる．

テンソル表記の二つめと三つめの添え字は歪み成分表記の添え字に対応するので，一貫性を保つためにひずみのテンソルも次のように書きかえる．

$$\begin{bmatrix} x_{11} & x_{12} & x_{31} \\ x_{12} & x_{22} & x_{23} \\ x_{31} & x_{23} & x_{33} \end{bmatrix} \rightarrow \begin{bmatrix} x_1 & \frac{1}{2}x_6 & \frac{1}{2}x_5 \\ \frac{1}{2}x_6 & x_2 & \frac{1}{2}x_4 \\ \frac{1}{2}x_5 & \frac{1}{2}x_4 & x_3 \end{bmatrix} \tag{2.19}$$

式 (2.19) の $\frac{1}{2}$ は式 (2.18) に $\frac{1}{2}$ があるためである．

まとめると，
$$x_j = \sum d_{ij}E_i \quad (i=1,2,3\,;\,j=1,2,\cdots,6) \tag{2.20}$$

もしくは，

$$\begin{Bmatrix} x_1 \\ x_2 \\ x_3 \\ x_4 \\ x_5 \\ x_6 \end{Bmatrix} = \begin{bmatrix} d_{11} & d_{21} & d_{31} \\ d_{12} & d_{22} & d_{32} \\ d_{13} & d_{23} & d_{33} \\ d_{14} & d_{24} & d_{34} \\ d_{15} & d_{25} & d_{35} \\ d_{16} & d_{26} & d_{36} \end{bmatrix} \begin{Bmatrix} E_1 \\ E_2 \\ E_3 \end{Bmatrix} \tag{2.21}$$

となる．

応力の成分に関しては，$\frac{1}{2}$ は必要ない．

$$\begin{bmatrix} X_{11} & X_{12} & X_{31} \\ X_{12} & X_{22} & X_{23} \\ X_{31} & X_{23} & X_{33} \end{bmatrix} \rightarrow \begin{bmatrix} X_1 & X_6 & X_5 \\ X_6 & X_2 & X_4 \\ X_5 & X_4 & X_3 \end{bmatrix} \tag{2.22}$$

マトリックス表記は，テンソル表記よりも簡単に（例えば平面的に）記述できる．しかし，d_{ij} は二階のテンソルのようには変換されることはないことは注意を要する．前の例の点群 4 の圧電マトリックスは，

$$\begin{bmatrix} 0 & 0 & 0 & d_{14} & d_{15} & 0 \\ 0 & 0 & 0 & d_{15} & -d_{14} & 0 \\ d_{31} & d_{31} & d_{33} & 0 & 0 & 0 \end{bmatrix} \tag{2.23}$$

と表される．

圧電現象や電歪現象の固体理論的な取り扱いでは，歪み x_{kl} は電界 E_i や電気分極 P_i を用いて，次のように表現することができる．

$$\begin{aligned} x_{kl} &= \sum d_{ikl} E_i + \sum M_{ijkl} E_i E_j \\ &= \sum g_{ikl} P_i + \sum Q_{ijkl} P_i P_j \end{aligned} \tag{2.24}$$

ここで，d_{ikl} と g_{ikl} は圧電定数と呼び，M_{ijkl} と Q_{ijkl} は電歪定数と呼ぶ．E は一階，x は二階のテンソルなので，d は三階，M は四階のテンソルである．

電歪定数 M_{ijkl} も同様に表記法の簡略化をすることが可能である．式 (2.24) に対応する表記が，

$$\begin{bmatrix} x_1 \\ x_2 \\ x_3 \\ x_4 \\ x_5 \\ x_6 \end{bmatrix} = \begin{bmatrix} d_{11} & d_{21} & d_{31} \\ d_{12} & d_{22} & d_{32} \\ d_{13} & d_{23} & d_{33} \\ d_{14} & d_{24} & d_{34} \\ d_{15} & d_{25} & d_{35} \\ d_{16} & d_{26} & d_{36} \end{bmatrix} \begin{Bmatrix} E_1 \\ E_2 \\ E_3 \end{Bmatrix} + \begin{bmatrix} M_{11} & M_{21} & M_{31} & M_{41} & M_{51} & M_{61} \\ M_{12} & M_{22} & M_{32} & M_{42} & M_{52} & M_{62} \\ M_{13} & M_{23} & M_{33} & M_{43} & M_{53} & M_{63} \\ M_{14} & M_{24} & M_{34} & M_{44} & M_{54} & M_{64} \\ M_{15} & M_{25} & M_{35} & M_{45} & M_{55} & M_{65} \\ M_{16} & M_{26} & M_{36} & M_{46} & M_{56} & M_{66} \end{bmatrix} \begin{Bmatrix} E_1^2 \\ E_2^2 \\ E_3^2 \\ E_2 E_3 \\ E_3 E_1 \\ E_1 E_2 \end{Bmatrix} \tag{2.25}$$

である．ここで注意しておきたいことは，一般にマトリックス化の難しい非線形関係も，少し数学的なトリックを使うと線形表示ができる点である．

表 2.1 と表 2.2 に，すべての結晶点群についての d マトリックスと M マトリックスをまとめた[1]．

表 2.1 圧電定数マトリックス*

$$* \begin{cases} d_{mn} = d_{ijk} & (n = 1, 2, 3) \\ d_{mn} = 2d_{ijk} & (n = 4, 5, 6) \end{cases}$$

記号の注釈
- ・ ゼロ成分
- ● 非ゼロ成分
- ●—● 等しい成分
- ●—○ 値が等しく異符号の成分
- ◎ 結合されている●成分の−2倍の成分

I 中心対称性点群
  点群　$\bar{1}, 2/m, mmm, 4/m, 4/mmm, m3, m3m, \bar{3}, \bar{3}m, 6/m, 6/mmm$ すべての成分がゼロ

II 非中心対称性点群

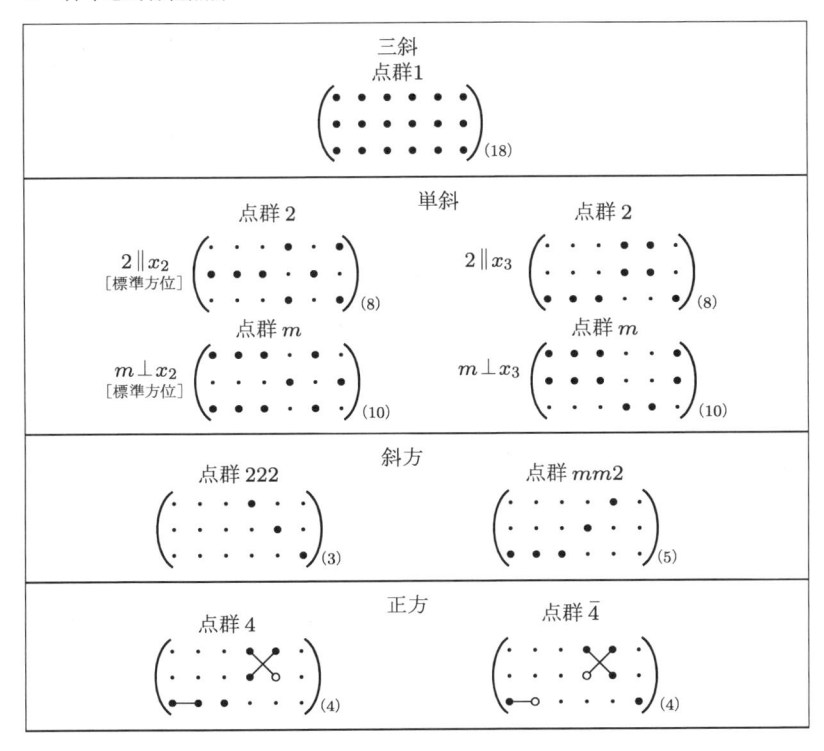

三斜
点群 1 (18)

単斜
点群 2, $2 \parallel x_2$ [標準方位] (8)
点群 2, $2 \parallel x_3$ (8)
点群 m, $m \perp x_2$ [標準方位] (10)
点群 m, $m \perp x_3$ (10)

斜方
点群 222 (3)
点群 $mm2$ (5)

正方
点群 4 (4)
点群 $\bar{4}$ (4)

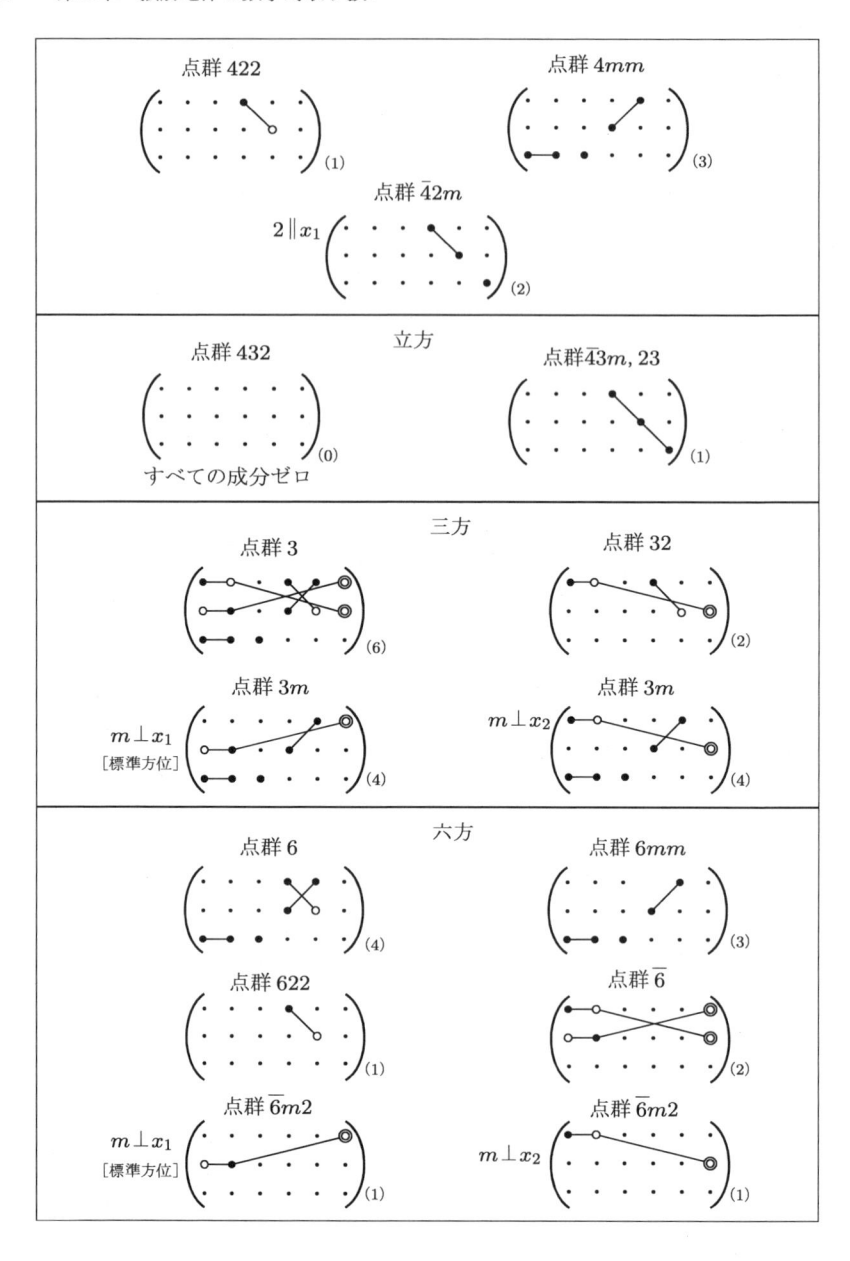

表 2.2 電歪マトリックス*

$$* \begin{cases} Q_{mn} = Q_{ijkl} & (m, n = 1, 2, 3) \\ Q_{mn} = 2Q_{ijkl} & (m\text{ か }n = 4, 5, 6) \\ Q_{mn} = 4Q_{ijkl} & (m, n = 4, 5, 6) \end{cases}$$

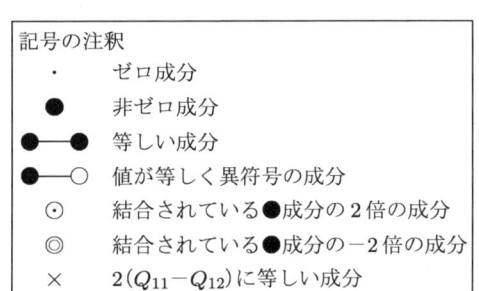

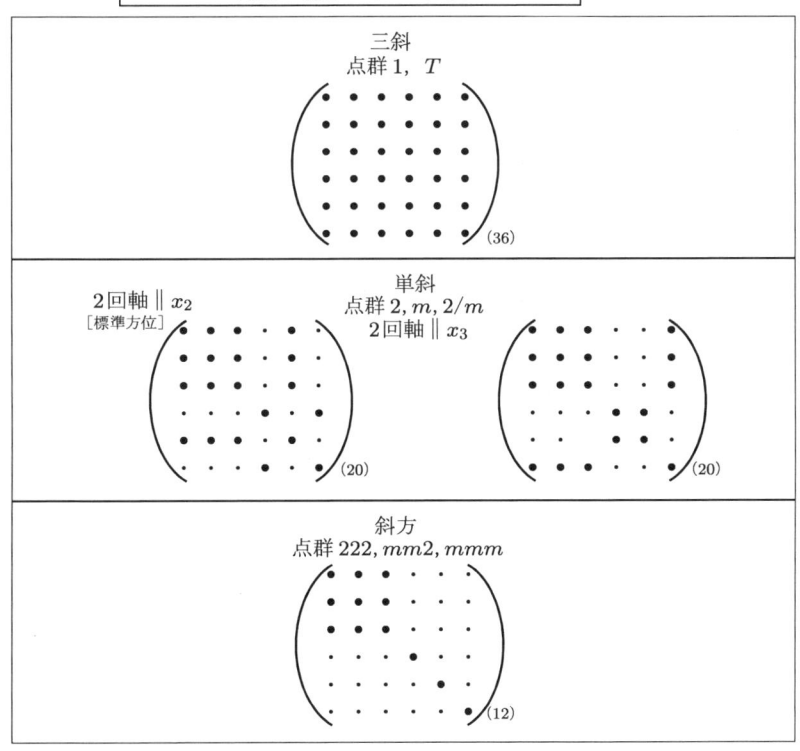

記号の注釈
- ・　　ゼロ成分
- ●　　非ゼロ成分
- ●―●　等しい成分
- ●―○　値が等しく異符号の成分
- ⊙　　結合されている●成分の 2 倍の成分
- ◎　　結合されている●成分の -2 倍の成分
- ×　　$2(Q_{11}-Q_{12})$ に等しい成分

三斜
点群 $1, \bar{T}$
(36)

2回軸 $\parallel x_2$
[標準方位]

単斜
点群 $2, m, 2/m$
2回軸 $\parallel x_3$

(20)　　(20)

斜方
点群 $222, mm2, mmm$
(12)

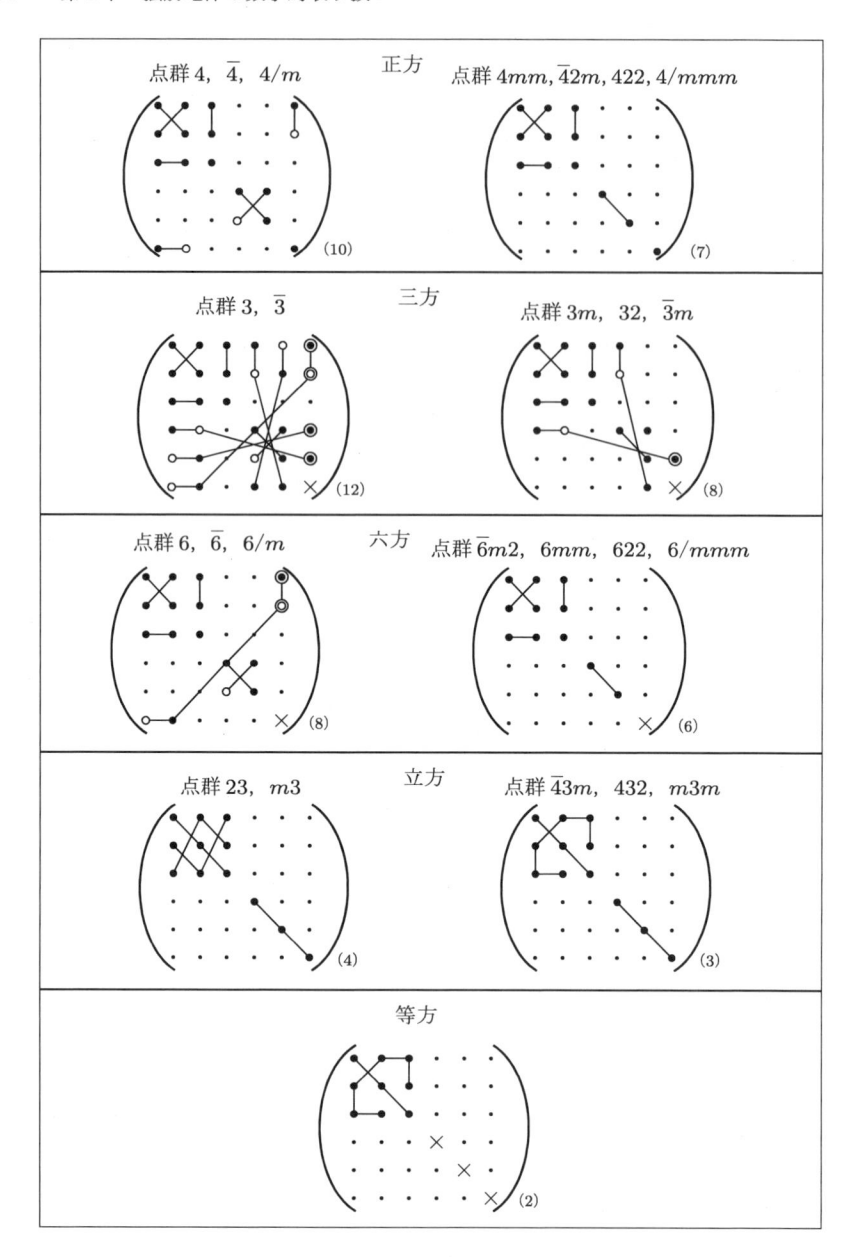

34 第2章 強誘電体の数学的取り扱い

正方
点群 4, $\bar{4}$, 4/m   点群 4mm, $\bar{4}2m$, 422, 4/mmm

三方
点群 3, $\bar{3}$ 点群 3m, 32, $\bar{3}m$

六方
点群 6, $\bar{6}$, 6/m   点群 $\bar{6}m2$, 6mm, 622, 6/mmm

立方
点群 23, m3   点群 $\bar{4}3m$, 432, m3m

等方

例題 2.1 ❖❖❖❖❖

例えば四角形の結晶にせん断応力が加わり図 2.1 のように変形したとする．誘起歪み $x_5(=2x_{31})$ を計算せよ．

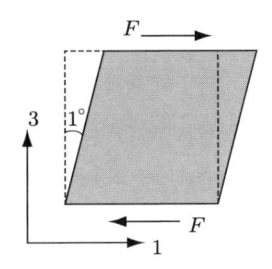

図 2.1 せん断応力およびせん断歪み

解 $x_5 = 2x_{31} = \tan\theta = \theta$, $1° = \dfrac{\pi}{180}$ [rad] で，$x_5 = 0.017$

❖

例題 2.2 ❖❖❖❖❖

立方体形状の試料に対して，引張り応力 X と圧縮応力 $-X$ を，それぞれ (101) 軸と ($\bar{1}$01) 軸に沿って同時に印加する（図 2.2）．座標軸を図 2.2 に示すようにとると，応力テンソルは，

$$\begin{bmatrix} X & 0 & 0 \\ 0 & 0 & 0 \\ 0 & 0 & -X \end{bmatrix}$$

となる．

変換マトリックス A

$$\begin{bmatrix} \cos\theta & 0 & \sin\theta \\ 0 & 1 & 0 \\ -\sin\theta & 0 & \cos\theta \end{bmatrix}$$

を用い $A \cdot X \cdot A^{-1}$ を求め，上記の応力テンソルが変換後の座標軸でも純粋なせん断応力であることを確認せよ．

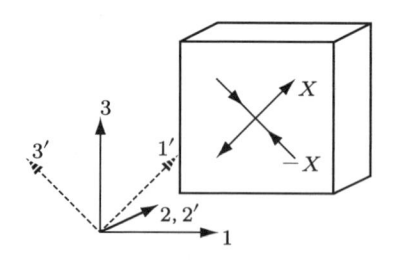

図 2.2　立方体形状の試料にかかる応力 X と $-X$

【解】　$\theta = -45°$ を用いると，変換後の応力は，

$$A \cdot X \cdot A^{-1} = \begin{bmatrix} 0 & 0 & X \\ 0 & 0 & 0 \\ X & 0 & 0 \end{bmatrix} \tag{P 2.2.1}$$

となる．非対角項 X_{13} と X_{31} は同じ大きさ X であり，純粋なせん断応力を表している．せん断応力は，引張り応力と圧縮応力の組み合わせと等価である．$1'$ 軸に沿って引張り応力のみを印加した場合，結晶に見かけ上よく似た対角変形が生じる．しかし厳密にいえば，$3'$ 軸に沿った圧縮応力がない場合は，純粋なせん断変形にはならない．

❖

例題 2.3　❖❖❖❖❖

チタン酸バリウムは室温で正方晶（点群 $4mm$）である．したがって，圧電定数マトリックスは

$$\begin{bmatrix} 0 & 0 & 0 & 0 & d_{15} & 0 \\ 0 & 0 & 0 & d_{15} & 0 & 0 \\ d_{31} & d_{31} & d_{33} & 0 & 0 & 0 \end{bmatrix}$$

である．

(a) 結晶の c 軸方向に電界を印加した時の誘起歪みを計算せよ．

(b) 結晶の a 軸方向に電界を印加した時の誘起歪みを計算せよ．

【解】

$$\begin{bmatrix} x_1 \\ x_2 \\ x_3 \\ x_4 \\ x_5 \\ x_6 \end{bmatrix} = \begin{bmatrix} 0 & 0 & d_{31} \\ 0 & 0 & d_{31} \\ 0 & 0 & d_{33} \\ 0 & d_{15} & 0 \\ d_{15} & 0 & 0 \\ 0 & 0 & 0 \end{bmatrix} \begin{bmatrix} E_1 \\ E_2 \\ E_3 \end{bmatrix} \tag{P 2.3.1}$$

書き下すと，

$$x_1 = x_2 = d_{31}E_3$$
$$x_3 = d_{33}E_3$$
$$x_4 = d_{15}E_2$$
$$x_5 = d_{15}E_1$$
$$x_6 = 0 \qquad (\text{P}2.3.2)$$

である．

(a) E_3 を印加すると，c 軸方向に伸びて $(x_3 = d_{33}E_3, d_{33}>0)a$, b 方向に縮む $(x_1 = x_2 = d_{31}E_3, d_{31}<0)$．

(b) E_1 を印加すると，せん断歪み $x_5(= 2x_{31}) = d_{15}E_1$ が生じる．図2.3(a)は $d_{15} > 0$ で $x_5 > 0$ の場合を表している．

(a) 点群 $4mm$ における
せん断歪みの発生

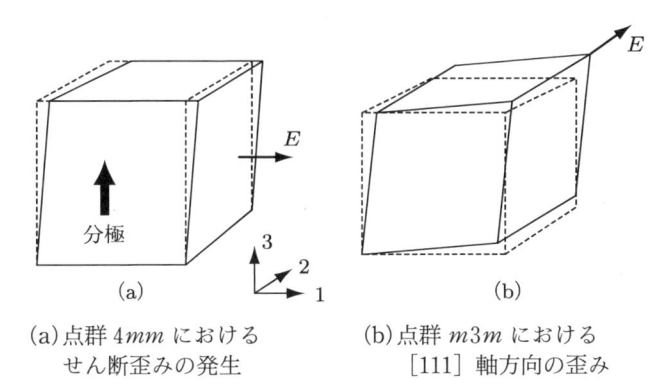

(b) 点群 $m3m$ における
[111] 軸方向の歪み

図 2.3　電界誘起歪み

例題 2.4　❖❖❖❖❖

マグネシウムニオブ酸鉛は室温で立方晶（点群 $m3m$）であり，圧電性は示さない．しかし，電界を印加すると大きな電歪を示す．歪みと電界の関係は，

$$\begin{bmatrix} x_1 \\ x_2 \\ x_3 \\ x_4 \\ x_5 \\ x_6 \end{bmatrix} = \begin{bmatrix} M_{11} & M_{12} & M_{12} & 0 & 0 & 0 \\ M_{12} & M_{11} & M_{12} & 0 & 0 & 0 \\ M_{12} & M_{12} & M_{11} & 0 & 0 & 0 \\ 0 & 0 & 0 & M_{44} & 0 & 0 \\ 0 & 0 & 0 & 0 & M_{44} & 0 \\ 0 & 0 & 0 & 0 & 0 & M_{44} \end{bmatrix} \begin{bmatrix} E_1^2 \\ E_2^2 \\ E_3^2 \\ E_2 E_3 \\ E_3 E_1 \\ E_1 E_2 \end{bmatrix} \qquad (\text{P}2.4.1)$$

とマトリックス表記される．

[111] 方向に電界を印加した場合の誘起歪みを計算せよ．

解 [111] 方向の電界は，

$$E_{[111]} = \begin{bmatrix} \dfrac{E_{[111]}}{\sqrt{3}} \\ \dfrac{E_{[111]}}{\sqrt{3}} \\ \dfrac{E_{[111]}}{\sqrt{3}} \end{bmatrix}$$

である．

(P 2.4.1) に代入すると，

$$x_1 = x_2 = x_3 = (M_{11} + 2M_{12}) \frac{E_{[111]}^2}{3} \quad (= x_{11} = x_{22} = x_{33})$$

$$x_4 = x_5 = x_6 = M_{44} \frac{E_{[111]}^2}{3} \quad (= 2x_{23} = 2x_{31} = 2x_{12}) \tag{P 2.4.2}$$

である．

図 2.3(b) に誘起歪みを示す．

任意の方向の歪み x は，

$$x = \sum x_{ij} l_i l_j \tag{P 2.4.3}$$

と表され，l_i は i 軸に対する方向余弦である．したがって，[111] 方向の誘起歪みは，

$$\begin{aligned} x_{[111]\parallel} &= \sum x_{ij} \left(\frac{1}{\sqrt{3}}\right)^2 \\ &= \frac{x_1 + x_2 + x_3 + 2(x_4/2 + x_5/2 + x_6/2)}{3} \\ &= \frac{(M_{11} + 2M_{12} + M_{44}) E_{[111]}^2}{3} \end{aligned} \tag{P 2.4.4}$$

である．

一方，[111] 方向に垂直な誘起歪み $x_{[111]\perp}$ は

$$x_{[111]\perp} = \frac{(M_{11} + 2M_{12} + M_{44}/2) E_{[111]}^2}{3} \tag{P2.4.5}$$

と表される．

図 2.3(b) は誘起歪みを示す．

体積歪み $(\Delta V/V)$ は

$$x_{[111]\parallel} + 2x_{[111]\perp} = (M_{11} + 2M_{12}) E_{[111]}^2 \tag{P 2.4.6}$$

であり，印加電界の方向とは独立である．

2.2 強誘電体の現象論

(1) 相転移のランダウ理論

強誘電体結晶の振る舞いを説明する熱力学理論は，自発分極 P の関数としての自由エネルギの多項式として記述することができる．一次元のランダウの自由エネルギ F は，次式のように表すことができる．

$$F(P, T) = \frac{1}{2} \alpha P^2 + \frac{1}{4} \beta P^4 + \frac{1}{6} \gamma P^6 + \cdots \tag{2.26}$$

一般に，係数 α, β, γ は温度に依存する．ここで気をつけてほしい点は，多項式には P の奇数乗の項がないことである．それは，結晶の自由エネルギは分極方向が変わっても $(P \rightarrow -P)$ 変化しないからである．この現象論的公式は，材料が常誘電体であったり強誘電体であったりするすべての温度範囲に適用できなければならない．

電界 E 中で平衡状態にある分極 P では，

$$\frac{\partial F}{\partial P} = E = \alpha P + \beta P^3 + \gamma P^5 \tag{2.27}$$

が成り立つ．

強誘電状態では，分極状態が安定でなければならないので P^2 の係数は負でなければならず，一方，常誘電状態では，P^2 の係数は 0 を通り過ぎてある温度 T_0（キュリー・ワイス温度）で正にならなければならない．係数を式（2.28）に示す．

$$\alpha = \frac{T - T_0}{\varepsilon_0 C} \tag{2.28}$$

C は正の定数で，キュリー・ワイス定数と呼ぶ．T_0 は実際の相転移温度 T_C（キュリー温度）に等しいか若干低い．係数 α の温度依存性は微視的に見た場合，熱膨脹やその他の非調和格子相互作用と結合したイオン分極度の温度依存性と関係している．1.2 節の議論を参照されたい．

■**二次の相転移**

β が正のとき γ は無視できる場合が多く，印加電界 0 の時の式（2.27）は，

$$\left(\frac{T - T_0}{\varepsilon_0 C}\right) P_S + \beta P_S^3 = 0 \tag{2.29}$$

となり，$P_S = 0$，$P_S^2 = \dfrac{T_0 - T}{\beta \varepsilon_0 C}$ が得られる．

$T > T_0$ の時，$P_S = 0$ が唯一の解となる．$T < T_0$ の時，ランダウの自由エネルギの最小値は，

$$P_S = \sqrt{\frac{T_0 - T}{\beta \varepsilon_0 C}} \tag{2.30}$$

の時に得られる．

相転移は $T_C = T_0$ の時に起き，そのときの分極値は温度に関して連続に変化し 0 になる．これを**二次の相転移**と呼ぶ．

比誘電率 ε は，

$$\frac{1}{\varepsilon} = \frac{\varepsilon_0}{\left(\dfrac{\partial P}{\partial E}\right)} = \varepsilon_0 (\alpha + 3\beta P^2) \tag{2.31}$$

のように計算され，

$$\varepsilon = \frac{C}{T - T_0} \quad (T > T_0)$$

$$\varepsilon = \frac{C}{2(T - T_0)} \quad (T < T_0) \tag{2.32}$$

となる．

図 2.4(a) は P_s と ε の温度依存性を示している．ここで注目すべき点は，誘電率が相転移温度で無限大になる点である．硫酸グリシンが二次の相転移を示す強誘電体の一例である．

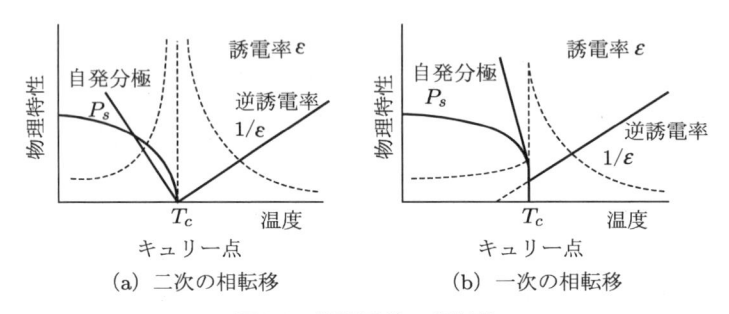

(a) 二次の相転移　　(b) 一次の相転移

図 2.4　強誘電体の相転移

■一次の相転移

β が負で，γ が正である時，一次の相転移を示す．印加電界が 0 の時の平衡条件の式 (2.33) から，$P_s = 0$ もしくは，式 (2.34) が得られる．

$$\frac{T - T_0}{\varepsilon_0 C} P_s + \beta P_s^3 + \gamma P_s^5 = 0 \tag{2.33}$$

$$P_s^2 = \frac{-\beta + \sqrt{\beta^2 - \dfrac{4\gamma(T - T_0)}{\varepsilon_0 C}}}{2\gamma} \tag{2.34}$$

相転移温度 T_c は常誘電体の自由エネルギと強誘電体の自由エネルギが等しくなることで得られる．すなわち，$F = 0$，もしくは式 (2.35) である．

$$\frac{(T - T_0)}{\varepsilon_0 C} + \frac{1}{2} \beta P_s^2 + \frac{1}{3} \gamma P_s^4 = 0 \tag{2.35}$$

したがって，

$$T_c = T_0 + \frac{3\beta^2 \varepsilon_0 C}{16\gamma} \tag{2.36}$$

である．

キュリー温度 T_C はキュリーワイス温度 T_0 よりも若干高い．P_s は T_C において不連続に変化する．また，誘電率は T_C で有限の最大値を示す．これが**一次の相転移**である．チタン酸バリウムは一次の相転移を示す強誘電体の例である．

図 2.5 に，一次および二次の相転移の自由エネルギ曲線をいくつかの温度において示した．$\beta > 0$ のとき，相転移は潜熱を伴わない．しかし，比熱の不連続が観測される．よって，二次の相転移である．一方，$\beta < 0$ のとき，相転移は潜熱を伴い，一次の相転移と呼ばれる．そして，キュリー温度において誘電率は極大を示し，自発分極は不連続になる．

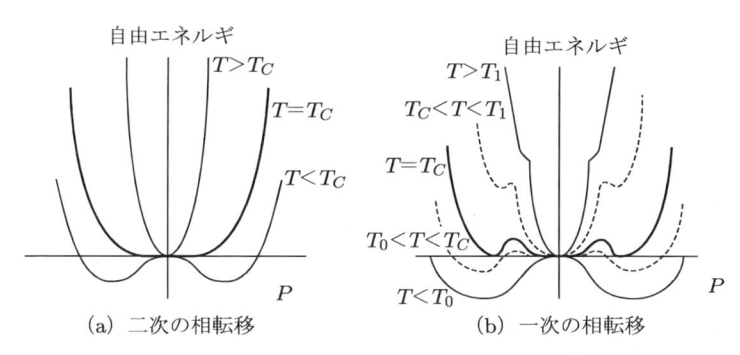

図 2.5 各温度における一次および二次の相転移の自由エネルギ曲線

例題 2.5 ❖❖❖❖❖

キュリー温度とキュリー・ワイス温度の違いが次式のようになることを証明せよ．

$$T_C = T_0 + \frac{3}{16}\frac{\beta^2 \varepsilon_0 C}{\gamma}$$

ただし，一次の相転移の場合のランダウの自由エネルギは次のように表すことができる．

$$F(P, T) = \frac{1}{2}\alpha P^2 + \frac{1}{4}\beta P^4 + \frac{1}{6}\gamma P^6$$

$$\alpha = \frac{T - T_0}{\varepsilon_0 C}$$

ヒント ポテンシャルの極小値は次式から求めることができる．

$$\frac{\partial F}{\partial P} = E = \alpha P + \beta P^3 + \gamma P^5 = 0 \quad (\text{P 2.5.1})$$

一般に，$P = 0$ ($F = 0$) を含めて三つの極小値が存在する．

解 キュリー温度においては，自発分極が0でない場合，自由エネルギは0になる．したがって，次式の条件が得られる．

$$F = \frac{1}{2}\alpha P^2 + \frac{1}{4}\beta P^4 + \frac{1}{6}\gamma P^6 = 0 \tag{P2.5.2}$$

式 (P2.5.1) と (P2.5.2) を解くと，$P = 0$ 以外の解は次式にように表すことができる．

$$\alpha + \beta P^2 + \gamma P^4 = 0 \tag{P2.5.3}$$

$$\alpha + \frac{1}{2}\beta P^2 + \frac{1}{3}\gamma P^4 = 0 \tag{P2.5.4}$$

ただし，式(P2.5.3)はキュリー温度以下のすべての温度範囲で有効であるが，式(P2.5.4)はキュリー温度の時のみに有効である．これら二式から P を消去すると，次式が得られる．

$$\alpha + \beta\left(-\frac{4\alpha}{\beta}\right) + \gamma\left(-\frac{4\alpha}{\beta}\right)^2 = 0 \tag{P2.5.5}$$

ここで，$\alpha = \dfrac{T - T_0}{\varepsilon_0 C}$ を考慮すると，キュリー温度は次のように求めることができる．

$$T_c = T_0 + \frac{3}{16}\frac{\beta^2 \varepsilon_0 C}{\gamma} \tag{P2.5.6}$$

◆

(2) 電歪の現象論

原形相（高温で常誘電相）が中心対称性を持ち非圧電性である強誘電体は，圧電相互作用項 PX は省かれ，電歪結合項 P^2X が用いられる．強誘電体の電歪理論は1950年代に Devonshire[2] と Kay[3] によって定式化されている．ギブスの弾性エネルギは次式のような一次元形式で展開すべきと仮定する．

$$G_1(P, X, T) = \frac{1}{2}\alpha P^2 + \frac{1}{4}\beta P^4 + \frac{1}{6}\gamma P^6 - \frac{1}{2}sX^2 - QP^2X$$

$$\left(\alpha = \frac{T - T_0}{\varepsilon_0 C}\right) \tag{2.37}$$

ここで P, X, T はそれぞれ分極，応力，温度であり，s と Q はそれぞれ弾性コンプライアンスと電歪係数である．このことから，式 (2.38) と式 (2.39) を導き出すことができる．

$$E = \left(\frac{\partial G_1}{\partial P}\right) = \alpha P + \beta P^3 + \gamma P^5 - 2QPX \tag{2.38}$$

$$x = -\left(\frac{\partial G_1}{\partial X}\right) = sX + QP^2 \tag{2.39}$$

■ $X = 0$ の場合

外部応力が0の場合は，次のような式が導き出される．

$$E = \alpha P + \beta P^3 + \gamma P^5 \tag{2.40}$$

$$x = QP^2 \tag{2.41}$$

$$\frac{1}{\varepsilon_0 \varepsilon} = \alpha + 3\beta P^2 + 5\gamma P^4 \tag{2.42}$$

もしも外部電界が 0 の場合は,

$$P = 0$$

$$P^2 = \frac{-\beta + \sqrt{\beta^2 - 4\alpha\gamma}}{2\gamma}$$

の二つの状態が導き出される.

（I）常誘電相：$P_s = 0$ もしくは $P = \varepsilon_0 \varepsilon E$ （E が小さい時）

$$\text{誘電率}：\varepsilon = \frac{C}{T - T_0} \quad \text{（キュリー・ワイス則）} \tag{2.43}$$

$$\text{電歪}：x = Q\varepsilon_0^2 \varepsilon^2 E^2 \tag{2.44}$$

式 (2.24) の電歪係数 M と電歪係数 Q は，次式のような関係がある.

$$M = Q\varepsilon_0^2 \varepsilon^2 \tag{2.45}$$

（II）強誘電相：$P_s^2 = \dfrac{-\beta + \sqrt{\beta^2 - 4\alpha\gamma}}{2\gamma}$ もしくは $P = P_s + \varepsilon_0 \varepsilon E$ （E が小さい時）

$$x = Q(P_s + \varepsilon_0 \varepsilon E)^2 = QP_s^2 + 2\varepsilon_0 \varepsilon QP_s E + Q\varepsilon_0^2 \varepsilon^2 E^2 \tag{2.46}$$

$$\text{自発歪み}：x_S = QP_s^2 \tag{2.47}$$

$$\text{圧電定数}：d = 2\varepsilon_0 \varepsilon QP_s \tag{2.48}$$

式 (2.48) からは，圧電性は自発分極によってバイアスされた電歪現象と等価であることがわかる．自発歪みと圧電定数の温度依存性を図 2.6 に示す．

■ $X \neq 0$ の場合

静水圧 $p(X = -p)$ がかかった時，誘電率の逆数は p に比例する．

$$\frac{1}{\varepsilon_0 \varepsilon} = \alpha + 3\beta P^2 + 5\gamma P^4 + 2Qp \quad \text{（強誘電状態）}$$

$$\alpha + 2Qp = \frac{T - T_0 + 2Q\varepsilon_0 Cp}{\varepsilon_0 C} \quad \text{（常誘電状態）} \tag{2.49}$$

したがって，キュリー・ワイス温度 T_0 と相転移温度 T_C の圧力依存性は次式のようになる.

$$\frac{\partial T_0}{\partial p} = \frac{\partial T_C}{\partial p} = -2Q\varepsilon_0 C \tag{2.50}$$

一般に，強誘電体のキュリー温度は，静水圧が増加するにつれて低下する．（$Q_h > 0$）

44　第 2 章　強誘電体の数学的取り扱い

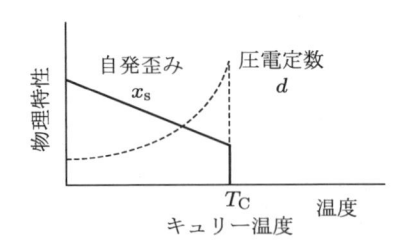

図 2.6　自発歪みと圧電定数の温度依存性

例題 2.6 ❖❖❖❖❖

チタン酸バリウムは室温において，$d_{33} = 320 \times 10^{-12}$ [C/N]，$\varepsilon_c (= \varepsilon_3) = 800$，$Q_{33} = 0.11$ [m^{4}C^2] である．自発分極 P_S を求めよ．

解　次の関係を用いる．
$$d_{33} = 2\varepsilon_0 \varepsilon_3 Q_{33} P_S \tag{P 2.6.1}$$
すると，
$$\begin{aligned}
P_S &= \frac{d_{33}}{2\varepsilon_0 \varepsilon_3 Q_{33}} \\
&= \frac{320 \times 10^{-12} \text{ [C/N]}}{2 \times 8.854 \times 10^{-12} \text{ [F/m]} \times 800 \times 0.11 \text{ [m}^4\text{C}^{-2}]} \\
&= 0.21 \text{ [C/m}^2]
\end{aligned} \tag{P 2.6.2}$$
である．

❖

例題 2.7 ❖❖❖❖❖

二次の相転移の場合，ギブスの弾性エネルギは次式のように一次元形式に展開できる．
$$G_1(P, X, T) = \frac{1}{2}\alpha P^2 + \frac{1}{4}\beta P^4 - \frac{1}{2}sX^2 - QP^2 X \tag{P 2.7.1}$$
ここで，α だけが温度に関して従属変数である．
$$\alpha = \frac{T - T_0}{\varepsilon_0 C}$$
誘電率，自発分極，自発歪み，圧電定数の温度依存性を求めよ．

解
$$E = \left(\frac{\partial G_1}{\partial P}\right) = \alpha P + \beta P^3 + \gamma P^5 - 2QPX \tag{P 2.7.2}$$
$$x = -\left(\frac{\partial G_1}{\partial X}\right) = sX + QP^2 \tag{P 2.7.3}$$

外部応力が 0 の場合，次の三つの特性方程式を求めることができる．

$$E = \alpha P + \beta P^3 \tag{P 2.7.4}$$

$$x = QP^2 \tag{P 2.7.5}$$

$$\frac{1}{\varepsilon_0 \varepsilon} = \frac{\partial E}{\partial P} = \alpha + 3\beta P^2 \tag{P 2.7.6}$$

$E = 0$ とすることで，$P_S^2 = 0$ および $P^2 = -\dfrac{\alpha}{\beta}$ の二つの安定状態を得ることができる．

（I）常誘電相　$T > T_0$, $P_S = 0$

$$\frac{1}{\varepsilon_0 \varepsilon} = \alpha, \ \varepsilon = \frac{C}{T - T_0} \tag{P 2.7.7}$$

（II）強誘電相　$T < T_0$, $P_S = \sqrt{\dfrac{T_0 - T}{\varepsilon_0 C \beta}} \tag{P 2.7.8}$

$$\frac{1}{\varepsilon_0 \varepsilon} = \alpha + 3\beta P^2 = -2\alpha, \ \varepsilon = \frac{C}{2(T_0 - T)} \tag{P 2.7.9}$$

$$x_S = QP_S^2 = Q\frac{T_0 - T}{\varepsilon_0 C \beta} \tag{P 2.7.10}$$

式（P 2.7.8）と式（P 2.7.9）より，圧電定数は次のように表すことができる．

$$d = 2\varepsilon_0 \varepsilon QP_S$$
$$= Q\sqrt{\frac{\varepsilon_0 C}{\beta(T_0 - T)}} \tag{P 2.7.11}$$

❖

(3) 電歪の逆効果

ここまでは，電界誘起歪み，すなわち圧電歪み（**逆圧電効果** $x = dE$）と電歪（**電歪効果** $x = ME^2$）について述べてきた．ここで，逆効果について考えてみることにする．つまり，応力を印加した場合の材料の応答についてであり，センサとしての応用が考えられる．**直接圧電効果**とは，「外部応力による自発分極の増加」であり，

$$\Delta P = dX \tag{2.51}$$

と表される．また，電歪材料は自発分極を持たないため，外部応力によって電荷を生じることはないが誘電率が

$$\Delta \left(\frac{1}{\varepsilon_0 \varepsilon}\right) = 2QX \tag{2.52}$$

のように変化する．

これが**逆電歪効果**である．この逆電歪効果（誘電率の応力依存性）は応力センサとして用いられている[4]．例えばバイモルフ構造にした場合，二枚の誘電体セラミックスの静電容量の差を用いるが，優れた応力感度や温度安定性を示す．一軸性応力に関して，表と裏のセラミックスの静電容量変化は逆になり，温度変化に関しては同じにな

る．応答速度は静電容量によって制限され，約 1 [kHz] である．圧電センサと異なり，電歪センサは低い周波数，特に DC に有効である．圧電体センサの応用に関しては，第 7 章の 7.2 節で述べる．

(4) 電歪の温度依存性

いままで電歪係数 Q に関していくつかの表現をしてきた．次のような独立な実験方法より求めた Q の値はほぼ等しかった．

1) 常誘電相での電界誘起歪み
2) 強誘電体相での自発分極と自発歪み（X 線回折）
3) 強誘電体相での電界誘起歪み，もしくは圧電共振から求めた d 定数
4) 常誘電相での誘電率の圧力依存性

図 2.7 に，複合ペロブスカイト構造をもつ PMN の電歪定数 Q_{33} と Q_{13} の温度依存性を示す．キュリー温度は約 0 ℃ である[5]．圧電性が発生するという顕著な変化がみられる，常誘電体から強誘電体への相転移付近にも関わらず，電歪定数 Q はほとんど変化を示さない．Q は温度に関してほとんど依存性がないと考えられる．

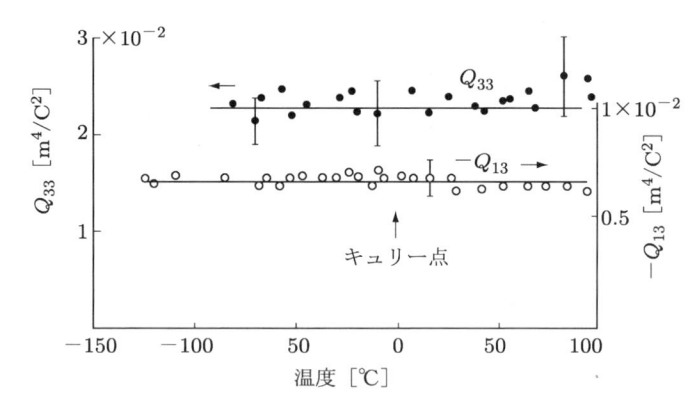

図 2.7　$Pb(Mg_{1/3}Nb_{2/3})O_3$(PMN) の電歪定数 Q_{33} と Q_{13} の温度依存性

2.3　反強誘電体の現象論

(1) 反強誘電体

前節では，自発的な双極子の配列方向が結晶内で並行（極性結晶）な場合を扱ったが，反並行に配列した方が双極子相互作用エネルギが低くなる場合もある．このような結晶は反極性結晶と呼ばれる．図 2.8 には，反極性結晶における自発電気双極子の配列模型を，非極性体，極性体の場合と対比させて示した．特に反極性状態の自由エネルギが極性状態の自由エネルギとあまり違わない場合には，外部から電界とか機械

的応力などを加えた時，双極子配列が並行状態に遷移することがある．このような結晶を**反強誘電体**と呼ぶ．

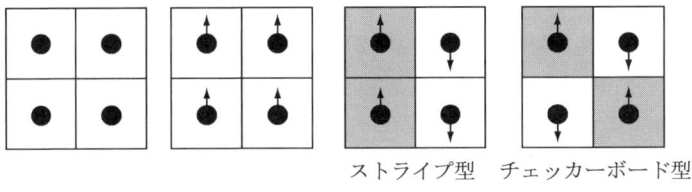

(a) 非極性体　(b) 極性体　(c) 反極性体　ストライプ型　チェッカーボード型

図 2.8 非極性体，極性体および反極性体における自発電気双極子の配列の模式図

図 2.9 に，常誘電体（線形誘電体），強誘電体，反強誘電体における印加電界 E と誘起分極 P の関係を示す．常誘電体では線形関係が，強誘電体では正方向と負方向の自発分極状態間の遷移にともなう履歴（ヒステリシス）が現れる．一方，反強誘電体では，低電界のうちは E に比例した誘起分極だけがみられるが，ある電界 E_{crit} を超えると結晶は強誘電体となり（電界誘起強制相転移），分極は E に対して履歴曲線を描く．再び電界を取り除くと元の反極性状態に戻り，全体としては自発分極は観測されない．これを**二重履歴曲線**と呼ぶ．

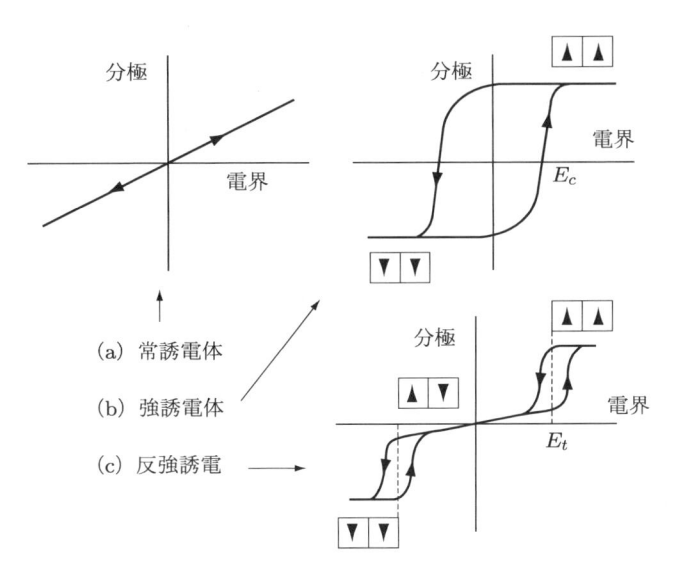

(a) 常誘電体
(b) 強誘電体
(c) 反強誘電

図 2.9 常誘電体，強誘電体および反強誘電体における分極 P-電界 E の関係（ヒステリシス曲線）

(2) 反強誘電体の現象論

反強誘電体のキッテルの自由エネルギ表示への電歪項の導入に触れておこう[6,7]．反強誘電体の最も簡単なモデルは「一次元二副格子モデル」である．それは座標に関しては一次元の取り扱いをし，隣り合う副格子 a と b とがそれぞれ副格子電気分極 P_a と P_b をもつ超格子（二倍格子）を形成するものである．したがって $P_a = P_b$ の状態が強誘電相を，$P_a = -P_b$ の状態が反強誘電相を示す．もし電歪効果において二副格子間の相互作用を無視できるならば，それぞれの副格子は QP_a^2, QP_b^2 の歪みを生じるから（ただし副格子に共通の電歪定数を仮定する），全体として

$$x = Q\frac{P_a^2 + P_b^2}{2} \tag{2.53}$$

なる結晶歪み（強誘電的配列の表現では，

$$QP_F^2 = Q\frac{P_a^2 + P_b^2}{2}$$

反強誘電的配列の表現では，

$$QP_F^2 = Q\frac{P_a^2 - P_b^2}{2}$$

に等しい）を生ずることになる．しかしながら，反強誘電性は起源的に副格子間の相互作用によって生ずるのであるから，電歪効果においても副格子間相互作用を考慮するのが妥当であろう．電歪に対する相互作用項 Ω を次の形で導入する．

$$\begin{aligned}G_1 &= \frac{1}{4}\alpha(P_a^2 + P_b^2) + \frac{1}{8}\beta(P_a^4 + P_b^4) + \frac{1}{12}\gamma(P_a^6 + P_b^6) + \frac{1}{2}\eta P_a P_b \\ &\quad - \frac{1}{2}\chi_T P^2 + \frac{1}{2}Q_h(P_a^2 + P_b^2 + 2\Omega P_a P_b)p \end{aligned} \tag{2.54}$$

ここで p は静水圧，χ_T は等温圧縮率であり，Q_h と Ω が電歪定数である．$P_F = \dfrac{P_a + P_b}{2},\ P_A = \dfrac{P_a - P_b}{2}$ なる変換を用いると，

$$\begin{aligned}G_1 &= \frac{1}{2}\alpha(P_F^2 + P_A^2) + \frac{1}{4}\beta(P_F^4 + P_A^4 + 6P_F^2 P_A^2) \\ &\quad + \frac{1}{6}\gamma(P_a^6 + P_b^6 + 15P_F^4 P_A^2 + 15P_F^2 P_A^4) + \frac{1}{2}(P_F^2 - P_A^2) \\ &\quad - \frac{1}{2}\chi_T p^2 + Q_h\left[P_F^2 + P_A^2 + \Omega(P_F^2 - P_A^2)\right]p \end{aligned} \tag{2.55}$$

$$\begin{aligned}\frac{\partial G_1}{\partial P_F} = E &= P_F[\alpha + \eta + 2Q(1+\Omega)p + \beta P_F^2 + 3\beta P_A^2 + \gamma P_F^4 \\ &\quad + 10\gamma P_F^2 P_A^2 + 5\gamma P_A^4] \end{aligned} \tag{2.56}$$

$$\frac{\partial G_1}{\partial P_F} = 0 = P_A[\alpha - \eta + 2Q(1-\Omega)p + \beta P_A^2 + 3\beta P_F^2 + \gamma P_A^4$$

$$+ 10\gamma P_F{}^2 P_A{}^2 + 5\gamma P_F{}^4] \tag{2.57}$$

$$\frac{\partial G_1}{\partial p} = \frac{\Delta V}{V} = -\chi_T p + Q_h(1+\Omega)P_F{}^2 + Q_h(1-\Omega)P_A{}^2 \tag{2.58}$$

となる．

常誘電相における誘起体積変化は誘起強誘電分極と

$$\left(\frac{\Delta V}{V}\right)_{ind} = Q_h(1+\Omega)P_{F,ind}{}^2 \tag{2.59}$$

で関係づけられる．相転移温度（この温度を反強誘電体の場合は**ネール温度**と呼ぶ）以下では自発体積歪みは自発反強誘電分極と

$$\left(\frac{\Delta V}{V}\right)_S = Q_h(1-\Omega)P_{A,S}{}^2 \tag{2.60}$$

で関係づけられ，$Q_h > 0$であってもΩの値に応じて（$\Omega < 1$, $\Omega > 1$），自発歪みが正にも負にもなり得る点が，強誘電体の場合と著しく異なる．すなわち，副格子間の相互結合は副格子内の結合よりも強力ならば，ネール点において体積減少が起きる．この点が，キュリー点において常に体積増加が起きる強誘電体とはまったく異なる．ちなみに図 2.10 には$\Omega > 1$の場合の結晶歪みを模式的に示した．P_aとP_bが並行に配列（強誘電相）する場合にはΩ項は歪みx_Sを大きくするように働き，反並行（反強誘電相）の場合には，歪みを小さくするように働く．

(a) 強誘電的配列
$x = Q(1+\Omega)(P_a + P_b)^2/4$

$x = QP_a{}^2$

$x = QP_b{}^2$

(b) 反強誘電的配列
$x = Q(1-\Omega)(P_a - P_b)^2/4$

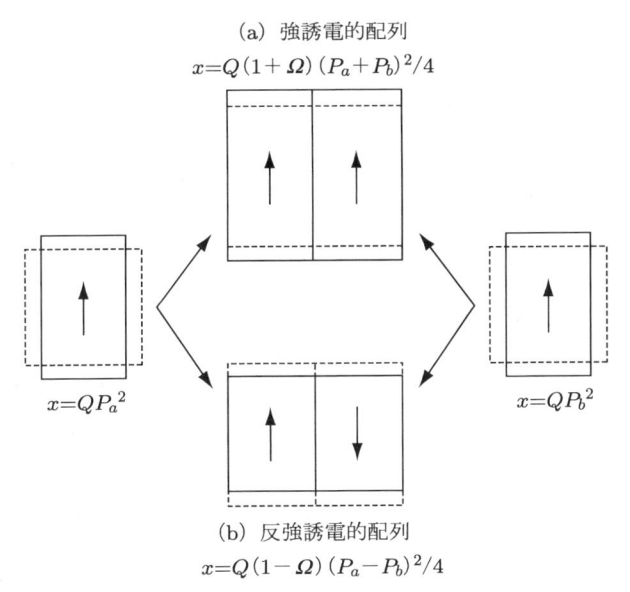

図 2.10　電歪効果における副格子相互作用の直感的説明図（$\Omega > 0$の場合）

この現象論は，反強誘電体ペロブスカイト結晶 $PbZrO_3$ などにおいても，実験結果をよく説明している[8]．図 2.11 には，反強誘電体セラミックス $Pb_{0.99}Nb_{0.02}[(Zr_{0.6}Sn_{0.4})_{0.94}Ti_{0.06}]O_3$ に電界を印加したときに生ずる歪みを示した[9]．反強誘電相－強誘電相電界誘起転移にともなう大きな歪みのジャンプも図 2.10 から理解され，次式のように評価することができる．

$$\frac{\Delta V}{V} = Q_h(1+\Omega)P_{F,S}^2 - Q_h(1-\Omega)P_{A,S}^2 = 2Q_h\Omega P_{F,S}^2 \tag{2.61}$$

ここで，P_a と P_b の大きさは相転移に伴ってさほど変化しないとする．

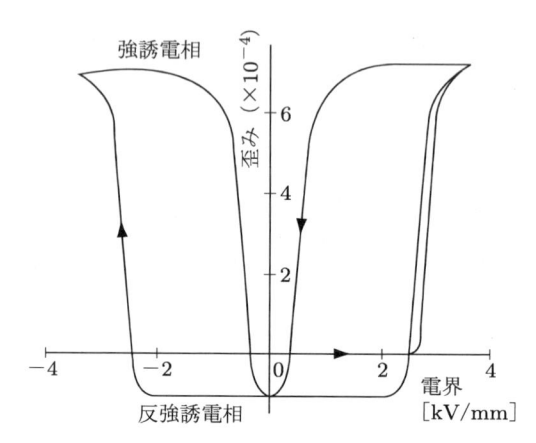

図 2.11 $Pb(Zr, Sn)O_3$ 系反強誘電体における電界誘起歪み

章のまとめ

1. テンソル表記：二つの物理特性がそれぞれ p 階，q 階のテンソルであったとすると，それらを結ぶテンソルは $(p+q)$ 階である．
2. 二つの異なった方向に測定した物理量が等しければ，その方向は結晶学的に等価である．

$$d_{ijk}' = \sum_{l,m,n} a_{il}a_{jm}a_{kn}d_{lmn} \quad (a_{il}, a_{jm}, a_{kl}：変換行列)$$

$$d_{ijk}' = d_{ijk}$$

3. せん断歪み：$x_5 = 2x_{31} = 2\phi$ は角度減少に対して正をとる．
4. 現象論：

$$\frac{\beta P^4}{4} > 0 \quad 二次の相転移$$

$$\frac{\beta P^4}{4} < 0 \quad 一次の相転移$$

5. 電歪方程式

$$x = QP_s + 2Q\varepsilon_0\varepsilon P_s E + Q\varepsilon_0^2\varepsilon^2 E \quad (歪み = 自発歪み+圧電歪み+電歪)$$

電歪 Q 定数は温度変化に対して敏感ではない．

6. 圧電方程式

$$x = s^E X + dE$$
$$P = dX + \varepsilon_0\varepsilon^X E$$

7. 反強誘電体では，副格子の結合を考慮することが，安定な副格子分極配列と外部電界によって誘起される「反強誘電－強誘電相転移」にともなう顕著な歪みのジャンプ現象を理解するために必須である．

章 末 問 題

2.1 水晶は室温において結晶群32に属する．

(1) 圧電マトリックス (d_{ij}) が次のように与えられることを示せ．

$$\begin{bmatrix} d_{11} & -d_{11} & 0 & d_{14} & 0 & 0 \\ 0 & 0 & 0 & 0 & -d_{14} & -2d_{11} \\ 0 & 0 & 0 & 0 & 0 & 0 \end{bmatrix}$$

ただし，圧電テンソルは三回対称軸に関する120°回転や1軸に関する180°回転に対して不変でなければならない．変換行列はそれぞれ

$$\begin{bmatrix} -\frac{1}{2} & \frac{\sqrt{3}}{2} & 0 \\ -\frac{\sqrt{3}}{2} & -\frac{1}{2} & 0 \\ 0 & 0 & 1 \end{bmatrix} \quad \text{と} \quad \begin{bmatrix} 1 & 0 & 0 \\ 0 & -1 & 0 \\ 0 & 0 & -1 \end{bmatrix}$$

である．

(2) 右水晶の d_{ij} 実測値は，

$$\begin{bmatrix} -2.3 & 2.3 & 0 & -0.67 & 0 & 0 \\ 0 & 0 & 0 & 0 & 0.67 & 4.6 \\ 0 & 0 & 0 & 0 & 0 & 0 \end{bmatrix} \times 10^{-12}\,[\text{C/N}]$$

である．

(a) 水晶結晶の1軸方向に1 [kgf/cm²] の圧縮応力が印加された時に発生する分極を求めよ．(1 [kgf] = 1 [kg重] = 9.8 [N])

(b) 1軸方向に100 [V/m] の電界を印加した時に発生する歪みを求めよ．

ヒント まず a 軸に関する180°回転には，

$$d_{ijk}' = \sum_{l,m,n} a_{il} a_{jm} a_{kn} d_{lmn} \quad (a_{il}, a_{jm}, a_{kl}：変換行列)$$

を使う.

$a_{11} = 1, a_{22} = -1, a_{33} = -1$ であるので,次の関係を得る.

$$\begin{bmatrix} d_{111}' = d_{111} & d_{112}' = -d_{112} & d_{113}' = -d_{113} \\ d_{121}' = -d_{121} & d_{122}' = d_{122} & d_{123}' = d_{123} \\ d_{131}' = -d_{131} & d_{132}' = d_{132} & d_{133}' = d_{133} \end{bmatrix}$$

$$\begin{bmatrix} d_{211}' = -d_{211} & d_{122}' = d_{112} & d_{213}' = d_{213} \\ d_{221}' = d_{221} & d_{222}' = -d_{222} & d_{223}' = -d_{223} \\ d_{231}' = d_{231} & d_{232}' = -d_{232} & d_{233}' = -d_{233} \end{bmatrix}$$

$$\begin{bmatrix} d_{311}' = -d_{311} & d_{322}' = d_{312} & d_{313}' = d_{313} \\ d_{321}' = d_{321} & d_{322}' = -d_{322} & d_{323}' = -d_{323} \\ d_{331}' = d_{331} & d_{332}' = -d_{332} & d_{333}' = -d_{333} \end{bmatrix}$$

もしくは,

$$\begin{bmatrix} d_{111} & 0 & 0 \\ 0 & d_{122} & d_{123} \\ 0 & d_{123} & d_{133} \end{bmatrix}$$

$$\begin{bmatrix} 0 & d_{212} & d_{231} \\ d_{212} & 0 & 0 \\ d_{231} & 0 & 0 \end{bmatrix}$$

$$\begin{bmatrix} 0 & d_{312} & d_{331} \\ d_{312} & 0 & 0 \\ d_{331} & 0 & 0 \end{bmatrix}$$

次に,120°回転に関しては,

$$a_{11} = -\frac{1}{2}, a_{12} = \frac{\sqrt{3}}{2}, a_{21} = -\frac{\sqrt{3}}{2}, a_{22} = -\frac{1}{2} \text{ である}.$$

$$\begin{aligned}
d_{111}' &= \sum_{l,m,n} a_{1l}a_{1m}a_{1n}d_{lmn} \\
&= \sum_{m,n} a_{11}a_{1m}a_{1n}d_{1mn} + \sum_{m,n} a_{12}a_{1m}a_{1n}d_{2mn} \\
&= \left(-\frac{1}{2}\right)^3 d_{111} + \left(-\frac{1}{2}\right)\left(\frac{3}{2}\right)^2 d_{122} + 2\left(-\frac{1}{2}\right)\left(\frac{3}{2}\right)^2 d_{212} \\
&= -\frac{1}{8} d_{111} - \frac{3}{8} d_{122} + \frac{3}{4} d_{212} \\
&= d_{111}
\end{aligned}$$

$$\begin{aligned}
d_{122}' &= \sum_{m,n} a_{11}a_{2m}a_{2n}d_{lmn} + \sum_{m,n} a_{12}a_{2m}a_{2n}d_{2mn} \\
&= \left(-\frac{1}{2}\right)\left(-\frac{3}{2}\right)^2 d_{111} + \left(-\frac{1}{2}\right) d_{122} + 2\left(\frac{1}{2}\right)\left(\frac{3}{2}\right)^2 d_{212} \\
&= -\frac{3}{8} d_{111} - \frac{1}{8} d_{122} + \frac{3}{4} d_{212} \\
&= d_{122}
\end{aligned}$$

同様にして，$d_{123}, d_{212}, d_{231}, d_{312}, d_{331}$, を求めよ．

2.2 一次の相転移の場合，ランダウの自由エネルギは例題2.5のように展開される．キュリー点近傍での誘電率の逆数を求めよ．また，T_cより低い温度での傾き$\left(\frac{\partial (1/\varepsilon)}{\partial T}\right)$が，$T_c$より高い温度での傾きの八倍であることを確認せよ．

ヒント 一次の相転移では，P_sはT_c以下の温度で次の方程式にしたがう．
$$\alpha + \beta P_s^2 + \gamma P_s^4 = 0$$
誘電率は，
$$\frac{1}{\varepsilon_0 \varepsilon} = \alpha + 3\beta P_s^2 + 5\gamma P_s^4$$
である．したがって，
$$\frac{1}{\varepsilon_0 \varepsilon} = \alpha + 3\beta P_s^2 + 5(-\alpha - 3\beta P_s^2)$$
$$= -4\alpha - 2\beta P_s^2$$
である．また，
$$\alpha = \frac{T - T_0}{\varepsilon_0 C},$$
$$P_s^2 = \frac{\sqrt{\beta^2 - 4\alpha\gamma}}{2\gamma},$$
$$\frac{T - T_0}{\varepsilon_0 C} = \frac{3}{16}\frac{\beta^2}{\gamma} - \frac{T_c - T}{\varepsilon_0 C}$$
であるので，
$$\frac{1}{\varepsilon_0 \varepsilon} = -4\alpha - 2\beta P_s^2$$
$$= -4\left(\frac{3}{16}\frac{\beta^2}{\gamma} - \frac{T_c - T}{\varepsilon_0 C}\right) + \frac{\beta^2}{\gamma} - \frac{\beta}{\gamma}\sqrt{\beta^2 - 4\gamma\left(\frac{3}{16}\frac{\beta^2}{\gamma} - \frac{T_c - T}{\varepsilon_0 C}\right)}$$
となる．
$(T_c - T) \ll 1$を考慮し，この方程式の近似式を求めよ．

参 考 文 献

1) J. F. Nye : Physical Properties of Crystals, Oxford University Press, London, p. 123, p. 140 (1972).
2) A. F. Devonshire : Adv. Phys. 3, 85 (1954).
3) H. F. Kay : Rep. Prog. Phys. 43, 230 (1955).
4) K. Uchino, S. Nomura, L. E. Cross, S. J. Jang and R. E. Newnham : Jpn. J. Appl. Phys. 20, L 367 (1981) ; K. Uchino : Proc. Study Committee on Barium Titanate, XXXI-171-1067 (1983).

5) J. Kuwata, K. Uchino and S. Nomura : Jpn. J. Appl. Phys. 19, 2099 (1980).
6) C. Kittel : Phys. Rev. 82, 729 (1951).
7) K. Uchino : Solid State Phys. 17, 371 (1982).
8) K. Uchino, L. E. Cross, R. E. Newnham and S. Nomura : J. Appl. Phys. 52, 1455 (1981).
9) K. Uchino : Jpn. J. Appl. Phys. 24, Suppl. 24−2, 460 (1985).

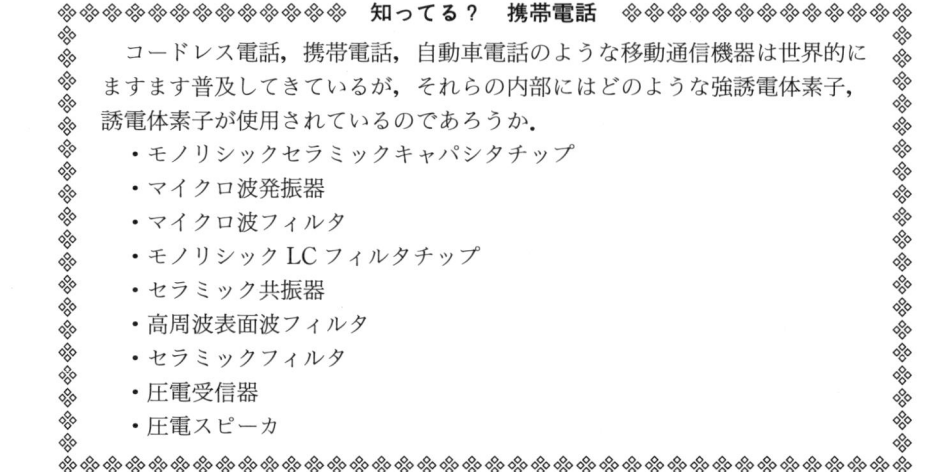

知ってる？ 携帯電話

　コードレス電話，携帯電話，自動車電話のような移動通信機器は世界的にますます普及してきているが，それらの内部にはどのような強誘電体素子，誘電体素子が使用されているのであろうか．
- モノリシックセラミックキャパシタチップ
- マイクロ波発振器
- マイクロ波フィルタ
- モノリシック LC フィルタチップ
- セラミック共振器
- 高周波表面波フィルタ
- セラミックフィルタ
- 圧電受信器
- 圧電スピーカ

第3章　材料およびデバイス設計と製造プロセス

　固溶体の組成や微量の添加物の設計の次は，材料の製造工程について知っておかなければならない．セラミック強誘電体デバイスの製造には，大きく二つの工程がある．一つは原料のセラミックス粉に関することであり，もう一つは要求された形状にプレスされた原料の焼成に関することである．湿式の化学的方法は，特性の高度なデバイス用として，再現性よく粉体が製造される良い手法である．本章では，積層体，バイモルフ，厚膜／薄膜などについて述べる．強誘電性の粒径依存性やドメインの寄与などの基本的な知識についてもこの章で述べることにする．

3.1　材料設計
(1) 組成の選択

　圧電応用の例について考えてみよう．一般的に，Pb(Zr, Ti)O$_3$ (= PZT)，PbTiO$_3$ (= PT)，(Pb, La)(Zr, Ti)O$_3$ (= PLZT)，そしてPZTをベースにした三成分系セラミックスが圧電応用では使われている．これらの材料の圧電定数は既にハンドブックとしてまとめられている (K. H. Hellwege et al., Landolt-Börnstein, Group III, Vol. 11, Springer-Verlag, N.Y. (1979))．

　図3.1にPZT系セラミックスの誘電率及び電気機械結合係数k_pの組成依存性について示す[1]．

　もし，このような実験データがなかったら，固溶体の特性値をどのように推測したらよいのであろうか．一般的に，AとBの中間物質の固溶体における物理的な性質は，$(1-x)$ A : xB として**現象論**的に推測することができる[2,3]．固溶体のギブスの弾性自由エネルギはそれぞれの成分の特性を線形に組み合わせることで得ることができると考えられる．

$$G_1(P, X, T) = \frac{1}{2}\left[(1-x)\alpha_A + x\alpha_B\right]P^2 + \frac{1}{4}\left[(1-x)\beta_A + x\beta_B\right]P^4$$
$$+ \frac{1}{6}\left[(1-x)\gamma_A + x\gamma_B\right]P^6 - \frac{1}{2}\left[(1-x)s_A + xs_B\right]X^2$$

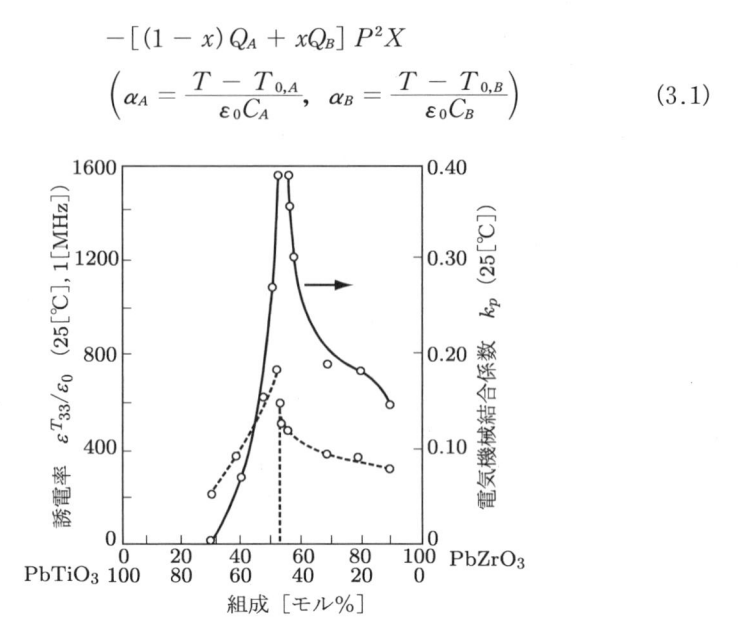

$$-[(1-x)Q_A + xQ_B]P^2X$$
$$\left(\alpha_A = \frac{T-T_{0,A}}{\varepsilon_0 C_A}, \quad \alpha_B = \frac{T-T_{0,B}}{\varepsilon_0 C_B}\right) \tag{3.1}$$

図 3.1 PZT 系セラミックスにおける誘電率と電気機械結合係数 k_p の組成依存性

この式に従って求めた一次近似で，キュリー温度，自発分極，自発歪み，誘電率，圧電定数，電気機械結合係数は非常によい一致を示す．阿部らは，$Pb(Zn_{1/3}Nb_{2/3})O_3$-$PbTiO_3$ の特性を実験および理論的に求めた[3]．図 3.2-3.5 に表 3.1 のデータを用いて計算した諸定数の実験結果および理論曲線を示す．

表 3.1 $(1-x)$PZN-xPT の転移温度および格子定数の計算に用いた PZN($Pb(Zn_{1/3}Nb_{2/3})O_3$) および PT($PbTiO_3$) の各定数

定数	PZN	PT
T_0 [°C]	130	478.8
C [10^5 °C]	4.7	1.5
ξ_{11} [10^7 m^{5}C^{-2}F^{-1}]	-13.7	-29
ξ_{12} [10^8 m^{5}C^{-2}F^{-1}]	-1.0	15.0
ξ_{111} [10^8 m^{9}C^{-4}F^{-1}]	10.3	15.6
ξ_{112} [10^8 m^{9}C^{-4}F^{-1}]	6.8	12.2
Q_{11} [10^{-2} m^{4}C^{-2}]	2.4	8.9
Q_{12} [10^{-2} m^{4}C^{-2}]	-0.86	-2.6
Q_{44} [10^{-2} m^{4}C^{-2}]	1.6	6.75
a_c [Å]	4.058	3.957

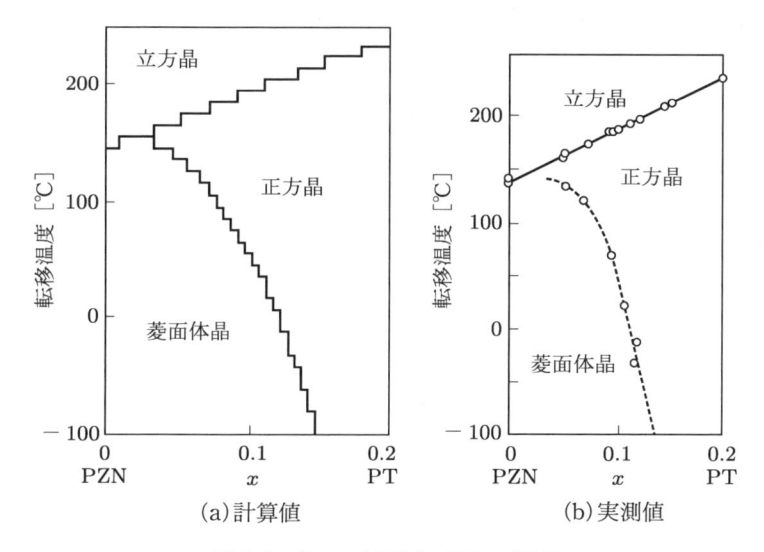

図 3.2　$(1-x)$PZN-xPT の相図

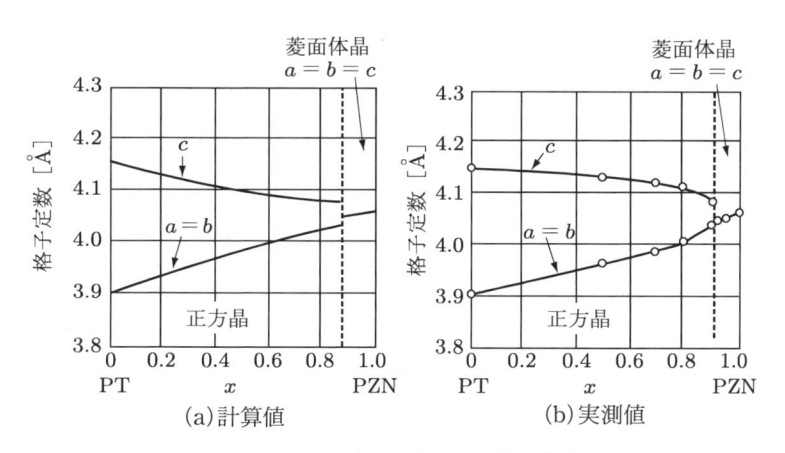

図 3.3　xPZN-$(1-x)$PT の格子定数

(a)計算値 (b)実測値

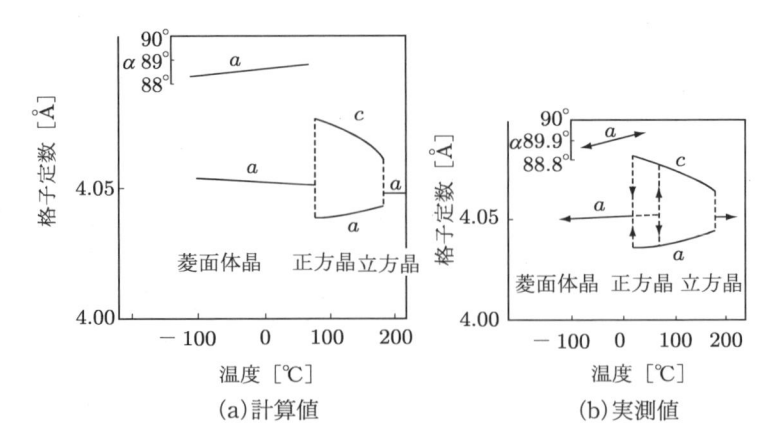

図 3.4 0.91 PZN-0.09 PT の格子定数の温度依存性

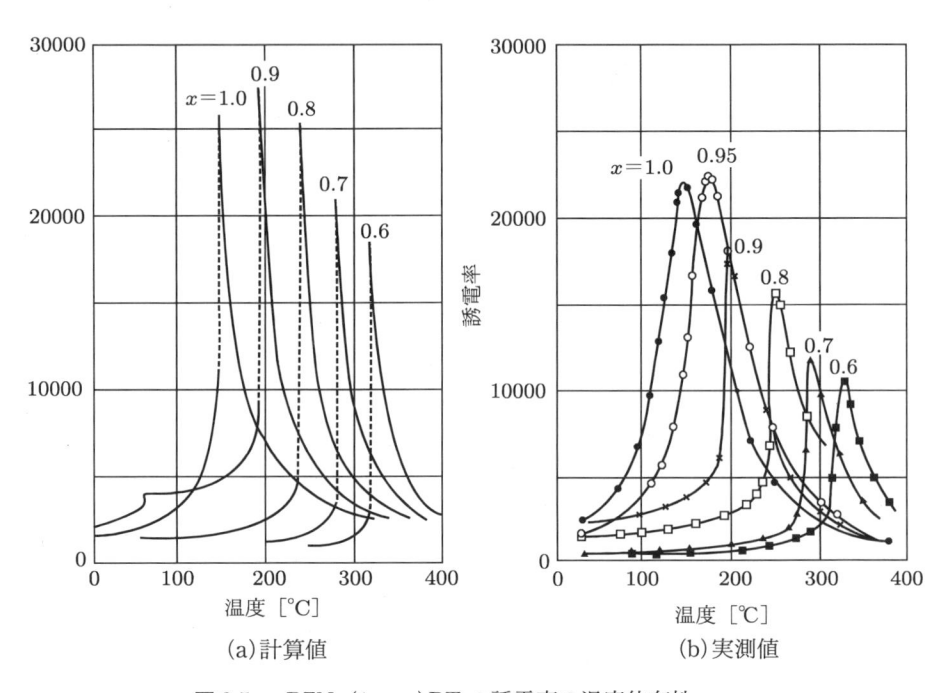

(a)計算値 (b)実測値

図 3.5 xPZN-$(1-x)$PT の誘電率の温度依存性

(2) 強誘電性の添加物効果

微量な添加物が時としてセラミックスの誘電特性，電気機械特性，電気光学特性を大きく変えることがある．半導性チタン酸バリウムのPTC効果（第9章で述べる）が電気的特性の添加物効果の非常によい具体例である．

ペロブスカイト結晶中に，不純物添加による結晶欠陥があると考えることにする．Fe^{3+}のようなアクセプタイオンは，PZT中に酸素空孔（□と示す）を誘起する．

$$Pb(Zr_y, Ti_{1-y-x}Fe_x)(O_{3-x/2}□_{x/2})$$

このアクセプタ添加によって，欠陥に起因した双極子の再配向が容易に起こる．これらの双極子はFe^{3+}（陰イオンとして振る舞う）と酸素空孔（陽イオンとして振る舞う）によって生じる．これらの欠陥は焼成中の1000 [℃] 以上の高温で生成されるが，酸素イオンと酸素空孔はほんの 0.28 [nm] で隣り合っているだけなので，酸素イオンはキュリー温度以下（例えば室温）になっても容易に移動できる（図3.6(a)参照）．

例えばドナーイオンであるNb^{5+}の場合，Pb空孔（□と示す）が誘起される．

$$(Pb_{1-x/2}□_{x/2})(Zr_y, Ti_{1-y-x}Nb_x)O_x$$

しかし，ドナー添加は移動しやすい双極子を生成するのにあまり効果的ではない．それは，Pbイオンは周りを酸素原子に取り囲まれているために，隣のAサイト空孔に移動するのが困難だからである（図3.6(b)参照）．

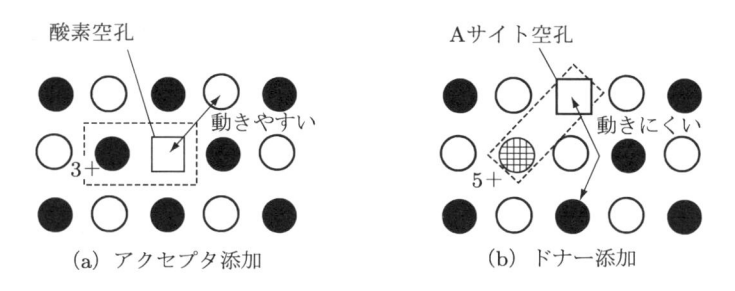

図 3.6 PZT中の結晶欠陥

このような結晶欠陥モデルを用いると，さまざまな強誘電体特性の添加物効果を理解するのが容易になる．HagimuraとUchinoは，ソフト材の$(Pb_{0.73}Ba_{0.27})(Zr_{0.75}Ti_{0.25})O_3$を基本組成として，電界誘起歪みの不純物添加効果について報告している[4]．図3.7(a)に**最大歪み** x_{max} と**履歴率** $\Delta x/x_{max}$ [%] の定義を示す．履歴率は，最大印加電界（1[kV/mm]）の半分の電界の時における，電界上昇時と下降時の歪み量の差 Δx の，最大歪み x_{max} に対する比率を表したものである．図3.7(b)に，不純物添加濃度を

2 [at.%] に固定したときの最大歪みと履歴率の添加物効果を示す．4+から6+の大きな価数をもつドナー型イオン（Ta^{5+}, Nb^{5+}, W^{6+}）をBサイトに持つ材料の場合は，歪みが大きく履歴が小さくなるという，位置決め用アクチュエータとしてすばらしい特性を示す．

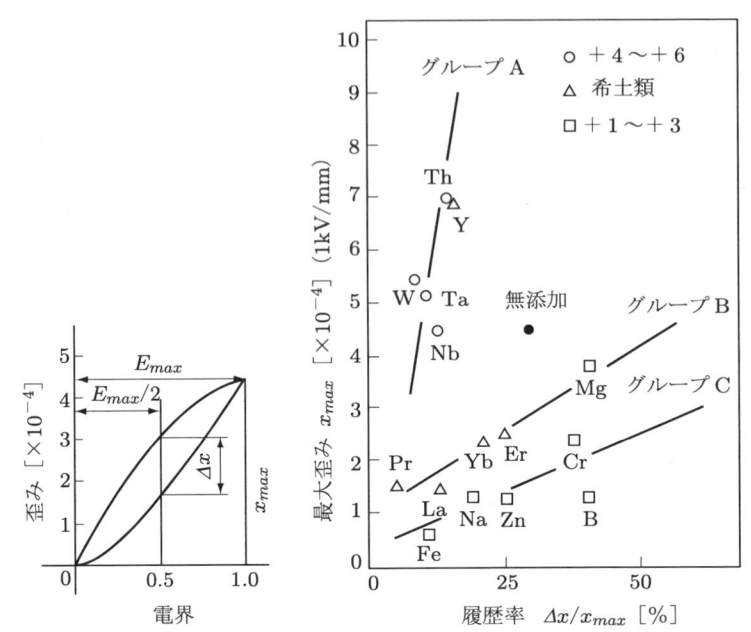

(a) 最大歪みおよび履歴率の定義　(b) アクチュエータパラメータの添加物効果

図 3.7 電界誘起歪みの添加物効果
$Pb_{0.73}Ba_{0.27}(Zr_{0.75}Ti_{0.25})O_3$ 系セラミックスの最大歪みおよび履歴

一方，1+から3+の小さな価数をもつアクセプタ型イオンの場合は，歪みが小さく履歴が大きく抗電界も大きくなる．位置決め用アクチュエータの材料設計にはアクセプタ型イオンは避けなければならないが，超音波モータ用のようなハード材料が必要な場合にはアクセプタ型イオンがきわめて有効である．これらの添加物効果は，**ドメインのピン留め効果**で説明することができる．

例題 3.1 ❖❖❖❖❖
　強誘電体材料の分極反転に必要な電界である抗電界は添加物によって影響を受ける．PZT材料の「ソフト」特性，「ハード」特性における添加物効果について述べよ．

【解】 まず始めに,「ソフト」材料,「ハード」材料というのは,抗電界 E_c の大きさによって分類できる．すなわち,分域壁の安定度ということもできる．ハードな圧電材料は抗電界が 1 [kV/mm] を超える場合で,ソフトな圧電材料は抗電界が 1 [kV/mm] よりもずっと小さい場合をいう．

180° 分域（分極の向きが反対になっている）の反転の過渡状態を考える．分極ベクトルの head-to-head 配列では,「吸い込み」が存在するためにガウスの法則より,

$$divP = \rho \qquad (P\,3.1.1)$$

が必要条件である．したがって分域壁は空間電荷のない高絶縁材料では非常に不安定であり,分域壁は容易に消滅する．すなわち抗電界が低くなる．しかし,材料中に移動可能な電荷がある場合,それらによって分極の配列が安定化され抗電界が高くなる．

次に,結晶欠陥による移動可能な電荷について考える．Fe^{3+} のようなアクセプタ型イオンの添加は酸素空孔を誘起し,動きやすい酸素空孔による双極子により分域のピン留めが起きて「ハード」な材料特性となる．一方,Nb^{5+} のようなドナー型イオンの添加は Pb 空孔を誘起するが,Pb 空孔は周囲を酸素原子に囲まれて隣の A サイトに容易に移動することができないため,ピン留めが起きにくい．

さらに,PZT のような鉛を含んだセラミックスの場合,焼成中の Pb の蒸発によって p 型半導体（アクセプタ型）になる傾向がある．したがって,ドナー型イオンの添加はアクセプタ型の欠陥を補償する効果があり,圧電セラミックスを「ソフト」特性にすることができる．ドナー添加型圧電材料は圧電 d 定数は大きくなるが,脱分極によるエージングも大きいことに注意されたい．

❖

(3) ハイパワー特性

例えば,強力超音波応用に使用されるようなハイパワー用セラミックスについて考えてみよう．高出力を得るためにはセラミックスは高電圧を印加して高振動レベルで駆動されなければならない．このことが発熱と同時に圧電特性の劣化につながっている．したがって,超音波モータのようなハイパワーデバイス用には,機械的品質係数 Q_m が大きく発熱の少ない「ハード」系圧電材料が望ましい．Q_m は機械的損失 $\tan \delta_m$ の逆数で定義される．また,共振時の振動振幅は Q_m 値に比例する．

当初,圧電特性のハイパワー特性を測定する技術が確立されておらず,Uchino らによるいくつかの研究があるのみであったが[5],近年広瀬らによって定電流回路を用いて高振動レベルでの電気機械特性を高精度・高安定に測定する手法が開発された[6]．

PZT 系について,圧電定数,誘電率,弾性コンプライアンス,電気機械結合係数の**振動速度**依存性が測定された[7]．図 3.8 に機械的品質係数 Q_m と温度上昇の振動速度依存性を示す．ある振動速度を境に急激に温度が上昇し,Q_m 値が急激に減少することに注意されたい．この領域では,入力電気エネルギの上昇はほとんど熱になってしまい,

出力振動エネルギの上昇には寄与していない．

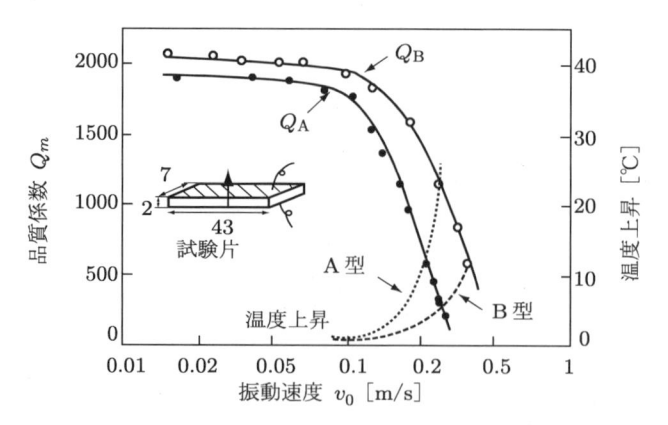

図3.8 d_{31}（横効果）で縦振動するPZTセラミックスの，共振点（A型）および反共振点（B型）での，品質係数 Q_m および温度上昇の振動速度依存性

図3.9に，PZTのみの場合，Nbを添加した場合，Feを添加した場合について温度上昇を測定した結果を示す．Fe（アクセプタ）を添加した場合が最も温度上昇が抑えられている．

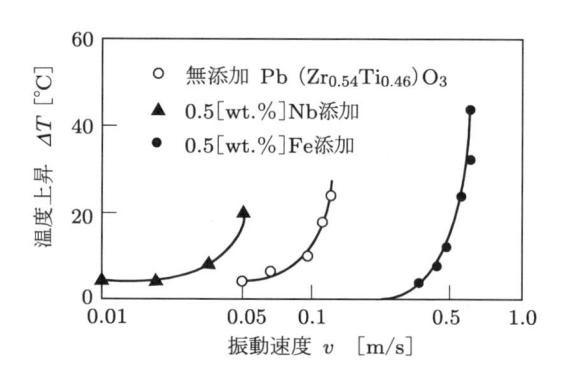

図3.9 PZTセラミックスにおける温度上昇の振動速度依存性

図3.10に，Fe^{3+} を 2.1 [at.%] 添加した $Pb(Zr_xTi_{1-x})O_3$ の，$Zr(x)$ のモル分率に関する Q_m 値の依存性を示す[8]．振動速度レベルは，0.05 [m/s] と 0.5 [m/s] の二通りである．振動速度上昇に伴う Q_m 値の低下が最も少なかったのは，**モルフォトロピック相境界**（菱面体晶と正方晶の相境界で Zr : Ti = 52 : 48）においてであった．低振動速度において Q_m 値の極小を示す組成が，実は高振動速度において Q_m 値の極大を示した．このことより，通常のインピーダンスアナライザによる低振動レベルでの特性測定結

果と，実際の高振動レベルにおける特性は必ずしも一致しないことがわかった．

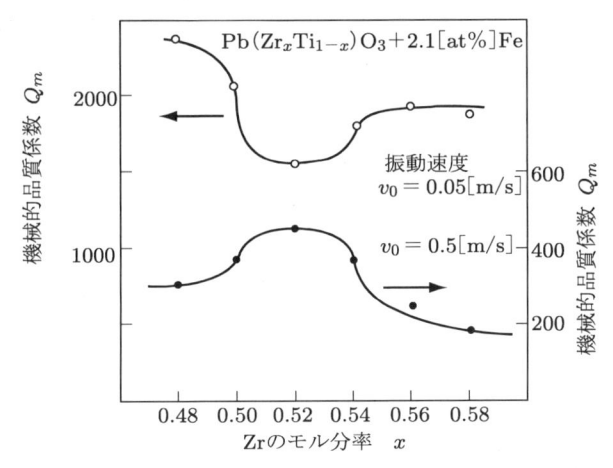

図 3.10 Fe^{3+} を 2.1 [at.%] 添加した $Pb(Zr_xTi_{1-x})O_3$ の，$Zr(x)$ のモル分率に関する Q_m 値の依存性

図 3.11 に，圧電材料の発熱に関する材料定数 R_d と R_m（圧電素子の**電気的等価回路**の抵抗成分）の振動速度依存性を示す[9]．R_m は主に機械的損失に関する項であり，振

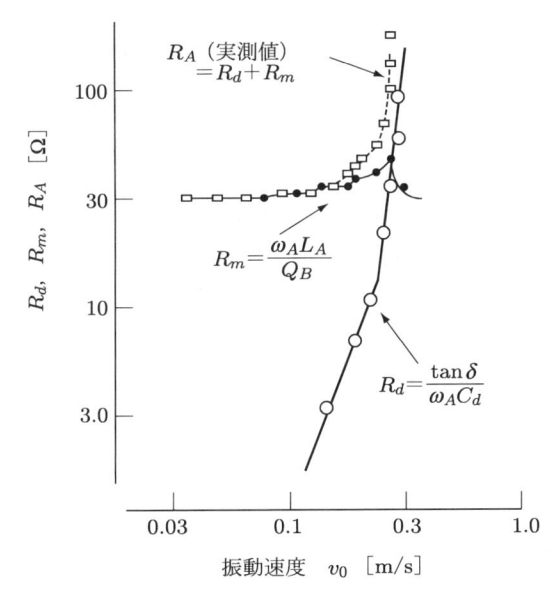

図 3.11 R_d と R_m（圧電素子の電気的等価回路の抵抗成分）の振動速度依存性

動速度の上昇に対してあまり変化しない．一方，R_d は誘電損失に関する項であり，振動速度の上昇に対してある値から急激に増加する．つまり共振時の損失 ($1/Q_m$) は，小振幅時には主に機械的損失によって決定され，大振幅時には主に誘電損失によって決定される．したがってハイパワー駆動時の発熱は誘電損失によるものであると結論づけることができる．（等価回路については第7章の7.3節を参照）

3.2 セラミックスの作製プロセス

通常，強誘電体材料は，多結晶体セラミックスが多い．その作製工程は大別して，セラミックス粉体の製造過程と，粉体を成型し高温に加熱して粒子の結合体を得る焼成過程の2種類がある．

(1) セラミックス粉体の製造

原料粉の圧電特性の再現性は，粒子形状，粒子サイズ，粒度分布，化学組成などの均一性に大きく影響される．通常の**酸化物混合法**では，原料となる酸化物粉体を焼き（**仮焼**），その後機械的に粉砕して微細粉体を得るのだが，この方法では組成の微視的不均一性が問題である．最近では，湿式の化学的方法が取り入れられるようになってきた（**共沈法**，**アルコキシド法**）．本節では，チタン酸バリウム (BT)，ジルコン酸チタン酸鉛 (PZT)，マグネシウムニオブ酸鉛 (PMN) を中心にして製造法を概観する[10]．

■固相反応法

$Pb(Zr_xTi_{1-x})O_3$ 粉体を作製するには，原料粉 PbO, ZrO_2, TiO_2 を所望のモル比で秤量した後，混合し，800-900 [℃] で1-2時間仮焼する．その後粉砕によって微粉体を得る．一般に機械的粉砕法では，1 [μm] 以下の微粉を効率よく得るのが困難で，かつ粉砕工程において不純物の混入するおそれがある．

$BaTiO_3$ セラミックス粉体の合成も基本的には BaO と TiO_2 の原料分を等モル比で混合，焼成すればよいが，純度の高い BaO が購入しにくい点と反応性を考慮して，むしろ $BaCO_3$ 粉を用いることが多い．

$Pb[(Mg_{1/3}Nb_{2/3})_{1-x}Ti_x]O_3$ の場合は，上述と同様の初期からすべての原料粉を混合して作製する方法も取られているが，この方法では所望のペロブスカイト相以外に不純物の**パイロクロア相**が生成される．パイロクロア相の生成を抑えるために，最終焼成時に数 % の PbO を過剰に添加する手法も提唱されているが[11]，化学反応論を考慮した Swartz らの報告が興味深い[12]．彼らは $MgNb_2O_6$（**コランバイト**）と PbO との反応においては

$$3PbO + MgNb_2O_6 \rightarrow 3Pb(Mg_{1/3}Nb_{2/3})O_3$$

のような過程でほぼ完全にペロブスカイト相のみが実現できることに着目し，PMN系組成の場合にもBサイトの組成（MgO, Nb_2O_5, TiO_2）を混合，焼成し（約1000 [℃]），その後PbOを加えて800-900 [℃] で仮焼粉体を得ている．特にMgOを数 [モル%] 過剰に添加した場合には，パイロクロア相を完全に除去できるとしている．

■共沈法

実用圧電セラミックスには固溶系組成が多く，金属元素を複数種含むので，純度もさることながら，原料粉体の粒子間の組成の均一性が大きな因子となる．前目で述べたような混合，固相反応，粉砕による原料調整では，この点で問題が多い．これらの欠点を除き，かつ微細な粒子を得るために，**共沈法**が利用されている．この方法は混合金属塩溶液に沈殿剤を添加して，各成分が均一に混合した沈殿を得て，これを熱分解する方法である．例えば，$BaCl_2$ と $TiCl_4$ を混合した水溶液にシュウ酸を滴下していくと，BaとTiのイオン比が1:1で原子スケールで混合した $BaTiO(C_2H_4)_2 \cdot 4H_2O$ が沈殿する．これを熱分解することによって，化学量論的な組成をもつ焼結性のよい $BaTiO_3$ 粉体が得られる．

PLZTの場合には，出発原料として $Pb(NO_3)_2$, $La(NO_3)_3 \cdot 6H_2O$, $ZrO(NO_3)_2 \cdot 2H_2O$, $TiO(NO_3)_2$ を用いる[13]．まず各硝酸塩水溶液を所定の比率になるように混合，1/2体積のエタノールを添加する．これにエタノール中に溶解させたシュウ酸を滴下して，PLZTのシュウ酸塩を生成させる．その後800 [℃] で熱分解する．

■直接沈殿法

上述の沈殿法では溶液から得られた沈殿を熱分解して最終の目的粉体を得るが，沈殿操作だけで目的の酸化物粉体を合成することもできる．$BaTiO_3$ 微粉体の直接沈殿法による合成を紹介する．$Ba(OH)_2$ 水溶液に $Ti(OR)_4$（R：プロピル）を滴下していくと，高純度で平均粒径が10 [nm] 程度の化学量論的な $BaTiO_3$ 微粉体が得られる．

■アルコキシド加水分解法

金属アルコキシド $M(OR)_n$（M：金属元素，R：アルキル基）を，所定組成比でアルコールに溶かし，水を加えて加水分解することによって，アルコールと金属酸化物あるいは金属水和物を得る方法で，微細かつ高純度の粉体合成法として最近特に研究が盛んになってきた．**ゾル-ゲル法**と呼ぶこともある．金属アルコキシドは揮発性のため精製が容易で，また加水分解過程では他のイオンの添加が不要ということで，高純度を保つことができる．加水分解と縮合のメカニズムを次にまとめた．

(a) 加水分解

$$\mathrm{H-\underset{|}{O}-H} + \mathrm{M-OR} \rightarrow \mathrm{H-O-M} + \mathrm{ROH}$$

(b) アルコキシド化（アルコールの形での H の除去）

$$\mathrm{H-\underset{|}{O}-H} + \mathrm{M-OR} \rightarrow \mathrm{M-O-M} + \mathrm{ROH}$$

(c) シュウ酸化（水の形での H の除去）

$$\mathrm{H-\underset{|}{O}-H} + \mathrm{M-OH} \rightarrow \mathrm{M-O-M} + \mathrm{OH_2}$$

例えば，$\mathrm{Ba(OC_3H_7)_2}$ と $\mathrm{Ti(OC_5H_{11})_4}$ をイソプロピルアルコール（あるいはベンゼン）に溶かし，加水分解すると，加水分解条件(pH)の選択によって粒径が 1 [nm]-10 [nm]（凝集サイズ約 1 [μm]）の結晶性のよい化学量論的な $\mathrm{BaTiO_3}$ 微粉体が得られる．加水分解過程で不純物の精製が行われ，純度が著しく向上（> 99.98 [%]）する．この $\mathrm{BaTiO_3}$ 微粉体は通常のものと比較して誘電率も飛躍的に大きくなる[14]．表 3.2 に，アルコキシド加水分解法によって合成された，強誘電体セラミックス粉体の一覧を示す．

表 3.2 アルコキシド加水分解法によって合成された強誘電体セラミックス粉体の一覧

多結晶体	$\mathrm{BaTiO_3}$ $\mathrm{Ba(Zr,Ti)O_3}$ $\mathrm{(Ba,Sr)TiO_3}$
アモルファス	$\mathrm{Pb(Mg_{1/3}Nb_{2/3})O_3}$ $\mathrm{Ba(Zn_{1/3}Nb_{2/3})O_3}$ $\mathrm{Pb(Zr,Ti)O_3}$ $\mathrm{(Pb,La)(Zr,Ti)O_3}$

ところで，PZT の製作において，Ti と Zr のアルコキシドの入手は容易であるが，Pb については入手が難しいという事情もあり，$\mathrm{(Zr,Ti)O_2}$ のみをアルコキシド法で作り，PbO と後で固相反応させるという組み合わせ法も用いられている[15]．また，安価なナノサイズ粒径の粉体を使用して一部にゾル-ゲル法を用いることも，製造コストを下げるためには有効な方法である．Pb のアルコキシドを用いる方法であるが，ジルコニウム-n-ブトキシド $\mathrm{Zr[O(CH_2)_3CH_3]_4}$ とチタンイソプロポキシド Ti[OCH

$(CH_3)_2]_4$ を鉛アセチルアセトネート $Pb(CH_3COCHCOCH_3)$ に加えることでPZT前駆体が得られる．

(2) 焼成過程

セラミックス粉体を所望の形に成形した後，高温（融点以下）に加熱すると，表面エネルギ（表面張力）のために粉体表面の物質拡散は著しく，粒子間を結合させて成形体に目的の機械的強度を与えるようになる．このとき成形体の形状は多少縮む程度で余り変化しない．この工程を**焼成**と呼び，多くの場合粒子間に存在する気孔を除き緻密な焼結体を得ることを目標にしている（図3.12参照）．焼結体の物性は，微結晶体の性質だけでなく，粒界や気孔などを含めた微細構造に大きく依存する．例えば，焼結体を機械的に破壊した場合には，結晶粒界で起こることが多いが，結晶体そのものが大きなへき開性をもつような場合には多結晶体の方が機械的に強くなることもある．

焼成過程では結晶粒の成長が起こるため，原料粉体の形態は最終的には大きく変わるが，原料の特性が製造工程と製品の性能に大きな影響を与えることも事実である．焼成の駆動力は粒子の表面エネルギであるので，一般に原料粉体が微細になるほど比表面積が増して焼成が速まる．また原料が微細であると，焼成の際の物質移動距離は短くてすみ，気孔の拡散も助長されて，緻密な試料が得られる．

結晶粒の成長については，多くの研究がなされており，詳しくは文献[16]などを参照されたい．粒径を D，焼成時間を t とすると，一般に，

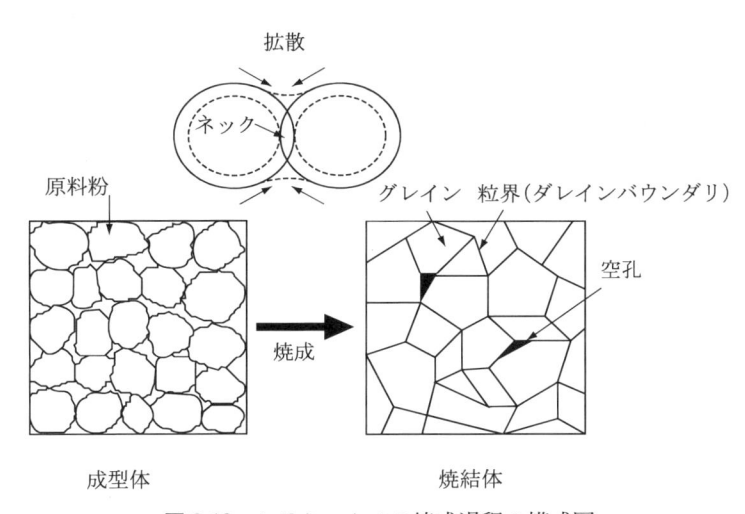

図3.12 セラミックスの焼成過程の模式図

$$D^\beta - D_0^\beta \propto t \tag{3.2}$$

が成り立つ．**正常粒成長**のときは $\beta = 2$ で，異相微粒子が存在するときの**異常粒成長**過程では $\beta = 3$ といわれている．

図 3.13 には，シュウ酸エタノール法によって作製した PLZT (9/65/35) 微粒粉を，1 時間および 16 時間ホットプレス焼成（1200 [°C]）した表面写真を示す[17]．また図 3.14 には，焼成時間と，(粒径)^2 の関係を示すが，よい直線関係にあることがわかる．

焼成工程における**添加物**効果には著しいものがある．主な目的は焼成温度を下げることにあるが，特に微結晶粒の成長を抑制する効果をもつものもある．例えば，PZT などの鉛を含む組成の場合には PbO を付加的に添加したり，Bi_2O_3 を用いたりする．

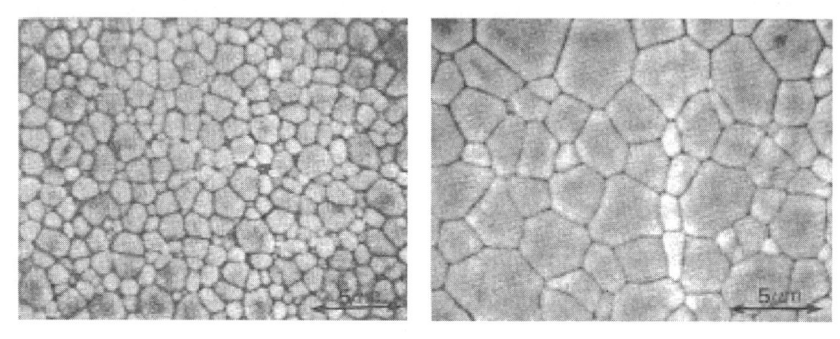

(a) 焼成時間 1 時間　　　　(b) 焼成時間 16 時間

図 3.13 PLZT (9/65/35) セラミックスの粒成長

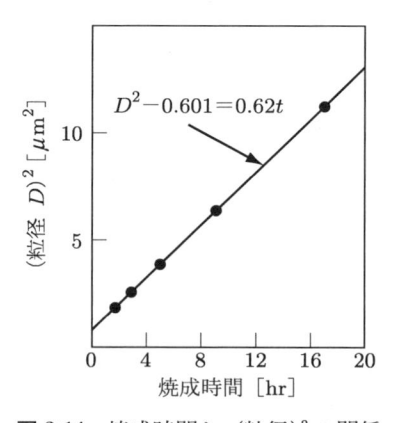

図 3.14 焼成時間と (粒径)^2 の関係

また $BaTiO_3$ に Dy を添加 (0.8 [at. %]) して粒成長を抑えて 1 [μm] 粒径サイズのセラミックスも作製されている[18]。

例題 3.2 ❖❖❖❖❖

イオン K^+, Bi^{3+}, Zn^{2+}, Nb^{5+} は無秩序ペロブスカイト結晶構造を作る。前者二つは A サイトに，後者二つは B サイトに位置する。組成式を決定せよ。

解 ペロブスカイト結晶の組成式 ABO_3 に当てはめると，
$$ABO_3 = (K^{1+}{}_{1-x}Bi^{3+}{}_x)(Zn^{2+}{}_{1-y}Nb^{5+}{}_y)O^{2-}{}_3$$
である。したがって，
$$+1(1-x) + 3x + 2(1-y) + 5y = +6 \tag{P 3.2.1}$$
となる。よって，
$$2x + 3y = 3 \quad (0 < x < 1, 1/3 < y < 1) \tag{P 3.2.2}$$
なる関係式が導かれる。式 (P 3.2.2) を満たす一例として次の組成式を挙げる。
$$(K_{3/4}Bi_{1/4})(Zn_{1/6}Nb_{5/6})O_3$$

❖

(3) 単結晶成長

単結晶は通常，圧電／電歪デバイスには使用されていないが，水熱合成で成長させた水晶や，チョクラルスキー法 (Czochralski 法) で成長させた $LiNbO_3$ や $LiTaO_3$ が数少ない利用例である。近年，中村らによって，$LiNbO_3$ 結晶単板の厚み方向の半分を分極反転させ，バイモルフのように変形するモノモルフアクチュエータが作製された[19]。このデバイスはもろくて変位もさほど大きくないが，歪み特性が直線的で履歴がほとんど観測されないため，STM のような用途にはきわめて適している。PZT の単結晶成長は以前に集中的に研究されていたが，モルフォトロピック相境界 (MPB) 近傍の組成において 1 [mm^3] 以上の結晶を得ることができなかった。

近年，$Pb(Zr_{1/3}Nb_{2/3})O_3$-$PbTiO_3$(PZN-PT) や PMN-PT が医療用音響素子用として注目されてきている。この組成では通常のフラックス法で 1 [cm^3] 以上の単結晶を得ることが容易で，ある結晶方向に分極すると，電気機械結合係数 95 [%]，圧電 d 定数 1570×10^{-12} [C/N] を得ることができる[20,21]。

3.3 デバイス設計

ここでは，単板，積層体，複合体，薄膜，厚膜などのデバイス設計について紹介す

(1) 単板

単板デバイスはスペース効率が悪いため，実用素子では最近はあまり見受けられなくなっているが，実験室レベルでは，まだまだ重要な位置を占めている．

例題 3.3 ❖❖❖❖❖

厚み 1 [mm] のチタン酸バリウム系セラミックスの比誘電率を測定したところ 500 であった．しかし，作成技術の問題から電極とセラミックスの間に 0.5 [μm] のギャップが両面のほぼ全面で発生していることがわかった．セラミックスの真の比誘電率を求めよ．

解 セラミックスと空気ギャップが直列接続されたモデルを考える．面積 S，厚み d，ギャップ δ として，全静電容量 C は次のように表される．（空気の比誘電率は 1 とする）

$$\frac{1}{C} = \frac{1}{\left(\varepsilon\varepsilon_0 \dfrac{S}{d}\right)} + \frac{2}{\left(\varepsilon_0 \dfrac{S}{\delta}\right)} = \left(\frac{1}{\varepsilon_0 S}\right)\left(\frac{d}{\varepsilon} + 2\delta\right) \tag{P 3.3.1}$$

見かけの比誘電率は次式で表される．（$\delta \ll d$）

$$\frac{C}{\left(\varepsilon_0 \dfrac{S}{d}\right)} = 500 \tag{P 3.3.2}$$

よって，次の関係が得られる．

$$\frac{1}{\varepsilon} + 2\frac{\delta}{d} = \frac{1}{500} \tag{P 3.3.3}$$

$d = 10^{-3}$ [m]，$\delta = 0.5 \times 10^{-6}$ [m] を代入すると，真の比誘電率 ε は 1000 となる．

上述のような失敗は研磨後にセラミックスをアルコールで拭いたあと十分に（ホットプレートにて 100 °C 以上で）乾燥させなかったときに時々見受けられる．電極付け工程においては，たとえサブミクロンのギャップであってもエアーギャップを作らないように十分に注意しなければならない．

❖

(2) 積層体

キャパシタ，アクチュエータ，電気光学素子応用などの分野では，低電圧駆動を実現するために，素子の小型化，複合化，積層化などが研究されてきた．今後の研究のキーワードは「より細かく」と「複合化」であろう．10 [μm] 以下の層からできている現在の積層キャパシタの技術が，現在 100 [μm] 厚のシートからできているアクチュエータ用素子に応用されようとしている．材料，層の厚み，電極パターンの不均

一配列やヘテロ構造が今後のデバイスに使われるであろう．

積層セラミックデバイスの作成方法には2種類ある．一つは焼結したセラミックスを切断し重ねて接着する方法(**切断接着法**)，もう一つはセラミックス粉体をシート状にして重ねる**テープキャスティング法**である．テープキャスティング法は積層キャパシタの作製で広く用いられている方法であり，高価な装置と高度な技術を必要とするが，月に10000個以上の大量生産に向いている．

積層構造は図3.15に示すように，強誘電体セラミックスと電極が交互に積み重ねられ**一体焼結**することで得られる．それぞれ隣り合う内部電極で一つの変位素子を形成し，外部電極によって並列に接続された構成をとっている．図3.16に積層セラミックアクチュエータの作製プロセスのフローチャートを示す．**グリーンシート**の成形は，セラミックス粉体の**スラリー**（泥漿）を作ることと，このスラリーを均一な平面にブ

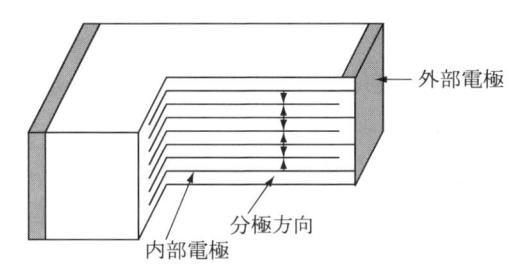

図 3.15 積層アクチュエータの構造

図 3.16 積層セラミックアクチュエータの作製プロセス

レードによって一様な厚みに流し出すこと（ドクタ・ブレード法）の二段階からなる．スラリーは通常，セラミックス粉体を**溶媒**，**分散剤**，**バインダ**，**可塑剤**の四種と混合したものである．このスラリーは**ドクタ・ブレード**と呼ばれる直線刃の下を通して，一様な厚みで流し出され，薄い膜状になる．ブレードと平面の空隙間隔が膜の厚みとなる．溶媒を蒸発乾燥すると，この膜は合成皮革状の柔軟性をもつようになる（**グリーンシート**と呼ばれる）．次にグリーンシートを適当な大きさに切りそろえ，内部電極（銀，パラジウム，白金などのペースト）を印刷する．これらを用途に応じて数十枚から 100 枚程度積み重ね，熱プレスをほどこし一体化する．チップ状に切断した後，約 1200 [℃] で焼結する．その際，積層体の中には多量のバインダ類（50 [%] 体積比率程度）が含まれているため，本焼成の前に約 500 [℃] で脱バインダを行う．得られた試料を研磨し外部電極およびリード線を付け，防水被膜を施して製品はできあがる．

例題 3.4 ❖❖❖❖❖

ある印加電圧 V において，積層型圧電アクチュエータと積層型電歪アクチュエータを比較したときに，積層型電歪アクチュエータのほうがより大きな変位が得られる可能性があることを，$x = dE$, $x = ME^2$ を用いて説明せよ．

解 素子の自然長を L, 変位を ΔL, 積層数を n とする．
(a) 圧電
$$\Delta L = Lx = LdE = Ld\frac{V}{(L/n)} = ndV \qquad (\text{P } 3.4.1)$$
(b) 電歪
$$\Delta L = Lx = LME^2 = LM\left(\frac{V}{L/n}\right)^2 = n^2\frac{M}{L}V^2 \qquad (\text{P } 3.4.2)$$
電歪の場合，積層数の二乗で変位が大きくなることがわかる．（圧電よりも積層の効果が大きい）

❖

Zheng らは，サイズの異なる積層型圧電アクチュエータの発熱について報告している[22]．3 [kV/mm], 300 [Hz] で駆動し，アクチュエータの温度をモニターした．図 3.17 に温度上昇と V_e/A の関係を示す．V_e は有効体積（電極がある部分の体積），A は表面積である．グラフは直線関係を示しているが，これは発熱が V_e に比例し，放熱が A に比例することから説明がつく．したがって，温度上昇を抑えたいときには，V_e/A の小さな素子を用いるとよいことになる（平らで円板状の素子が，キューブ状のものよ

りもよい)．

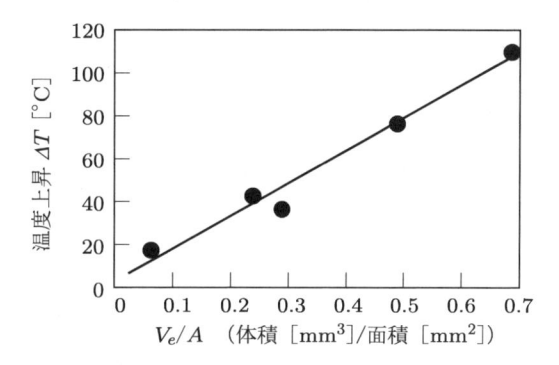

図 3.17 温度上昇と V_e/A の関係 (3 [kV/mm], 300 [Hz])
V_e：有効発熱体積，A：放熱表面積

(3) バイモルフ／ムーニー

ユニモルフおよび**バイモルフ**は，使用している圧電板の枚数で決まる．一枚使用の場合はユニモルフ，二枚使用の場合をバイモルフと呼ぶ．ここでは主にバイモルフについて述べる．

バイモルフ変位素子は，基本的には長さ方向に伸縮する圧電板を二枚貼り合わせた構造で，電圧印加時に一方が伸びて他方が縮み，全体として屈曲変位を起こす．この効果を利用したのが圧電スピーカである．また，バイモルフを屈曲変位させることで電荷を発生させることができる．この効果を利用したのが加速度センサである．バイモルフは，作製が接着剤で貼り付けるだけという簡単な工程に加えて，大変位を得ることが容易であるために広く利用されている変位素子である．しかしながら，屈曲モードを利用するために，応答周波数が低く (1 [kHz] 程度) また発生力も小さい．通常は図 3.18 に示すようにセラミックス板の間に**シム**と呼ばれる弾性板を挟み込むことが多い．また変位拡大率を保ったまま応答周波数を上げるために先細りのテーパーをつけた構造にすることもある．

図 3.19 にシムのない二種類のバイモルフを示す．圧電板は厚み $t/2$ (全体の厚みは t)，長さ L である．(a)は分極が逆向きに，(b)は分極が同じ向きになるように接着してある．バイモルフの変位量，共振周波数を与える関係式については種々の報告があるが，シムのないバイモルフで**片持ち梁** (片端支持) で用いた場合には，素子先端の変位量を δ，印加電圧を V とすると，(a)，(b)の場合はそれぞれ次の式で与えられる．

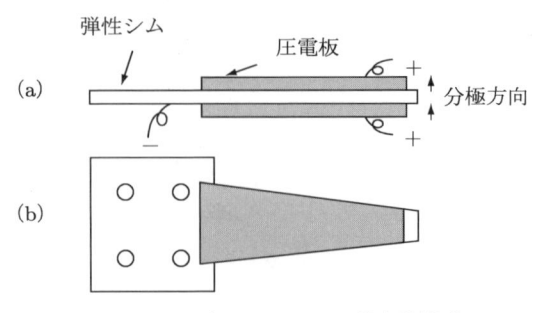

図 3.18 圧電バイモルフの基本的構造

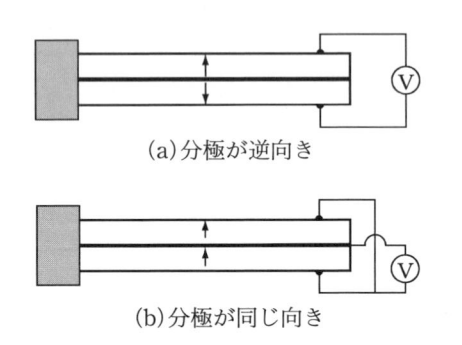

図 3.19 二種類のバイモルフ

$$\delta = \frac{3}{2} d_{31} \frac{L^2}{t^2} V \qquad (3.3\,\mathrm{a})$$

$$\delta = 3 d_{31} \frac{L^2}{t^2} V \qquad (3.3\,\mathrm{b})$$

(a)と(b)の違いは，電極間距離が異なることに起因する（(a)が t，(b)が $t/2$）．基本モードの共振周波数は(a)，(b)ともに[23]，

$$f = 0.161 \frac{t}{L^2} \sqrt{\frac{1}{\rho s_{11}^E}} \qquad (3.4)$$

である．

バイモルフの屈曲変位は必然的に回転的な変位を含むために，完全な平行移動が必要な時には，特別な構造が必要になる．図 3.20 にその一例を示す．この Ampex 社製のバイモルフは，電極を分割し印加電圧を逆転させることで曲げ方向を反対にして先端の傾きを補正している[24]．また，曲げによって圧電的に生じた電圧を検知して，曲がりをセンシングできる機構になっている．

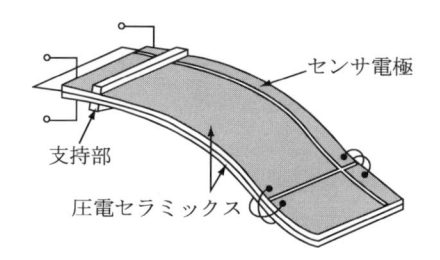

図 3.20 先端が平行に変位する（回転しない）バイモルフ
（フィードバックセンサ機能付き）

例題 3.5 ❖❖❖❖❖

圧電定数 $d_{31} = -300\,[\text{pC/N}]$ の PZT 系セラミックスを用いて，全長 30 [mm]（うち 5 [mm] は片持ち支持に使用）で，20 [V] 印加時に先端で 40 [μm] の変位が得られる，シム無しのバイモルフを設計せよ．また，バイモルフの応答速度を計算せよ．ここで，セラミックスの密度 ρ は 7.98 [g/cm³]，弾性コンプライアンス s_{11}^E は 16×10^{-12} [m²/N] である．

解 印加電圧が低いので，大変位を得るために図 3.19 のタイプ(b)を採用する．式 (3.3 b) に長さ L として 25 [mm] を代入し，厚み t を求める．

$$\begin{aligned}
t &= L\sqrt{3d_{31}\frac{V}{\delta}} \\
&= (25\times 10^{-3}\,[\text{m}])\sqrt{3\times(300\times 10^{-12}\,[\text{C/N}])\times\frac{20\,[\text{V}]}{40\times 10^{-6}\,[\text{m}]}} \\
&= 530\,[\mu\text{m}] \hspace{5cm} (\text{P 3.5.1})
\end{aligned}$$

セラミックスは，長さ 30 [m]，幅 4-6 [m]，厚み 265 [μm] にカットし，電極を付けて分極後，二枚を貼り付ける．バイモルフの幅は曲げ変位を抑制しないように $w/L < 1/5$ になるようにする．

応答時間は，共振周波数 f から求まる周期 T を目安にする．式 (3.4) より，

$$\begin{aligned}
f &= 0.161\frac{t}{L^2}\sqrt{\frac{1}{\rho s_{11}^E}} \\
&= 0.161\times\frac{530\times 10^{-6}\,[\text{m}]}{(25\times 10^{-3}\,[\text{m}])^2}\sqrt{\frac{1}{(7.9\times 10^3\,[\text{kg/m}^3])(16\times 10^{-12}\,[\text{m}^2/\text{N}])}} \\
&= 384\,[\text{Hz}] \hspace{5cm} (\text{P 3.5.2})
\end{aligned}$$

となり，約 2.6 [ms] である．

❖

例題 3.6 ❖❖❖❖❖

金属シムに圧電板を貼り付けることで，ユニモルフを構成することができる[25]．ユニモルフを片持ち梁で支持した場合の先端の変位 δ は次式で求められる．

$$\delta = \frac{(d_{31}E)L^2 Y_c t_c}{Y_m\{t_0^2 - (t_0 - t_m)^2\} + Y_c\{(t_0 + t_c)^2 - t_0^2\}} \tag{P 3.6.1}$$

ここで E は印加電界，d_{31} は圧電定数，L はユニモルフの長さ，Y_c, Y_m はヤング率，t_c, t_m は厚み（添え字 c はセラミックス，m は金属を示す）である．t_0 は**歪みゼロの中性面**から接着面までの距離であり，次式で求められる．

$$t_0 = \frac{t_c t_m^2 (3t_c + 4t_m) Y_m + t_c^4 Y_c}{6 t_c t_m (t_c + t_m) Y_m} \tag{P 3.6.2}$$

ここで $Y_c = Y_m$ としたとき，以下の条件下での，変位 δ を最大にする t_m/t_c 値を求めよ．

(a) セラミックスの厚み t_c を固定した場合．
(b) 全厚み $t_c + t_m$ を固定した場合．

解 まず $Y_c = Y_m$ としたとき，式は

$$\delta = \frac{(d_{31}E)L^2 t_c}{\{t_0^2 - (t_0 - t_m)^2\} + \{(t_0 + t_c)^2 - t_0^2\}} \tag{P 3.6.3}$$

$$t_0 = \frac{t_c t_m^2 (3t_c + 4t_m) + t_c^4}{6 t_c t_m (t_c + t_m)} \tag{P 3.6.4}$$

となる．式 ($P\,3.6.4$) を式 ($P\,3.6.3$) に代入すると，

$$\delta = \frac{(d_{31}E)L^2 3 t_m t_c}{(t_m + t_c)^3} \tag{P 3.6.5}$$

となる．よって関数 $f(t_m) = \dfrac{t_m t_c}{(t_m + t_c)^3}$ を，(a) の場合はセラミックス厚み t_c を，(b) の場合は全厚み $t_c + t_m$ を固定という条件で，極大値を求めればよい．

(a) $\dfrac{df(t_m)}{dt_m} = \dfrac{(t_c - 2t_m) t_c}{(t_m + t_c)^4} = 0 \tag{P 3.6.6}$

金属シム厚みがセラミックス厚みの半分のときに極大値を示す．$t_m = t_c/2$, $t_0 = t_c/2$ である．

(b) $\dfrac{df(t_m)}{dt_m} = \dfrac{t_{tot} - 2t_m}{t_{tot}^3} = 0 \tag{P 3.6.7}$

金属シム厚みとセラミックス厚みが両方とも全厚みの半分のときに極大値を示す．$t_m = t_c = t_{tot}/2$, $t_0 = t_{tot}/3$ である．

◆

複合アクチュエータに「**ムーニー**」と呼ばれるものがある．これはセラミックスの微小歪みや圧力感度を増幅するための機構をもっている[26]．ムーニーは，従来の積層アクチュエータとバイモルフの中間の特性をもっている．変位は 100 [μm] のオーダーで積層よりも大きく，発生力 98 [N] 応答時間 100 [μs] はバイモルフよりも優れてい

る．ムーニーは薄い積層セラミックス素子と二枚の金属板から構成されている．金属板の周囲のみがセラミックス素子と接着されており，中央部分は断面形状が三日月状に空洞が空いている（図3.21(a)参照）．5 [mm] × 5 [mm] × 2.5 [mm] のムーニー素子の場合，60 [V] 印加時に変位 20 [μm] であり，同サイズの積層素子の八倍である[27]．端面の金属板形状を図3.21(b)のように改良することによって（シンバル型），変位はさらに2倍になる．シンバル形状にすることで，中央部分領域での発生変位を一様にすることができた[28]．さらに，シンバルはムーニーと異なり金属板厚みが一定なので，打ち抜き加工が可能であり作製が容易である．

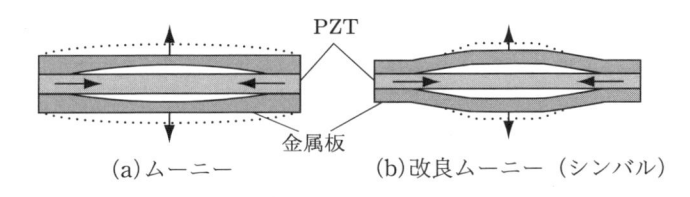

(a)ムーニー　　(b)改良ムーニー（シンバル）

図3.21　複合アクチュエータの構造

(4) 可撓性複合材料

針状や板状の圧電セラミックスを樹脂材に埋め込むことで，アクチュエータ機能は維持したまま，センサ機能を向上させた機能性複合材料を構成することができる．図3.22(a)に1-3型複合材料を示す．棒状のPZTが配列されている．「1-3」の最初の数字はセラミックス材の形状を次元で表し，次の数字はマトリックス材の形状を同じく次元で示す（一次元連結形状のセラミックスが樹脂のマトリックス材料に埋め込まれており，樹脂が三次元的に連結している，ということである）．

簡単な複合材料の例として，図3.22(b)に0-3型複合材料を示す．これは，粉体セラミックス材をマトリックス材料中に一様に分散させたものである．製造方法は溶融法やロール混練法に分類される[29]．図3.23にそれらの工程フローチャートを示す．左側が，溶けた樹脂材料にセラミックス粉体をボールミルで混合する方法，右側が，熱した二つのローラ間で樹脂とセラミックス粉体を混練する方法である．1-3型複合材料の作成方法は第10章の10.3節で述べる．

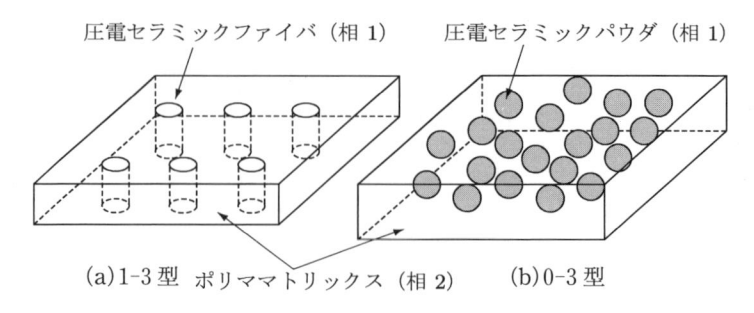

```
                 圧電セラミックファイバ (相 1)    圧電セラミックパウダ (相 1)

         (a)1-3 型   ポリママトリックス (相 2)   (b)0-3 型
```

図 3.22 PZT：ポリマコンポジット

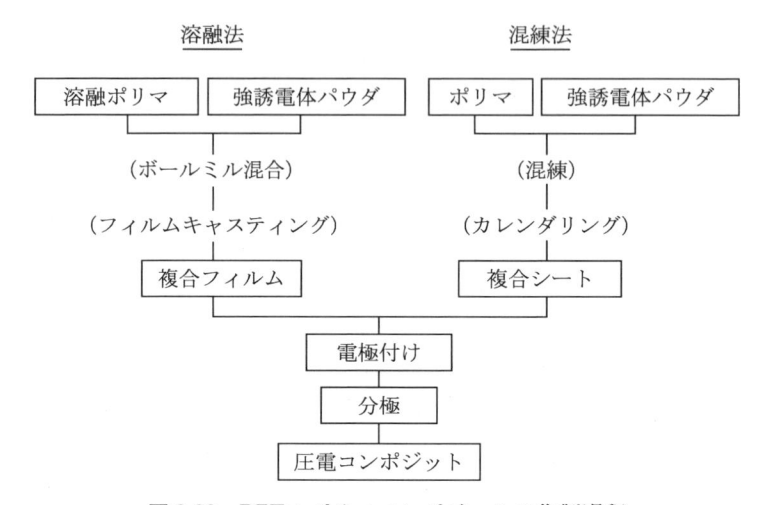

```
              溶融法                        混練法
      ┌─────────┬─────────┐      ┌─────────┬─────────┐
      │ 溶融ポリマ │強誘電体パウダ│      │  ポリマ  │強誘電体パウダ│
      └─────────┴─────────┘      └─────────┴─────────┘
           (ボールミル混合)                 (混練)

          (フィルムキャスティング)          (カレンダリング)
           ┌─────────┐                ┌─────────┐
           │ 複合フィルム │                │  複合シート │
           └─────────┘                └─────────┘
                        ┌─────────┐
                        │ 電極付け  │
                        └─────────┘
                        ┌─────────┐
                        │  分極    │
                        └─────────┘
                        ┌─────────┐
                        │圧電コンポジット│
                        └─────────┘
```

図 3.23 PZT：ポリマコンポジットの作製過程

(5) 薄膜／厚膜

酸化物薄膜の製膜方法には，大きく分けて物理的な方法と化学的な方法の二つがある．

(a) 物理的工程
- 電子ビーム蒸着
- RF スパッタリング，DC スパッタリング
- イオンビームスパッタリング
- イオンプレーティング

(b) 化学的工程
- ゾルゲル（浸漬法，スピンコーティング法，など）

- 化学的気相成長（CVD）
- 有機金属化学気相成長（MOCVD）
- 液相エピタキシ，メルトエピタキシ，キャピラリエピタキシ

スパッタリング法は LiNbO$_3$, PLZT[30], PbTiO$_3$[31] などの強誘電体薄膜の製膜に最も広く用いられている手法である．図 3.24 にマグネトロンスパッタリング装置の概略図を示す．真空に引かれた槽内で，重い Ar プラズマイオンがカソード（ターゲット）に衝突し，ターゲット原子がその衝撃で飛び出す．これらの原子が基板上に一様に堆積する．ゾルゲル法も，PZT の製膜過程に用いられている[32]．強誘電体薄膜の応用としては，記憶素子，表面波素子，圧電センサ，マイクロメカトロニクス素子，が挙げられる．

薄膜構造は，次の二つの因子によって大きく影響を受ける．

（I）基板からの応力

基板材料と堆積材料の熱膨脹率の違いから，引っ張り応力や圧縮応力を受ける．この時，分域の再配向により抗電界が上昇することがある．

（II）強誘電性の厚み依存性

強誘電性の粒径依存性と同様に，強誘電性が消失する「臨界厚み」が存在する可能性があるが，この点に関する研究はまだない．

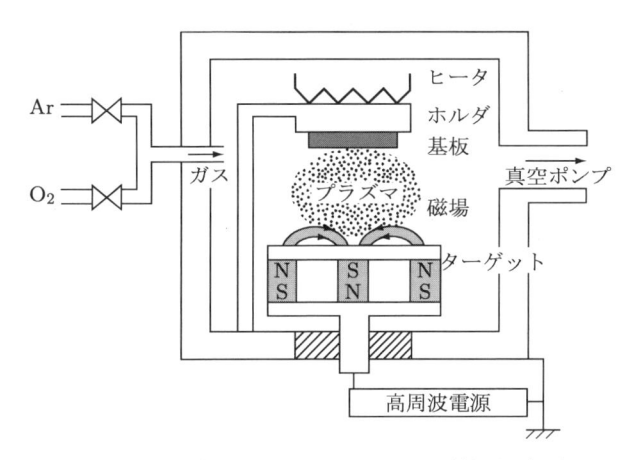

図 3.24 マグネトロンスパッタリング装置の概略

3.4 強誘電性の粒径依存性

近年，ファインセラミックスと称して，粒径の調製された，あるいは微細粒径の磁

器も作製されるようになったが，その物性量，特に電界誘起歪みなどの測定例はあまり多くない．ここでは，分域構造が多分域から単分域に変化するミクロン領域および強誘電性の消失するサブミクロン領域の二つの粒径（グレイン）領域について述べる．

まず Yamaji らによる Dy を添加した微細粒径の $BaTiO_3$ に関するデータを紹介しておく．図 3.25 には Dy を 0.8 [at.%] 添加して作製した微細グレイン磁器（粒径約 1.5 [μm]）と添加していない粗グレイン磁器（約 50 [μm]）について，電界誘起歪み（横効果）を測定した結果を示す[33]．グレインの微小化にともない同じ電界についての歪みの絶対値は小さくなるものの，履歴も小さくなることがわかる．このことは粒径の減少につれて 90°分域回転の抗電界が大きくなるためと説明される．粒界（グレインバウンダリ）は多くの結晶転位をもつため，分域壁（ドメインウォール）を**ピン留め**し分域壁の移動を阻害する．そのため，粒径が減少し粒界が増加すると分域壁のピン留め効果が大きくなると考えられる．

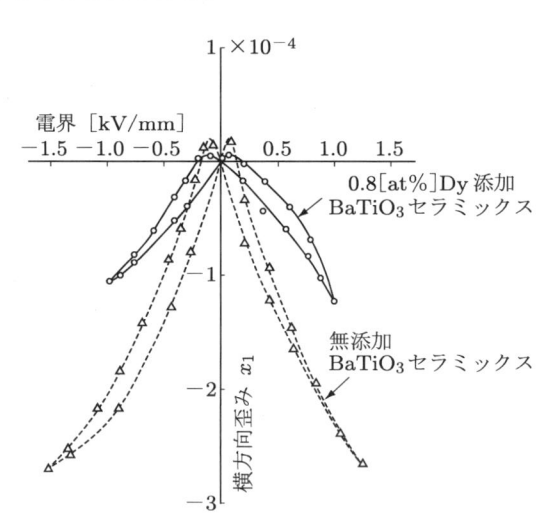

図 3.25 $BaTiO_3$ セラミックスの電界誘起歪みの Dy 添加効果

また，セラミックス粒径の減少は結晶の相転移を著しく散漫にするようである．図 3.26 に圧電定数 d_{33} の温度特性を示す．d_{33} の絶対値自身はかなり低下してしまうが，Dy 添加の試料の，室温周辺における温度特性の改善は顕著で，実用的な立場からも注目される．

ただ注意しておかなければならないことは，Yamaji らの実験では，粒径の影響と添加物（Dy）の効果が分離できない形で取り込まれている点である．

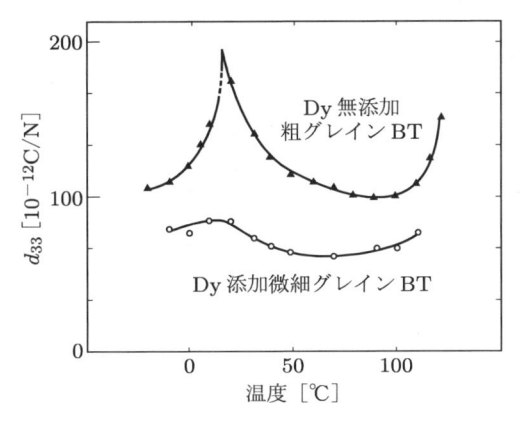

図 3.26 BaTiO₃ セラミックスの圧電定数 d_{33} の温度特性に関する Dy 添加効果

粒径の影響だけを調べる試みが，高須らによって行われている[34]．共沈法によって，微粉の PLZT (9/65/35) を作製し，ホットプレス焼成時間を変化させることで種々の粒径を得ている．PLZT (9/65/35) は**誘電緩和**性を示し，キュリー点（約 80 [℃]）以下では，周波数が低い方が誘電率が高いという周波数依存性がある．図 3.27 にピーク誘電率の粒径依存性を示す．粒径が 1.7 [μm] までは，粒が小さくなるに従い誘電率は低下するが，1.7 [μm] 以下では急激に増加する．図 3.28 に電界誘起歪み（縦効果）の粒径依存性を示す．粒径が小さくなると最大歪み量は単調に減少するが，履歴は 1.7

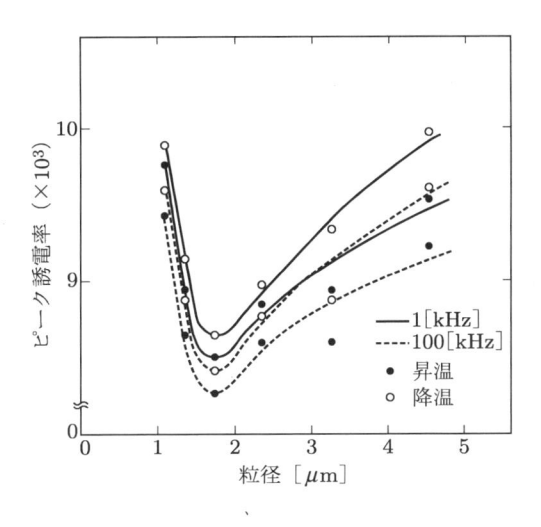

図 3.27 PLZT (9/65/35) におけるピーク誘電率の粒径依存性

[μm] 以下で急激に減少することがわかる．これらの挙動は，粒径が小さくなるに従い，（反）強誘電的な分域が粒内に発生しにくくなり，分域回転に伴う強弾性的な歪みの寄与が減少し，その臨界サイズが 1.7 [μm] と考えると，つじつまよく説明される（**単分域－多分域転移モデル**）．ここでは分域サイズが一定でないことに注意しなければならない．一般に，粒径が減少すると分域サイズは減少する．

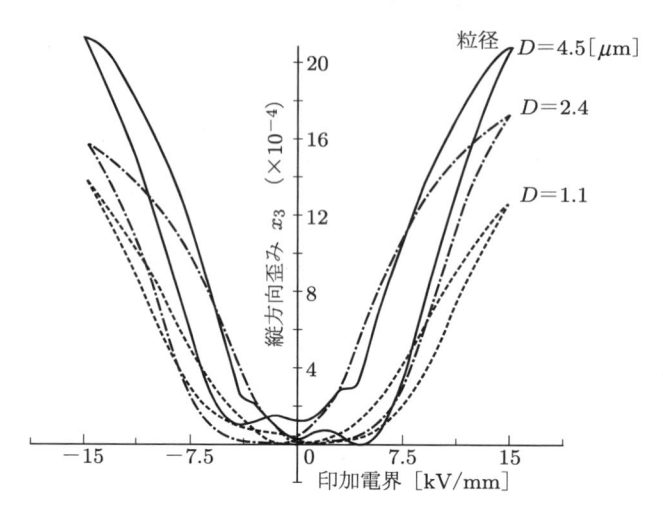

図 3.28 PLZT セラミックスにおける電界誘起歪み（縦効果）の粒径依存性

さらに粒径が小さい場合については，Uchino らによる報告がある．図 3.29 に室温における純粋な $BaTiO_3$ の正方晶率（c/a 値で定義）の粒径依存性を示す[35]．粒径が 0.2 [μm] 以下になると急激に正方晶率が低下し，0.12 [μm] 以下で 1（すなわち立方晶）になった．この値を**臨界粒径**と定義する．図 3.30 にさまざまな粒径の c/a 値の温

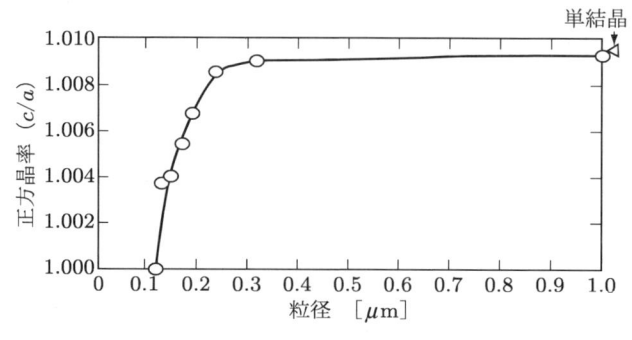

図 3.29 室温における $BaTiO_3$ の正方晶率の粒径依存性

度依存性を示す．粒径が小さくなるに従ってキュリー温度が低下していることがわかる．

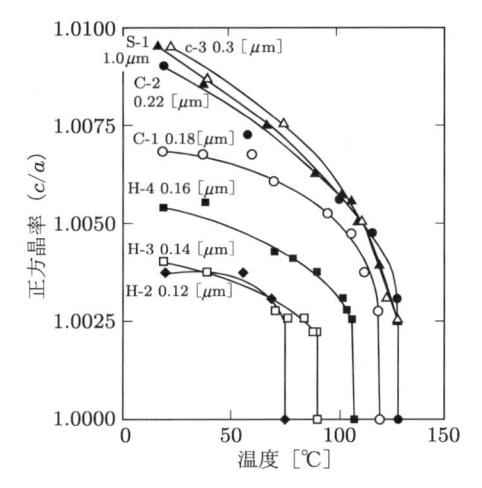

図 3.30 BaTiO$_3$ セラミックスの各種粒径における正方晶率の温度依存性

(Ba, Sr) TiO$_3$[36]，(Ba, Pb) TiO$_3$[37] および反強誘電体 PbZrO$_3$[36] についても同様に臨界粒径が報告されている．図 3.31 に臨界粒径 D_{crit} とキュリー温度（もしくはネール温度）T_c の関係を示す．ここから次のような重要な経験則が得られた．

$$D_{crit} \times (T_c - 室温) = 定数 \tag{3.5}$$

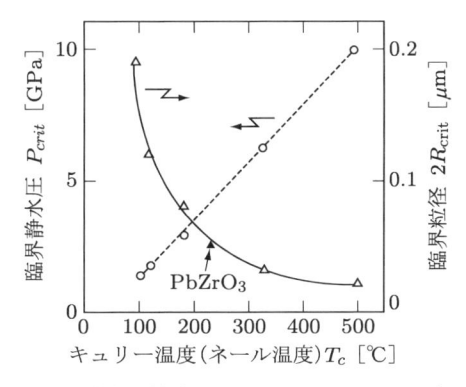

図 3.31 臨界粒径 D_{crit} および臨界静水圧 P_{crit} の，キュリー温度（ネール温度）T_c（相転移温度）との関係

臨界粒径に関する多くの報告があるが，おそらく強誘電性が消失する（すなわち結晶が立方晶になる）臨界サイズのようなものが存在すると考えられる．現在のところ，

まだこの現象を説明できる理論はないが，ここでは**静水圧モデル**を用いて説明を試みる．一般に，強誘電相転移温度は静水圧の上昇に従って 50 [°C/MPa] で急速に低下する．Samara の論文に静油圧を加えた時の系統的データがある[38]．微細粒の有効**表面張力** γ が静水圧 p を本質的に発生させる[39]．

$$p = \frac{2\gamma}{R} \quad (R：粒半径) \tag{3.6}$$

室温において立方晶構造になる臨界粒径 D_{crit}（$= 2R_{cric}$）と臨界静水圧 p_{crit} から有効表面張力 γ を求めることができる．表 3.3 にそれらの値をまとめた．すべてのペロブスカイト強誘電体において γ はほぼ同じ値を示した．これらの値は無極性酸化物の約 50 倍である．おそらく表面電荷や結晶学的に異なる表面相（コアーシェルモデル）による影響であろうと考えられる．

表 3.3 さまざまなペロブスカイトの臨界粒径，臨界静水圧，表面張力エネルギ $\left(p = \dfrac{2\gamma}{R}\right)$

材料	キュリー温度 [°C]	$2R_{crit}$ [mm]	p_{crit} [GPa]	γ [N/m]
$Ba_{0.9}Sr_{0.1}TiO_3$	95	0.19	1.2	57
$BaTiO_3$	125	0.12	1.8	54
$Ba_{0.85}Pb_{0.15}TiO_3$	180	0.18	2.9	58
$Ba_{0.5}Pb_{0.5}TiO_3$	330	0.032	6.2	50
$PbTiO_3$	500	0.02	10	50

3.5 強誘電分域の寄与

(1) 強誘電分域の再配向

前節までの現象論は，対象物質が**単分域の単結晶**，それも電界印加によってその状態が変化しないという前提のもとでのものであり，通常の圧電セラミックスにおいては厳密には成立しない．実際のデバイス材料では，たとえ単結晶といえども多分域を示す場合もあり，多結晶体においてはさらに複雑な様相を呈する．図 3.32 には圧電セラミックス材料としてよく知られている PLZT (7/62/38) について，電界によって誘起される電界印加方向（縦効果）と垂直方向（横効果）の両方向の歪みを示した．最大印加電界の小さなサイクルのうちは，電界と歪みの関係はほぼ直線的で「逆圧電効果」と呼んで差し支えないが，大きな電界を印加するに従い履歴が大きくなり，ある臨界電界以上になると左右対照的なバタフライ形に移行する．この電界を**抗電界**と呼ぶ．こうした履歴現象は，強誘電的な分域が電界の印加によって極性を変え，別の分

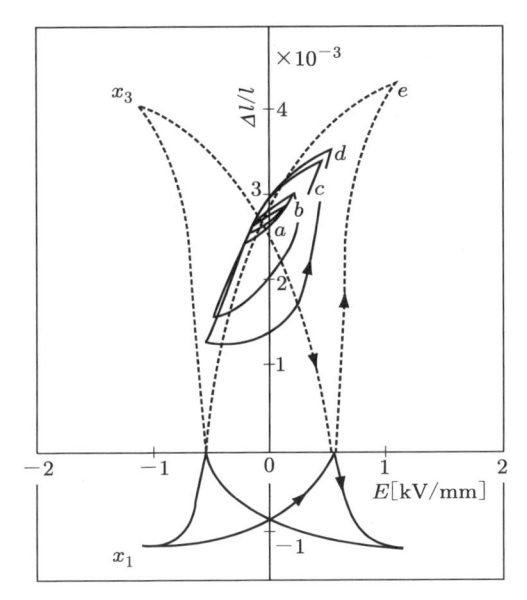

図 3.32 PLZT (7/62/38) における電界誘起歪み (縦効果および横効果)

域状態を生ずるために起こる．厳密に言えば，この PLZT は

1) 各グレイン内での多分域状態
2) 多結晶状態 (結晶軸がランダムに向いた微結晶の集合体)

の二つの状態が重なっている．

図 3.33 に電界印加状態の $BaTiO_3$ 単結晶の分域再配向の様子を示す．初めに 90°分

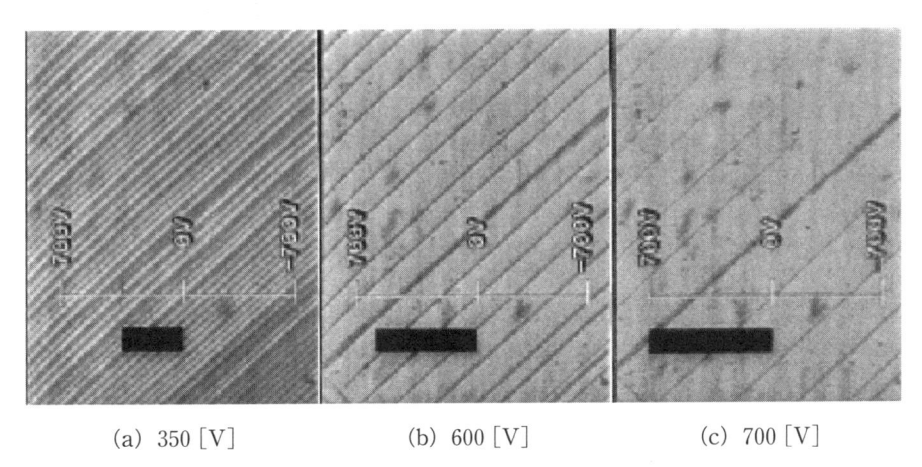

(a) 350 [V]　　　(b) 600 [V]　　　(c) 700 [V]

図 3.33　$BaTiO_3$ のドメイン再配向 (電界は右から左の向き)

域が消滅し，電界が高くなるにつれて最終的に結晶全体で単分域化する．しかし，多結晶体では分域壁の移動が粒界によって制限され，純粋な単分域にはならない．

図 3.34 に多結晶体における分域の再配向の様子を模式的に示した．初期状態として負方向に電界分極処理が施された試料を考えよう．電界を正方向に徐々に印加していくと，残留分極の方向と反対であるために初めは縮む．しかし E_c（**抗電界**）に至ると，各グレイン内の分極方向が反転を始めるので縮みは極小を示し，それ以上の電界では逆に伸びを示すようになる．$E = E_{max}$ 近傍では，反転し得る分極はすべて反転しており，再び履歴の小さな「圧電効果的」な振る舞いを示す．次に，電界を降下させる過程においては，内部応力的に不安定な一部の分域を除いては分域回転の起こる必要はなく，電界がゼロになるまで歪みは単調に減少するだけである．この最後の状態は，初期状態の各グレインの分極方向を全部反転したものに匹敵しており，正方向に分極処理が行われたといえる．ちなみに縦方向の伸び歪みに対する横方向の縮み歪みの比（**ポアソン比**）σ は，ペロブスカイト型圧電セラミックスでは似たような値を取り，0.3 程度である．

以下，分域回転を定量的に取り扱った Uchida-Ikeda の理論，結晶構造と抗電界の関係，微細粒径セラミックスにおける電界誘起歪みについて述べる．

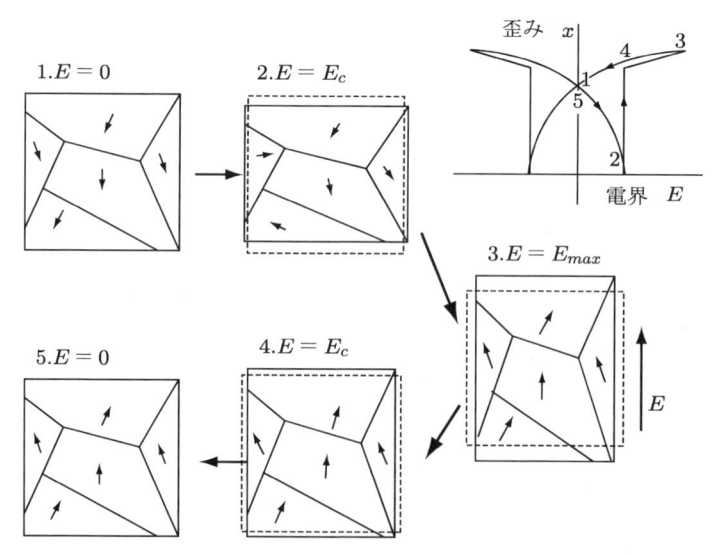

図 3.34 強誘電体セラミックスの分極再配向にともなう歪みの変化

例題 3.7 ✧✧✧✧✧

BaTiO₃ は液体窒素温度 ($-196\,[℃]$) において菱面体晶になる．立方晶構造からの変形は約 1° でありさほど大きくない．180° 分域以外の分域壁間の角度をすべて求めよ．

解 低温（菱面体晶）でのチタン酸バリウムの分極方向は $[111]$ 方向であり，その他に等価な方向として，$[11\bar{1}]$ と $[1\bar{1}\bar{1}]$ がある．図 3.35 にそれらの方向を示す．分域壁面はこれらの軸に対して垂直でなければならない．

$$[111]-[11\bar{1}] = [002]$$
$$[111]-[1\bar{1}\bar{1}] = [002] \qquad\qquad (\text{P}\,3.7.1)$$

したがって，180° 分域壁以外の角度は，次のように計算できる．

(1) $(002)/(200)$, $(022)/(0\bar{2}2)$, $(002)/(220)$ の場合

ここで "/" は二つの面の交差を意味する．

$$(002)\cdot(200) = 0$$
$$= 2\cdot 2\cos\theta,\ \theta = 90°$$

(2) $(022)/(220)$, $(022)/(2\bar{2}0)$ の場合

$$(022)\cdot(220) = 4\ \text{もしくは}\ -4$$
$$= 2\sqrt{2}\cdot 2\sqrt{2}\cos\theta,\ \theta = 60°\ \text{もしくは}\ 120°$$

(3) $(002)/(022)$, $(002)/(02\bar{2})$ の場合

$$(002)\cdot(022) = 4\ \text{もしくは}\ -4$$
$$= 2\cdot 2\sqrt{2}\cos\theta,\ \theta = 45°\ \text{もしくは}\ 135°$$

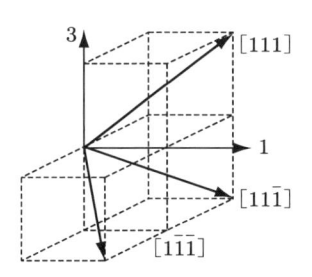

図 3.35 菱面体晶チタン酸バリウムの分極方向

✧

(2) Uchida-Ikeda モデル

例えばチタン酸バリウムの場合，室温において結晶構造は立方晶ペロブスカイト胞から $[001]$ 方向に少し伸びた正方晶系をしており，X 線回折の結果はその正方晶比（格子定数の比 c/a）が 1.01 程度であることを示している．したがってもしこれの単結晶があり，初め a 面であったとすると，電界の印加により約 1 [%] の伸び歪みが誘起されることになろう．しかしながらこれが多結晶体についてとなると話は急に複雑にな

る．Uchida と Ikeda はこの問題を微結晶が空間的にランダムな方位を向いているとして，統計的に扱っている[40,41]．

分極処理を施していない均一な多結晶体では，残留分極を持っておらず，またこの状態を歪みがゼロの基準にとっておく．この試料に電界 E_3（3 方向とする）を印加していくと，分極 P_3 が誘起されると同時に，歪み x_1, x_2, x_3 が生ずる．ただし，$x_1 = x_2 = -\sigma x_3$（σ：ポアソン比）なる関係がある．微結晶粒自身が本来有している自発分極および**主歪み**をそれぞれ P_s, S_s としておく．S_s は，正方晶や菱面体晶などの一軸性結晶では P_3 の方向に沿う歪みで，正方晶では，

$$S_s = \frac{c}{a} - 1 \tag{3.7}$$

菱面体晶では，

$$S_s = \frac{3}{2}\left(\frac{\pi}{2} - \alpha\right) = \frac{3}{2}\delta \tag{3.8}$$

で与えられる．ここで α は菱面体晶の角度で，δ は余角（90°からの角）である．**主歪みは自発歪み**とは異なる点に注意を要する（原著論文にも混乱があるようである）．例えば，$BaTiO_3$ で主歪み $S_s = 0.01$ であるが，自発歪みは，常誘電相での格子定数 a_0 を用いて，

$$x_{3,s} = \frac{c}{a_0} - 1, \quad x_{1,s} = x_{2,s} = \frac{a}{a_0} - 1 \tag{3.9}$$

で定義されるべきもので，それぞれ 0.0075，−0.0025 程度の値をとる．

さて，セラミックス内部の微小体積 dv の持つ自発分極 P_s の方向と電界 E_3 とのなす角を θ とおけば，分極 P_3 は，

$$P_3 = P_s \frac{\int \cos\theta\, dv}{\int dv} = P_s \overline{\cos\theta} \tag{3.10}$$

で与えられる．ここで $\overline{\cos\theta}$ はセラミックス内すべての微小部分についての $\cos\theta$ の平均値を表す．

次に x_3 は歪み楕円体の配向から

$$x_3 = S_s\left(\frac{\int \cos^2\theta\, dv}{\int dv} - \frac{1}{3}\right) = S_s\left(\overline{\cos^2\theta} - \frac{1}{3}\right) \tag{3.11}$$

と求まる．ただし，このように自発歪みのある微小部分が単に向きを変えるだけというモデルにおいては，体積変化はあってはならず，したがって $\delta = 0.5$ が成立してい

なければならない．この点が実験事実との間に若干の矛盾を呈する．

$$x_1 = x_2 = -\frac{1}{2}x_3 \tag{3.12}$$

次に，電界 E_3 の印加に伴う誘起歪みの変化の傾向を求めるには，θ と E_3 との関係がわからなければならない．Uchida らは，180°でない分域回転に対する特性角度 θ_{90}（正方晶系で 90°回転，菱面体晶系で 71°，109°回転が生ずるが，ここでは説明の簡便化のために前者を代表させる）を導入して問題を解析している．セラミックス中の微少部分 dv が 90°分域回転を起こし，その結果 dv の方位が θ になったとする．もし $\theta < \theta_{90}$ であるならば，そのような dv 部分は 90°回転を生じ，$\theta > \theta_{90}$ ならば回転しないでもとの状態に留まる，というような特性角度 θ_{90} が存在するものと仮定する．E_3 に応じて θ_{90} の大きさを定めれば，$\theta < \theta_{90}$ を満足するような dv 部分について，式 (3.11) の積分を実行することにより，誘起歪み x_1, x_2, x_3 を θ_{90} の関数として求めることができる．図 3.36 には，θ_{90} と $\left(\overline{\cos^2\theta} - \dfrac{1}{3}\right)$ の関係を示した．また，図 3.37(a) には，PZT 系セラミックス（菱面体晶系）の電界誘起歪みの実測例を示したが，これと図 3.36 とを組み合わせると，θ_{90} と E_3 との関係を求め得る（図 3.37(b)）．θ_{90} につ

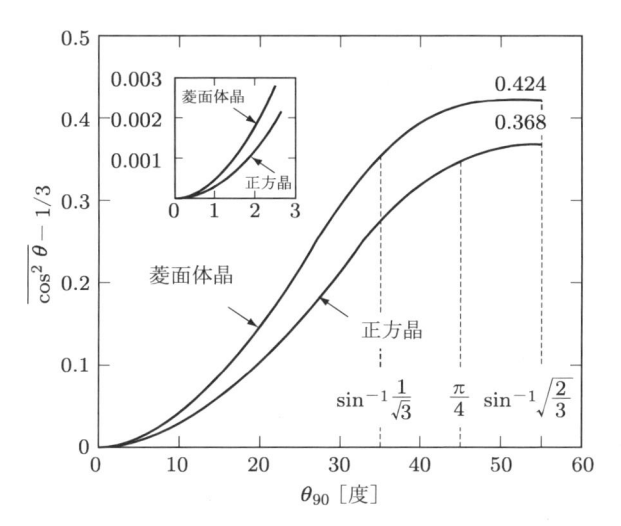

図 3.36 θ_{90} と $\left(\overline{\cos^2\theta} - \dfrac{1}{3}\right)$ の関係

θ_{90} は臨界角度（180°でないドメインの再配向に関係），$\left(\overline{\cos^2\theta} - \dfrac{1}{3}\right)$ は電界誘起歪みに比例

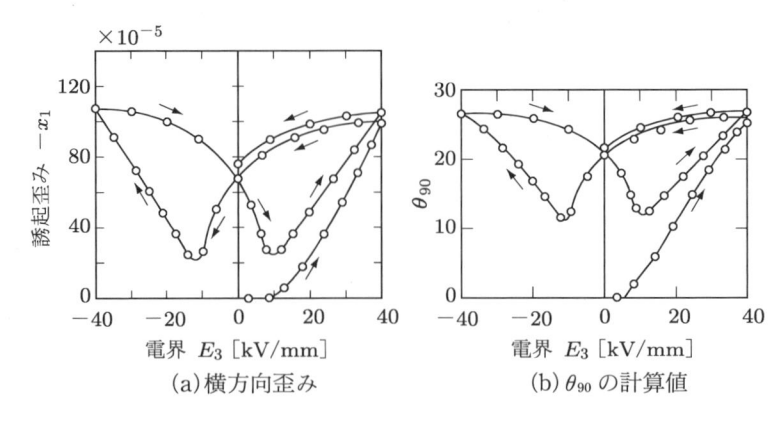

図 3.37　Pb($Zr_{0.57}Ti_{0.43}$)O_3 セラミックス特性の電界依存性（測定は 30 [℃] で行った）

(a) 横方向歪み
(b) θ_{90} の計算値

いても E_3 に対して著しい履歴が現れる点に注目されたい．

話をさらに進めて，分極 P_3 と電界誘起歪み x_3（または x_1）を電界 E_3 の関数として調べることによって，180°反転を起こした体積と 90°回転を起こした体積を推定することもできる．それは，誘起歪みに関しては，180°分域反転はまったく関与しておらず，90°回転のみが効いているのに対して，分極に対してはむしろ 180°分域反転が主に寄与しているためである．図 3.38 には模式的に示したが，電界印加につれて，180°反転は急に起こるのに対して，90°回転は徐々に起こる[42]．注目すべき点は，図中 G 点では，分極は残っているが誘起歪みは 0 であり，また H 点では，分極は 180°と 90°の回

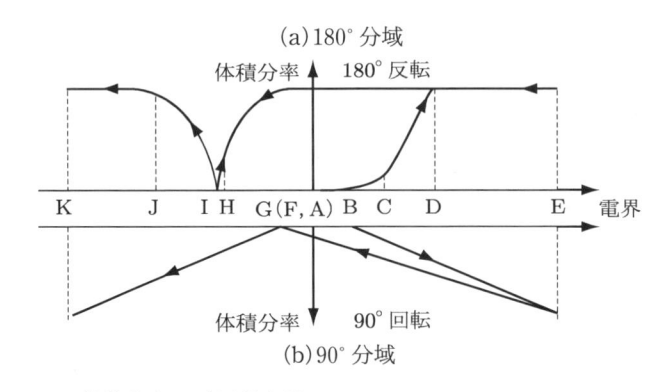

(a) 180°分域
(b) 90°分域

図 3.38　ドメイン体積分率の電界依存性
　　　　180°分域がバラバラになる電圧（I 点）と 90°分域がバラバラになる電圧（G 点，体積分率がゼロ）に違いがあることに注意されたい（言い換えれば，抗電界が違う）．

転が相殺してゼロとなるが，歪みは極小点ではない．こうした一般的な場合には，誘起歪み x_3 を分極 P_3 の関数としてプロットしたとき，それは大きな履歴を示す（図3.39)[43]．しかし，分極においても180°でない分域回転が支配的な物質においては，x-P 曲線において履歴はほとんど観測されないはずである．そのような例（Pb(Mg$_{1/3}$Nb$_{2/3}$)O$_3$ 低温相）を図 3.40(b) に示した[44]．

最後に，強い電界のもとでの，セラミックスの飽和値を分極および誘起歪みについてまとめておこう．

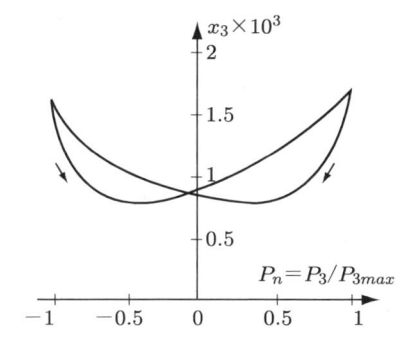

$$\text{正方晶系}: P_3 \to 0.831 P_s, \quad x_3 \to 0.368 S_s$$
$$\text{菱面体晶系}: P_3 \to 0.861 P_s, \quad x_3 \to 0.424 S_s$$

図 3.39　正方晶 PLZT セラミックス (6.25/50/50) における P_3 と x_3 の関係

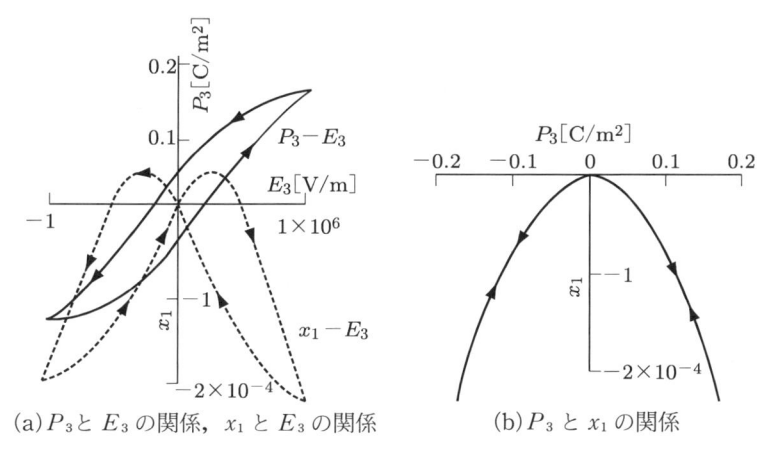

(a) P_3 と E_3 の関係，x_1 と E_3 の関係　　(b) P_3 と x_1 の関係

図 3.40　Pb(Mg$_{1/3}$Nb$_{2/3}$)O$_3$ 菱面体晶における特性（110 °C）

(3) 結晶構造と抗電界

前項では充分に大きな電界を印加したときのセラミックスの飽和値という観点から正方晶系と菱面体晶系を比較したが，ここではより実用的な抗電界の大きさから両者の相違をみてみよう．表3.4にはSchmidtによって報告されている[43]，PLZT系セラミックスについての主歪み S_s，自発分極 P_s，分域配向体積分率 γ_{90}，抗電界 E_c をまとめて一覧にした．これからわかることは，菱面体晶系に属する組成は正方晶系のものと比較して，主歪みが小さく，したがって分域回転は容易（γ_{90} が大きい）で抗電界 E_c は小さいことである．また，抗電界を与える関係式としては[43,45]，

$$E_c = \frac{\alpha Y S_s^2 \gamma_{90}}{P_s} \tag{3.13}$$

が提唱されている．ただし，ここで Y はヤング率で，α は隣接グレインにおける分域配列の相違を考慮する因子であり，正方晶および菱面体晶系でそれぞれ0.1，0.074程度の値を持つ．

表3.4 正方晶および菱面体晶PLZTセラミックスにおける主歪み，自発分極，配向体積分率，抗電界

結晶系	PLZT	主歪み S_s [%]	自発分極 [$\mu C/cm^2$]	配向体積分率 [%]	抗電界 E_c [kV/cm]	計算値 E_c [kV/cm]
正方晶	25/50/50	2.4	71	22	18	17.8
	25/52/48	2.2	72	28	14.7	18.8
	5/50/50	2.16	65	18	16.3	13
	5/52/48	1.96	64.5	23	14.8	13.7
	5/54/46	1.68	65	30	11.7	13
菱面体晶	25/58/42	0.732	56.5	86.5	8.2	7
	25/60/40	0.74	58.5	78.5	7.6	5.4
	6/65/35	0.65	45	85	5.6	5.9
	6.25/60/40	0.61	49	85	5.7	4.8

例題 3.8 ✧✧✧✧✧

正方晶PZTセラミックスの誘電率 ε_3 および圧電定数 d_{33} の結晶配向依存性を図3.41に模式的に示す．多結晶体の配向が一様であると仮定すると，分極前と後での ε_3 および d_{33} の値の変化を説明せよ．

解 分極前は，多結晶体はランダムな方向を向いて分布しているため，誘電率は ε_{min} と ε_{max} の中間の値をとり，圧電定数は0になる．

電気分極は z 軸に沿って分極を配向させるため，分極後は誘電率は ε_z に近づき，誘電率は

分極前よりも減少する．一方，圧電定数は分極電界が大きくなるにつれて単調増加し，最終的にはある分極電界（抗電界に近い）以上で d_{33} に飽和する．

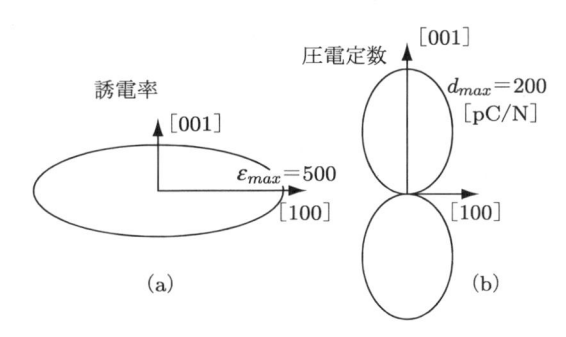

図 3.41 正方晶 PZT セラミックスにおける誘電率および圧電定数の結晶配向依存性

章のまとめ

1. PZT における強誘電性の添加物効果
    - アクセプタ → 分域壁のピン留め効果 → ハードな圧電材料
    - ドナー → Pb 欠陥の補償 → ソフトな圧電材料
2. セラミック材料の調製
    - 酸化物混合法
    - 共沈法
    - アルコキシド法
3. デバイス設計
    - 単板
    - 積層
    - ユニモルフ／バイモルフ
    - ムーニー／シンバル
    - 可撓性複合材料
    - 薄膜／厚膜
4. 積層とバイモルフの比較
    - 変位はバイモルフの方が大きい
    - 発生応力は積層の方が大きい

- 応答速度は積層の方が速い
- 電気機械結合係数は積層 k_{33} の方がバイモルフ k_{eff} よりも大きい
- 寿命は積層の方が長い

5. 本章で紹介された二種類の構造におけるバイモルフ素子の先端変位 δ．片持ち式の場合．（構造によって異なる）

$$\delta = \frac{3}{2} d_{31} \frac{L^2}{t^2} V$$

$$\delta = 3 d_{31} \frac{L^2}{t^2} V$$

- 基本共振周波数は，全厚み t によって決まる．（どちらの構造でも同じ）

$$f = 0.161 \frac{t}{L^2} \sqrt{\frac{1}{\rho s_{11}^E}}$$

6. 強誘電性の粒径依存性
   - 強誘電性が消失する（常誘電相に相転移する）臨界粒径が存在するようである．
   - 粒径が小さいと，分極は小さく，歪みは小さく，履歴は小さく，機械的強度は大きくなる傾向があった．

7. 多結晶体の分極と電界誘起歪み
   - 正方晶　　$P_3 \to 0.831 P_s,\ x_3 \to 0.368 S_s$
   - 菱面体晶　$P_3 \to 0.861 P_s,\ x_3 \to 0.424 S_s$
   - 抗電界：　正方晶＞菱面体晶

章末問題

3.1 圧電定数 $d_{31} = -300\ [\text{pC/N}]$ の PZT 系セラミックスを，$25\ [\text{mm}] \times 5\ [\text{mm}] \times 0.5\ [\text{mm}]$ のサイズに切り出した．シム板にリン青銅（Q_m が高い材料！）を用いて，全長 25 [mm] のユニモルフの変位が最大になるように設計する．印加電界は 100 [V] とする．リン青銅板の最適厚みおよび最大変位を求めよ．セラミックスの密度 ρ と弾性コンプライアンス s はそれぞれ $\rho = 7.9\ [\text{g/cm}^3]$，$s_{11}^E = 16 \times 10^{-12}\ [\text{m}^2/\text{N}]$ である．リン青銅のヤング率などの必要な数値は各自探し求めること．（例題 3.6 参照）

3.2 「銀ペースト」と「銀インキ」の違いを述べよ．

3.3 圧電板に電界 E を印加したときの曲率 $1/R$ は，

で表せ，t_0 は板厚，w は板幅，Y は弾性率，d_{31} は圧電定数である．座標軸 Z(板の厚み方向) の原点は板の中央にある．Y と w が定数の時，上式は次のようになる．

$$\frac{1}{R} = -\frac{12}{t_0^3}\int_{-\frac{t_0}{2}}^{\frac{t_0}{2}} d_{31}(Z) E_3(Z) Z dZ$$

ここでもし圧電板をほんの少し n 型半導体にした場合，電界を印加すると，セラミックス内部でショットキー型の電界の不均一分布を生じる．

ショットキーバリアの厚みを t_b，電界分布を $E(Z)$ とすると，

$$E(Z) = \frac{qN_d}{\varepsilon_0\varepsilon}\left(Z - \frac{t_0}{2} + t_b\right) \quad \left(\frac{t_0}{2} - t_b < Z < \frac{t_0}{2}, \text{カソード側のみ}\right)$$

$$t_b = \sqrt{\frac{2\varepsilon_0\varepsilon}{qN_d}(\phi_0 + V)}$$

と表される．ここで q は電子の電荷，N_d はドナー密度，ε_0 は真空の誘電率，ε は圧電板の比誘電率である．

この圧電板の曲率が次式で表されることを示せ．

(a) 完全分極の場合．$d_{31}(Z) = d_{31}$（定数）．

$$\frac{1}{R} = -\beta d_{31} t_b^2 \frac{3t_0 - 2t_b}{t_0^3}$$

(b) 分極が分布を持つ場合．

$$d_{31}(Z) = d_{31}\frac{Z - \frac{t_0}{2} + t_b}{t_b}$$

$$\frac{1}{R} = -\beta d_{31} t_b^2 \frac{2t_0 - t_b}{t_0^3}$$

このように，単板でたわむ素子をモノモルフと呼ぶ（K. Uchino et al., Jpn. J. Appl. Phys. 26, 1046 (1987) 参照）．

3.4 セラミックスの粒径が小さくなるにつれて，なぜ強誘電性が消失するのかを理解するために，ナノサイズ強誘電体粒子の「エネルギゆらぎ」の点から考えてみる（第 1 章章末問題 1.1 参照）．間隔 a で $+q$，$-q$ の二種類のイオンが交互につながっている一次元鎖を考える（図参照）．ナノサイズの結晶が徐々に成長していく過程を想像する．まず最初に $+q$ イオンがあり，その両脇に $-q$ のイオンが付き長さ $2a$ になる．同様にして $+q$，$-q$ のイオンが交互に加わることで，長さ $2na$（$n = 1, 2, 3, \cdots$）の一次元鎖を構成するものとする．この時，結晶の長さが長くなるにつれて，結晶のクーロンエネルギは次式のように変化する．

$$U_1 = \frac{2}{4\pi\varepsilon_0\varepsilon}\left[-\frac{q^2}{a}\right]$$

$$U_2 = \frac{2}{4\pi\varepsilon_0\varepsilon}\left[-\frac{q^2}{a} + \frac{q^2}{2a}\right]$$

$$U_3 = \frac{2}{4\pi\varepsilon_0\varepsilon}\left[-\frac{q^2}{a} + \frac{q^2}{2a} - \frac{q^2}{3a}\right]$$

...

$$U_n = \frac{2}{4\pi\varepsilon_0\varepsilon}\left[-\frac{q^2}{a} + \frac{q^2}{2a} - \frac{q^2}{3a} + \cdots\right]$$

ここで,イオンが加わったり($n+1$になったり)イオンが取り除かれたり($n-1$になったり)したときの結晶エネルギの揺らぎが±10%以下になる最小結晶サイズ($2na$)を求めよ.(結晶が充分大きいときのクーロンエネルギの揺らぎがこの値以上で不安定であったとすると,協力現象としての強誘電相転移は起きない.したがって,ここで求める結晶サイズが強誘電性消失の臨界結晶サイズの目安となると考えられる)

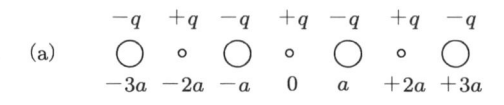

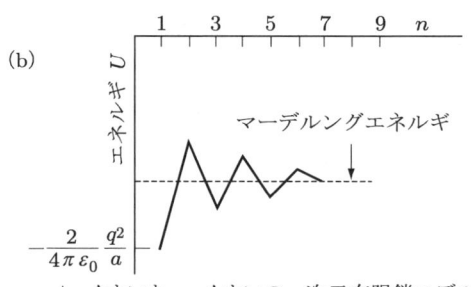

(a) $-q$ $+q$ $-q$ $+q$ $-q$ $+q$ $-q$
$-3a$ $-2a$ $-a$ 0 a $+2a$ $+3a$

(b) エネルギ U vs n (1, 3, 5, 7, 9), マーデルングエネルギ, $-\frac{2}{4\pi\varepsilon_0}\frac{q^2}{a}$

$+q$イオンと$-q$イオンの一次元有限鎖モデル

3.5 チタン酸バリウムは室温で正方晶であるが,立方晶からの変形は余り大きくない($c/a = 1.01$).180°以外の分域壁間角度をすべて求めよ.

3.6 式 (3.10) と (3.11) を計算するときに,微少体積 dv は $dv = 2\pi r^2 dr \cdot \sin\theta d\theta$ とする.この dv を用いて,$\int dv$,$\int \cos\theta dv$,$\int \cos^2\theta dv$ を求めよ.ただし,分極は θ に関して一様に分布しているものとする.

参考文献

1) B. Jaffe, W. R. Cook and H. Jaffe : Piezoelectric Ceramics, p.142, Academic Press, NY (1971).
2) K. Uchino and S. Nomura : Jpn. J. Appl. Phys. 18, 1493 (1979).

参考文献

3) K. Abe, O. Furukawa and H. Inagawa : Ferroelectrics 87, 55 (1988).
4) A. Hagimura and K. Uchino : Ferroelectrics, 93, 373 (1989).
5) K. Uchino, H. Negishi and T. Hirose : Jpn. J. Appl. Phys., 28, Suppl. 28-2, 47 (1989).
6) S. Hirose, Y. Yamayoshi, M. Taga and H. Shimizu : Jpn. J. Appl. Phys., 30, Suppl. 30-1, 1117 (1991).
7) S. Takahashi and S. Hirose : Jpn. J. Appl. Phys., 32, Pt. 1, No.5 B, 2422 (1993).
8) K. Uchino, J. Zheng, A. Joshi, Y. H. Chen, S. Yoshikawa, S. Hirose, S. Takahashi and J. W. C. de Vries : J. Electroceramics, 2, 33 (1998).
9) S. Hirose, M. Aoyagi, Y. Tomikawa, S. Takahashi and K. Uchino : Proc. Ultrasonics Int'l. '95, Edinburgh, p.184 (1995).
10) Kato : Fine Ceramics Technology, Vol.3 Fabrication Technology of Ceramic Powder and Its Future, p.166, Industry Research Center, Japan (1983).
11) M. Lejeune and J. P. Boilot : Ferroelectrics 54, 191 (1984).
12) S. L. Swartz, T. R. Shrout, W. A. Schulze and L. E. Cross : J. Amer. Ceram. Soc. 67, 311 (1984).
13) Tanada, Yamamura, Shirasaki : Abstract 22 nd Jpn. Ceram. Soc. Fundamental Div. 3 B 5, p.81 (1984).
14) Ozaki : Electronic Ceramics 13, Summer, p.26 (1982).
15) Kakegawa, Mohri, Imai, Shirasaki and Tekahashi : Abstract 21 st Jpn. Ceram. Soc. Fundamental Div. 2 C 6, p.100 (1983).
16) H. Abe : Recrystallization, Mater. Sci. Series 2, Kyoritsu Pub., Tokyo (1969).
17) K. Uchino and T. Takasu : Inspec. 10, 29 (1986).
18) A. Yamaji, Y. Enomoto, E. Kinoshita and T. Tanaka : Proc. 1 st Mtg. Ferroelectric Mater. & Appl. p.269, Kyoto (1977).
19) K. Nakamura, H. Ando and H. Shimizu : Jpn. J. Appl. Phys. 26, Suppl.26-2, 198 (1987).
20) J. Kuwata, K. Uchino and S. Nomura : Ferroelectrics 37, 579 (1981).
21) J. Kuwata, K. Uchino and S. Nomura : Jpn. J. Appl. Phys. 21 (9), 1298 (1982).
22) J. Zheng, S. Takahashi, S. Yoshikawa, K. Uchino and J. W. C. de Vries : J. Amer. Ceram. Soc. 79, 3193 (1996).
23) K. Nagai and T. Konno Edit. : Electromechanical Vibrators and Their Applications, Corona Pub. (1974).
24) K. Uchino : Piezoelectric Actuators and Ultrasonic Motors, Kluwer Academic Publishers, MA, p.241 (1997).
25) K. Abe, K. Uchino and S. Nomura : Jpn. J. Appl. Phys. 21, L 408 (1982).
26) Y. Sugawara, K. Onitsuka, S. Yoshikawa, Q. C. Xu, R. E. Newnham and K. Uchino : J. Amer. Ceram. Soc. 75, 996 (1992).
27) H. Goto, K. Imanaka and K. Uchino : Ultrasonic Techno 5,48 (1992).
28) A. Dogan : Ph. D. Thesis, Penn State University (1994).
29) Kitayama : Ceramics 14, 209 (1979).

30) M. Ishida et al. : Appl. Phys. Lett. 31, 433 (1977).
31) M. Okuyama et al. : Ferroelectrics 33, 235 (1981).
32) S. K. Dey and R. Zuleeg : Ferroelectrics 108, 37 (1990).
33) A. Yamaji, Y. Enomoto, K. Kinoshita and T. Tanaka : Proc. 1 st Mtg. Ferroelectric Mater. & Appl., Kyoto, p.269 (1977).
34) K. Uchino and T. Takasu : Inspec. 10, 29 (1986).
35) K. Uchino, E. Sadanaga and T. Hirose : J. Amer. Ceram. Soc. 72, 1555 (1989).
36) T. Yamakawa and K. Uchino : Proc. Int'l. Symp. Appl. Ferroelectrics '90, p.610 (1991).
37) K. Saegusa et al. : Amer. Ceram. Soc., 91 th Ann. Mtg. (1989).
38) G. A. Samara : Ferroelectrics, 2, 277 (1971).
39) K. Uchino, E. Sadanaga, K. Oonishi and H. Yamamura : Ceramic Trans. 8, Ceramic Dielectrics, 107 (1990).
40) N. Uchida and T. Ikeda : Jpn. J. Appl. Phys. 6, 1079 (1967).
41) N. Uchida : Rev. Elect. Commun. Lab. 16, 403 (1968).
42) N. Uchida and T. Ikeda : Jpn. J. Appl. Phys. 4, 867 (1965).
43) N. A. Schmidt : Ferroelectrics 31 , 105 (1981).
44) J. Kuwata, K. Uchino and S. Nomura : Jpn. J. Appl. Phys. 19, 2099 (1980).
45) P. Gerthsen and G. Kruger : Ferroelectrics 11, 489 (1976).

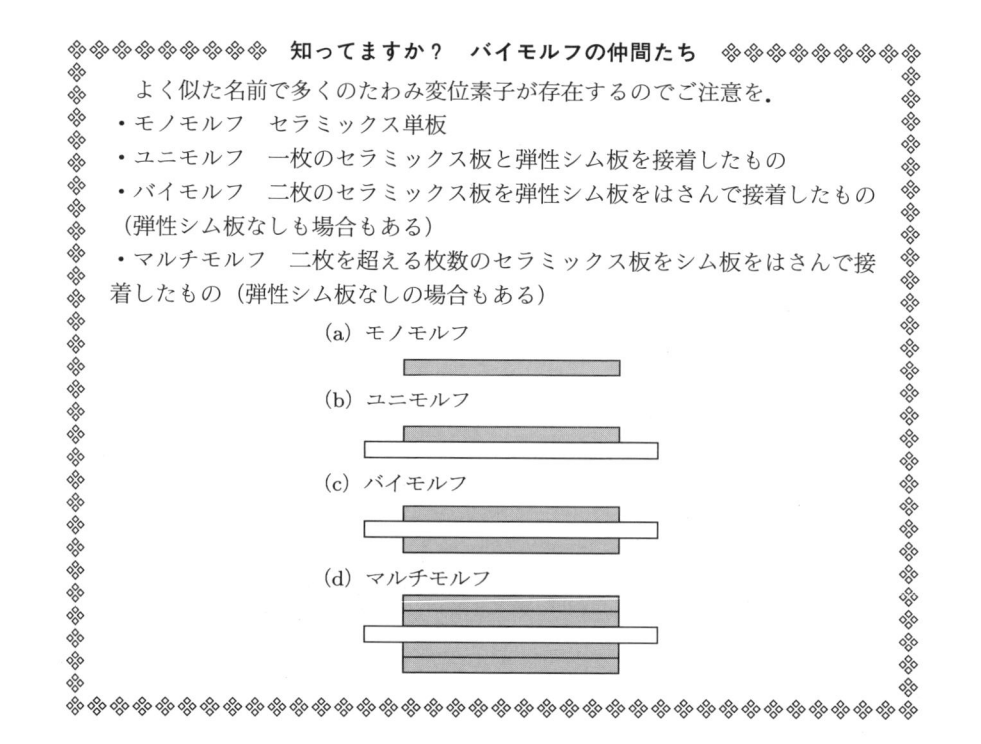

知ってますか？　バイモルフの仲間たち

よく似た名前で多くのたわみ変位素子が存在するのでご注意を．
- モノモルフ　セラミックス単板
- ユニモルフ　一枚のセラミックス板と弾性シム板を接着したもの
- バイモルフ　二枚のセラミックス板を弾性シム板をはさんで接着したもの（弾性シム板なしも場合もある）
- マルチモルフ　二枚を超える枚数のセラミックス板をシム板をはさんで接着したもの（弾性シム板なしの場合もある）

(a) モノモルフ

(b) ユニモルフ

(c) バイモルフ

(d) マルチモルフ

第 4 章 高誘電率誘電体

キュリー点近傍で高い誘電率を示す強誘電体は主にキャパシタとして用いられている．

4.1 セラミックキャパシタ

セラミックキャパシタには二種類あり，一つは TiO_2 系材料の電気回路温度補償用であり，もう一つは $BaTiO_3$ 系もしくは $Pb(Zr,Ti)O_3$ 系材料の高誘電率キャパシタである．さらに誘電体は 4 つのカテゴリに分類することができる．

1) 高 Q，低誘電率（ε が 100 程度）温度補償用材料（容量変化 ± 30 [ppm]）
2) 中誘電率（ε が 3000 程度）材料（例えば，X7R，BX (± 15 [%])）
3) 高誘電率（ε が 10000 程度）組成（例えば，Z5U，Z5V (20-50 [%])）
4) ε が 100000 までの不均一障壁層材料

さまざまなキャパシタタイプを使用周波数範囲とサイズに関してまとめたのが図 4.1 である[1]．単板のセラミックキャパシタは今でも最も広く用いられており，積層セラミックキャパシタはサイズが $\frac{1}{20} - \frac{1}{30}$ と小さく小型化に貢献している．また半導体

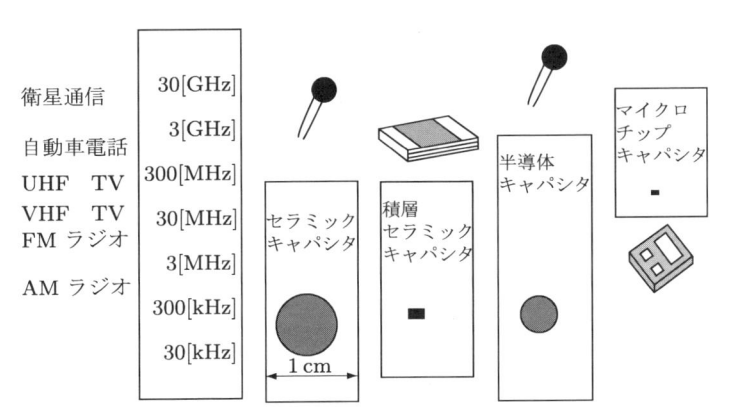

図 4.1 さまざまなキャパシタのサイズと使用周波数範囲

キャパシタは，きわめて薄い半導性誘電体層をもつため大容量化しやすい（第9章，9.3節参照）．マイクロチップキャパシタは超小型であり高周波に応用されている．

キャパシタに求められる基本的な特性は次のようにまとめることができる．

(a)小型，大容量：高誘電率材料が求められる．

(b)高周波特性：高い誘電率を持つ強誘電体は時に誘電分散を示す場合があり，実際の応用には注意が必要である．

(c)温度特性：温度特性の安定な材料が必要である．

例題 4.1 ❖❖❖❖❖

10 [GHz] の電磁波の空気中（$\varepsilon = 1$）および誘電材料中（$\varepsilon = 30$）での波長を求めよ．

解 空気中の速度 $c = 3.0 \times 10^8$ [m/s] および誘電材料中の速度 $v = c/\sqrt{\varepsilon}$ を用いる．
$$\lambda_{air} = c/f = 3.0 \times 10^8/10 \times 10^9 = 3.0 \times 10^{-2} \text{ [m]} = 3 \text{ [cm]}$$
$$\lambda_{dielec} = v/f = 3.0 \times 10^{-2}/\sqrt{30} \text{ [m]} = 5.5 \text{ [mm]}$$

❖

4.2 チップキャパシタ

積層構造は電子回路の集積化に伴うキャパシタの製造技術から発展してきた．図4.2に積層チップキャパシタの構造を示す．テープキャスティング法で作る薄いシートは誘電体粉とポリマーと有機溶剤とからなるスラリーから作られ，Ag–Pd や Ag，もしくは Ni や Cu のような安い金属のペーストで電極を形成した後，数十枚積み重ねて焼結され，最後に外部電極を設ける（第3章3.3 (2) 節に製造プロセスを詳しく説明している）．

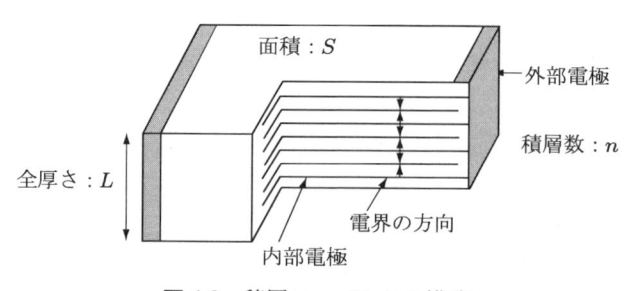

図 4.2 積層キャパシタの構造

近年，層の厚さは顕著に薄くなってきており，現在は 7-10 [μm] である．積層キャパシタの静電容量は次の式で表される．

$$C = n\varepsilon_0\varepsilon \frac{S}{L/n} \tag{4.1}$$

ここで，C：静電容量，n：積層数，ε：誘電体の比誘電率，ε_0：真空の誘電率，S：電極面積，L：キャパシタの全厚さである．ここで注目すべき点は，素子サイズを一定とした場合，静電容量は積層数の二乗に比例して増加することである．表 4.1 に積層キャパシタの例をまとめた[2]．従来の 30 [μm] 層からなる 10 [μF] のキャパシタは 70 [mm³] であるが，10 [μm] 層に薄くした場合，体積が 7.7 [mm³] にまで減少する．一般に同容量で比較した場合，層厚を $1/n$ にすると体積は $1/n^2$ になる．

表 4.1　積層セラミックキャパシタのサイズ

	室温での容量 [μF]	サイズ [mm]			体積 [mm³]	相対体積 [%]	グリーンシート厚 [μm]
		L	W	T			
現在のセラミックキャパシタ	1	2.0	1.3	0.8	2.1	(100)	10
	10	3.2	1.6	1.5	7.7	100	10
従来のセラミックキャパシタ	1	3.3	1.7	1.2	6.7	(319)	25
	10	7.0	4.2	2.4	70.0	909	30
タンタル電解キャパシタ	1	3.2	1.6	1.6	8.2	(390)	—
	10	4.7	2.6	2.1	25.7	334	—

4.3　複合基盤

　最近の技術では，個々の部品としてキャパシタや抵抗を使うことなしに，複合積層基盤上に導線と同様にキャパシタや抵抗を作り込むことが可能になってきている．図 4.3 に VCO[3]（電圧制御発振器）のモノリシックマルチコンポーネントセラミック基盤（MMC 基盤）の断面を示す．抵抗やキャパシタがテープキャスティング法により基盤の中に作り込まれている．この MMC を利用することで VCO の体積は 1/10 にまで小さくなった．

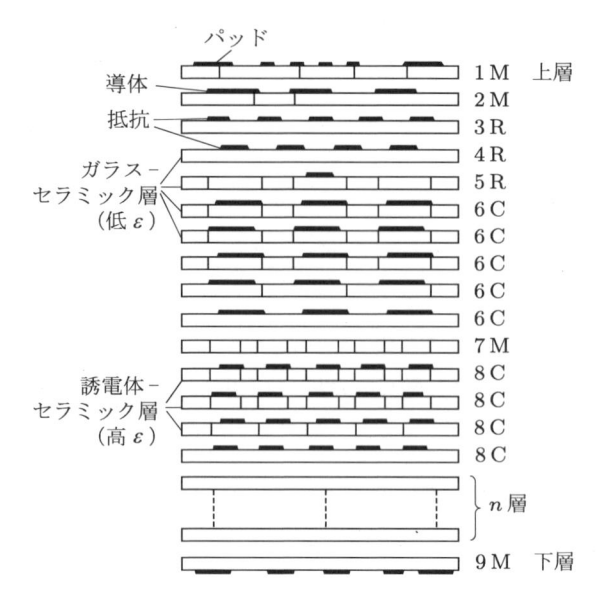

図 4.3 VCO 用モノリシックマルチコンポーネントセラミック基盤の断面図

4.4 緩和型強誘電体

$Pb(Mg_{1/3}Nb_{2/3})O_3$ や $Pb(Zn_{1/3}Nb_{2/3})O_3$ のような**緩和型強誘電体（リラクサ）**が極小チップキャパシタとして使用されてきている．これらの複雑なペロブスカイト結晶は通常の強誘電体ペロブスカイト結晶と比較して，

(1) 非常に高い誘電率

(2) なだらかな温度特性（散漫な相転移）

などの優れた特徴を持つため，キャパシタへの応用研究が重点的になされてきた．

しかし，この**誘電緩和現象**がときには問題となることもある．

(1) 高誘電率

直感的結晶構造モデルとして**イオン・ラットリングモデル**が提案されており，無秩序ペロブスカイト構造から巨大誘電率が発生する理由を説明している[4]．図 4.4(a) と 4.4(b) に $A(B_{I1/2}B_{II1/2})O_3$ 型ペロブスカイト結晶の秩序型および無秩序型構造を示す．剛体イオンモデルを仮定すると，無秩序型であれば図 4.4(b) のように大きな「ガタ」のある空間ができると考えられる．2種類あるBイオンのうち大きなBイオンが結晶構造を支え，そのすきまに小さなBイオンが存在するためである．秩序型の場合は，隣り合うイオンが小さなBイオンをきちんと取り囲むため「ガタ」が生じにくい．この無秩序型ペロブスカイトに電界が印加されたとき，ガタの多いBイオン（たい

ていはより価数の高いイオン）が酸素八面体を崩すことなくシフトできるために，より大きな分極が生じると考えられる．よって，誘電率やキュリー・ワイス定数も大きな値を示す．一方の秩序型ペロブスカイトは逆の傾向となり，Bイオンの動きが抑制されるため誘電率やキュリー・ワイス定数は小さな値を示す．

(2) 散漫相転移

リラクサが散漫な相転移を示す理由はまだ明らかにされていない．ここでは広く受け入れられている「微視的な組成のゆらぎ」モデルを導入する[5-7]．強誘電性の生じる最小分極領域(**Känzig region**)は 10-100 [nm] の大きさをもち，$Pb(B_{I1/3}B_{II2/3})O_3$ にあてはめると B_I^{2+} と B_{II}^{5+} が局所的なゆらぎをもつと考えられる．

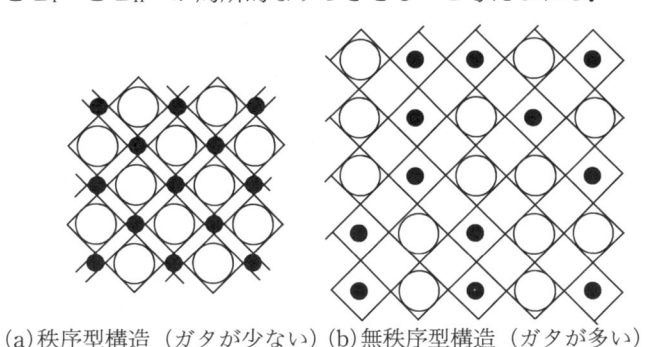

(a)秩序型構造（ガタが少ない） (b)無秩序型構造（ガタが多い）

図 4.4 $A(B_{I1/2}B_{II1/2})O_3$ 型イオン・ラットリング結晶構造モデル
(○：B_I（価数の低い陽イオン），●：B_{II}（価数の高い陽イオン））

図 4.5 にイオン秩序程度がさまざまな場合の，$A(B_{I1/2}B_{II1/2})O_3$ 型結晶中の組成ゆらぎのコンピュータシミュレーション結果を示す．Bイオン分率を x とすると，x のゆらぎはガウス分布になった．H.B. Krause によって，$Pb(Mg_{1/3}Nb_{2/3})O_3$ の近距離イオン秩序配列が電子顕微鏡によって観察された[8]．図 4.6 にその高分解能イメージを示す．2-5[nm]の秩序のある部分が散見される．それらはおそらく互いにほんの少し異なる転位温度を持つと考えられる．

例えば誘電率の観点からは，わずかに異なるキュリー点をもつ小分域の集合体にキュリー・ワイスの法則をあてはめて重ね合わせると，誘電率のピークはなだらかになり温度変化に対してより安定な特性となる．したがってこの場合には，「キュリー点」というよりも「キュリー範囲」と考える場合もある．また，リラクサの常誘電領域における誘電率は従来の式 (4.3) よりも式 (4.2) の二次式に従うことがわかっている．

秩序

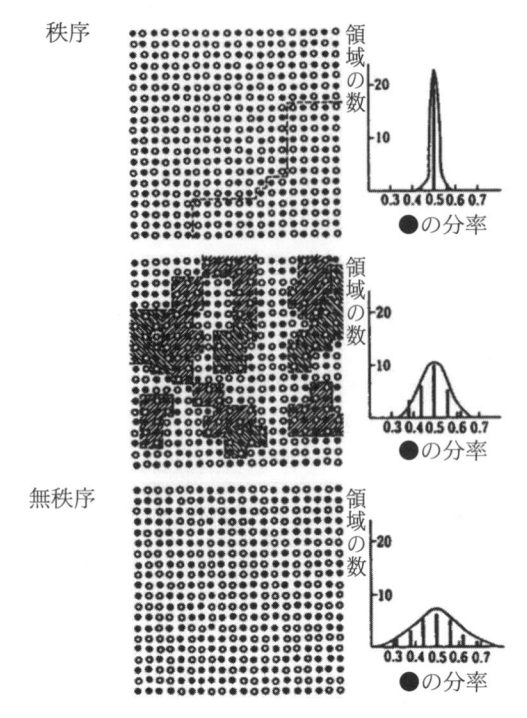

無秩序

図 4.5 イオン秩序程度がさまざまな場合の，$A(B_{I1/2}B_{II1/2})O_3$ 型結晶中のコンピュータシミュレーション結果

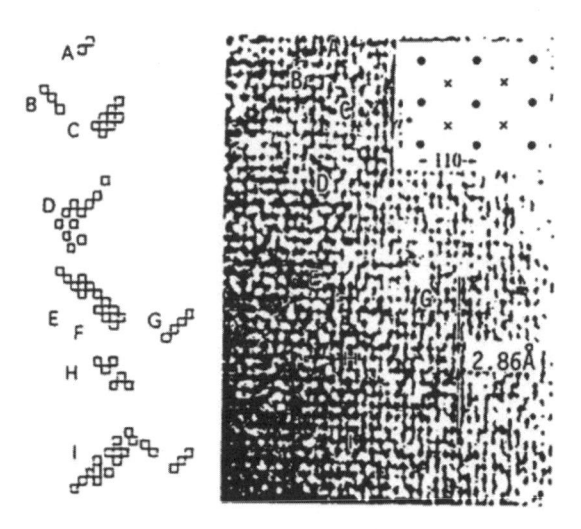

図 4.6 $Pb(Mg_{1/3}Nb_{2/3})O_3$ 単結晶（110）の高分解能電子顕微鏡イメージ（イオンの秩序領域が 2-5 [nm] であることに注意）

$$\frac{1}{\varepsilon} = \frac{1}{\varepsilon_0} + \frac{(T-T_c)^2}{C^*} \tag{4.2}$$

$$\frac{1}{\varepsilon} = \frac{1}{\varepsilon_0} + \frac{T-T_c}{C} \tag{4.3}$$

このように相転移を散漫にすることで誘電率の温度係数を改善するためには，次の手法が提案されている．

(a) イオン無秩序結晶

(a-1) 非強誘電体組成添加による（例えば，$(Pb, Ba)(Zr, Ti)O_3$（$BaZrO_3$ は無極性材料））

(a-2) 格子欠陥による（例えば，$(Pb, La, \square)(Zr, Ti)O_3$）

(b) 結晶中の近距離秩序

陽イオン秩序クラスタによる（例えば，$Pb(Mg_{1/3}Nb_{2/3}, Ti)O_3$ と $Pb(Mg_{1/2}W_{1/2}, Ti)O_3$(PMW-PT)）

(b)の方法による誘電率の温度係数改善は，PMN-PT 固溶体に PMW や $Ba(Zn_{1/3}Nb_{2/3})O_3$(BZN)を混合することで確認されている．PMW 添加は 1:1 秩序型の，BZN 添加は 1:2 秩序型の微小クラスタを生じる傾向にある．

(3) 誘電緩和

リラクサのもう一つの特徴は，リラクサの名前の由来でもある誘電緩和現象（誘電率の周波数特性）である．図 4.7 に，異なる周波数における $Pb(Mg_{1/3}Nb_{2/3})O_3$ の誘電率の温度依存性を示す[9]．周波数が増加するにつれ，強誘電相領域での誘電率が減少し，キュリー点が高温側へシフトしている．これは $BaTiO_3$ のような通常の強誘電体が周波数によってピーク温度がほとんど変化しない点と比較して，明らかに異なる現象である．この現象は一般的に強誘電相転移現象に加えて，無秩序イオン配列による局所的なペロブスカイト相の歪みに伴う浅い多重井戸形ポテンシャルによって説明できると考えられる（**Skanavi 型誘電緩和**[10]）．図 4.8 にそのモデルを示す．Skanavi 型は局所的な双極子を生じ，「エレクトレット」のような特性をもつ．遠距離的な協力現象（強誘電性）が重畳されると（図 4.8 にイオン同士がバネでつながれている様子を示す）正味の分極が現れる．

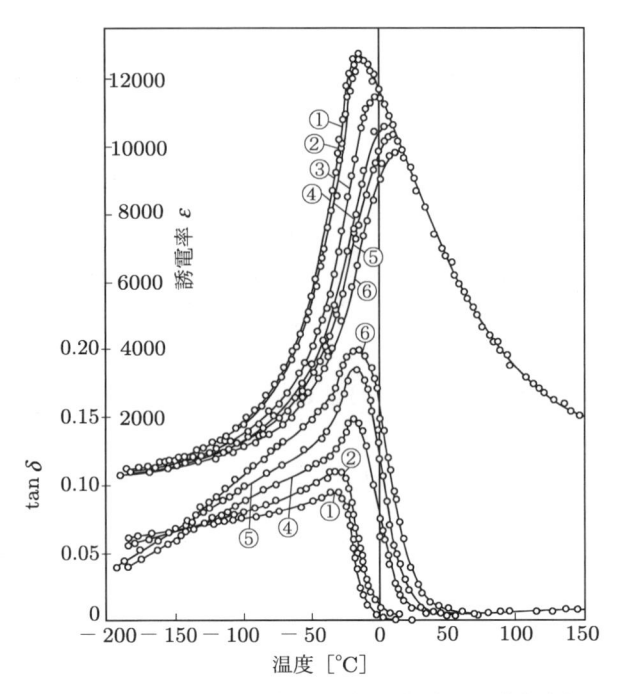

図 4.7 Pb(Mg$_{1/3}$Nb$_{2/3}$)O$_3$ の誘電率および誘電損失の温度依存性
測定周波数 [kHz] ① 0.4, ② 1, ③ 45, ④ 450, ⑤ 1500, ⑥ 4500

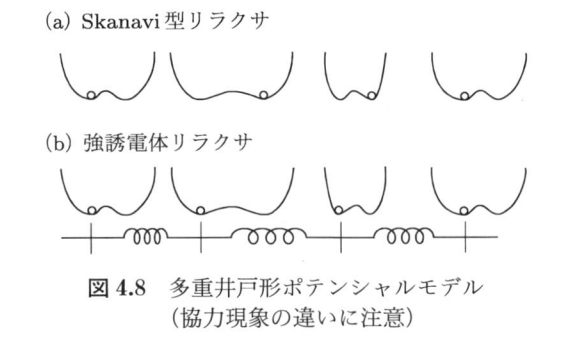

(a) Skanavi 型リラクサ

(b) 強誘電体リラクサ

図 4.8 多重井戸形ポテンシャルモデル
（協力現象の違いに注意）

例題 4.2 ◇◇◇◇◇

図 4.9 に示されたような，低いバリアで隔てられた二極小ポテンシャルにとらえられたイオンを持つ，秩序－無秩序型強誘電体を考える．直流とみなせるくらい非常にゆっくりと変化する電界を印加した場合，イオンは二つのポテンシャル間を行き来することができる．その変化の周波数を徐々に上げていった場合，飛び越えなければならないポテンシャル障壁 ΔU のためにイオンの動きは電界の変化に対し遅れを生じ

4.4 緩和型強誘電体

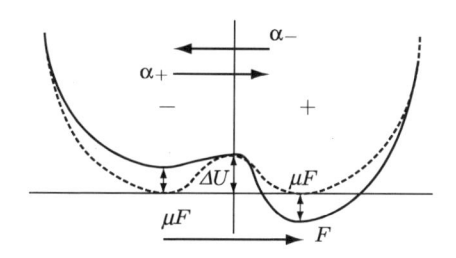

図 4.9 二極小ポテンシャル中のイオン

る．これが誘電緩和を説明する直感的なモデルである．

(1) 数学的表現を用い，単分散の場合の Debye の分散関係を導け．

$$\varepsilon(\omega) = \frac{\varepsilon_S}{1 + j\omega\tau} \tag{P 4.2.1}$$

(2) また，上記の分散がいわゆる Cole-Cole 関係（誘電率の実部と虚部が複素数平面において半円を描く）に従うことを議論せよ．

解 外部電界 E が印加されたとき，結晶中の局所場 F は次のように表される．

$$F = E + \gamma P \tag{P 4.2.2}$$

図 4.9 に示されたような，イオンの負から正への遷移確率 α_+ と正から負への遷移確率 α_- は次のように表される．

$$\alpha_+ = \Gamma \exp\left(-\frac{\Delta U - \mu F}{kT}\right) \tag{P 4.2.3}$$

$$\alpha_- = \Gamma \exp\left(-\frac{\Delta U + \mu F}{kT}\right) \tag{P 4.2.4}$$

ここで ΔU はポテンシャルの障壁高さ，μ は双極子モーメント，Γ は定数である．

ここで単位体積あたりの+向きの分極数を N_+，−向きの分極数を N_-，総分極数を $N = N_+ + N_-$，単位体積あたりの分極を，

$$P = (N_+ - N_-)\mu \tag{P 4.2.5}$$

と表したとする．分極数の時間依存性は次のように表される．

$$\frac{dN_+}{dt} = N_-\alpha_+ - N_+\alpha_- \tag{P 4.2.6}$$

$$\frac{dN_-}{dt} = N_+\alpha_- - N_-\alpha_+ \tag{P 4.2.7}$$

そして，分極に関しても次のように表される．

$$\frac{dP}{dt} = \mu\left(\frac{dN_+}{dt} - \frac{dN_-}{dt}\right)$$
$$= 2\mu(N_-\alpha_+ - N_+\alpha_-) \tag{P 4.2.8}$$

$$N_+ = \frac{N + P/\mu}{2} \tag{P 4.2.9}$$

$$N_- = \frac{N - P/\mu}{2} \tag{P 4.2.10}$$

外部電界を $E = E_0 e^{j\omega t}$ で表すと仮定し，分極は次式で表されるものとする．ただし電界の大きさは小さいとする．

$$P = P_s + \varepsilon_0 \varepsilon E_0 e^{j\omega t} \tag{P 4.2.11}$$

式 (P 4.2.8) より，

$$\varepsilon_0 \varepsilon E_0 (j\omega) e^{j\omega t} = 2\mu \left[N_- \Gamma \exp\left(-\frac{\Delta U - \mu F}{kT}\right) - N_+ \Gamma \exp\left(-\frac{\Delta U + \mu F}{kT}\right) \right]$$

$$= 2\mu \left[N_- \Gamma \exp\left(-\frac{\Delta U - \mu(E + \gamma P)}{kT}\right) - N_+ \Gamma \exp\left(-\frac{\Delta U + \mu(E + \gamma P)}{kT}\right) \right]$$

$$= 2\mu \left[N_- \Gamma \exp\left(-\frac{\Delta U - \mu(E + \gamma(P_s + \varepsilon_0 \varepsilon E))}{kT}\right) \right.$$
$$\left. - N_+ \Gamma \exp\left(-\frac{\Delta U + \mu(E + \gamma(P_s + \varepsilon_0 \varepsilon E))}{kT}\right) \right]$$

$$= 2\mu \left[N_- \Gamma \exp\left(-\frac{\Delta U}{kT}\right) \exp\left(\frac{\mu \gamma P_s}{kT}\right) \left(1 + \frac{\mu(1 + \gamma \varepsilon_0 \varepsilon) E}{kT}\right) \right.$$
$$\left. - N_+ \Gamma \exp\left(-\frac{\Delta U}{kT}\right) \exp\left(-\frac{\mu \gamma P_s}{kT}\right) \left(1 - \frac{\mu(1 + \gamma \varepsilon_0 \varepsilon) E}{kT}\right) \right]$$

$$= 2\Gamma \exp\left(-\frac{\Delta U}{kT}\right) \mu \left[\frac{N - P/\mu}{2} \exp\left(\frac{\mu \gamma P_s}{kT}\right) \left(1 + \frac{\mu(1 + \gamma \varepsilon_0 \varepsilon) E}{kT}\right) \right.$$
$$\left. - \frac{N + P/\mu}{2} \exp\left(-\frac{\mu \gamma P_s}{kT}\right) \left(1 - \frac{\mu(1 + \gamma \varepsilon_0 \varepsilon) E}{kT}\right) \right]$$

$$= 2\Gamma \exp\left(-\frac{\Delta U}{kT}\right)$$
$$\left[\mu N \left(\sinh\left(\frac{\mu \gamma P_s}{kT}\right) + \mu(1 + \gamma \varepsilon_0 \varepsilon) \left(\frac{E}{kT}\right) \cosh\left(\frac{\mu \gamma P_s}{kT}\right)\right) \right.$$
$$\left. - P \left(\cosh\left(\frac{\mu \gamma P_s}{kT}\right) + \mu(1 + \gamma \varepsilon_0 \varepsilon) \left(\frac{E}{kT}\right) \sinh\left(\frac{\mu \gamma P_s}{kT}\right)\right) \right] \tag{P 4.2.12}$$

であり，したがって，

$$\varepsilon(\omega) = \frac{\varepsilon_s}{1 + j\omega \tau} \tag{P 4.2.13}$$

を得る．ここで，

$$\tau = \frac{(1 + \gamma \varepsilon_0 \varepsilon_s) \tau_0}{\cosh\left(\frac{\mu \gamma P_s}{kT}\right)} \tag{P 4.2.14}$$

$$\tau_0 = \frac{1}{2\Gamma \exp\left(-\frac{\Delta U}{kT}\right)} \tag{P 4.2.15}$$

である．下付き文字の S は $\omega = 0$ の静的な場合を表し，常誘電相中では，

$$\varepsilon_s = \frac{C}{T - T_c} \tag{P 4.2.16}$$

である．

式 (P 4.2.13) は以下のように書きかえることができる．

$$\varepsilon(\omega) = \varepsilon'(\omega) + j\varepsilon''(\omega)$$

$$\varepsilon'(\omega) = \frac{\varepsilon_S}{1+(\omega\tau)^2}$$

$$\varepsilon''(\omega) = \frac{\omega\tau\varepsilon_S}{1+(\omega\tau)^2} \quad \text{(P 4.2.17)}$$

いわゆる，**Cole-Cole の関係**は式（P 4.2.17）から得られる（図 4.10 参照）．

$$\left(\varepsilon'(\omega) - \frac{\varepsilon_S}{2}\right)^2 + (\varepsilon''(\omega))^2 = \left(\frac{\varepsilon_S}{2}\right)^2 \quad \text{(P 4.2.18)}$$

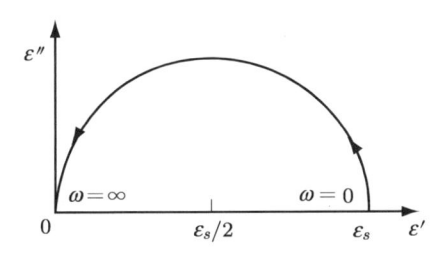

図 4.10 二極小ポテンシャルモデルの Cole-Cole プロット

❖

　もう一つの誘電緩和現象の説明としては，Mulvihill らによる $Pb(Zn_{1/3}Nb_{2/3})O_3$ 単結晶の報告がある[11]．図 4.11 (a) と図 4.11 (b) に，誘電率と誘電損失の温度依存性を示す．(a) が未分極，(b) が分極した PZN である．ドメイン配列の写真もあわせて示す．巨視的なドメインは (a) には見受けられず，キュリー点以下で大きな誘電緩和と誘電損失が観測されている．いったん分極され (b) のように巨視的ドメインが生じると，100［℃］以下においては誘電分散が消失し，損失が非常に小さくなった．これは振る舞いが通常の誘電体に近づいたことになる．分極した材料でも，温度が上昇すると 100［℃］付近において巨視的ドメインが消失し，誘電分散と誘電損失が発生するようになった．したがって誘電緩和は，材料中に生じた微視的ドメインに伴うものであると考えることができる．微視的ドメインの存在を起源とするリラクサの振る舞いを数学的取り扱うことはまだ行われていない．

章のまとめ
1. キャパシタに必要な基礎的特徴
    (a) 小型，大容量
    (b) 高周波特性
    (c) 温度特性

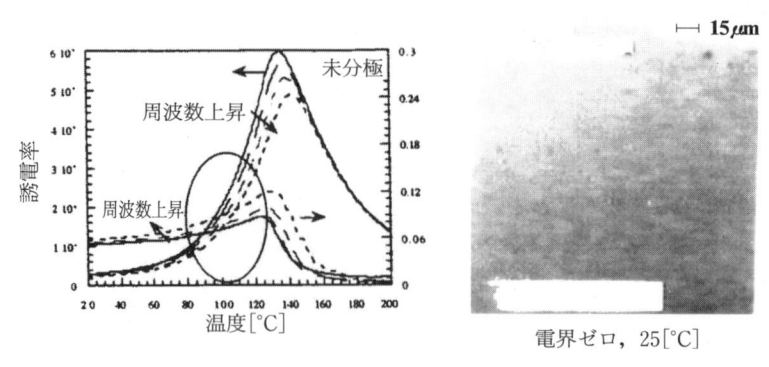

(a)未分極のPZN単結晶(111)

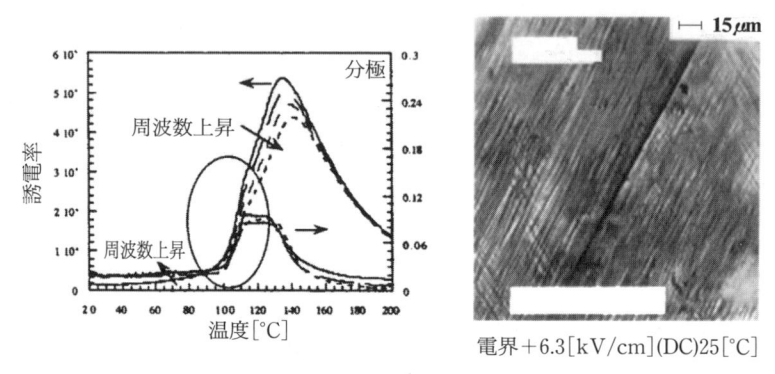

(b)分極したPZN単結晶(111)

図4.11 PZNの誘電率と誘電損失の温度依存性およびドメイン配列の写真
(分極され巨視的ドメインが生じると，誘電分散が消失し損失が非常に小さくなる)

2. 積層キャパシタの静電容量（積層数 $= n$）

$$C = n^2 \frac{\varepsilon_0 \varepsilon S}{L}$$

3. リラクサの特性

    (a)高誘電率

    (b)なだらかな温度特性（散漫な相転移）

    (c)誘電緩和

4. リラクサのキュリー・ワイス法則

$$\frac{1}{\varepsilon} = \frac{1}{\varepsilon_0} + \frac{(T - T_c)^2}{C^*}$$

5. ある種のリラクサの誘電緩和現象は微視的ドメインによって生じていると考えら

れる．いったん外部電界によって巨視的ドメインが生じると誘電分散は消失し損失は非常に小さくなる．

章末問題

4.1 50層の積層キャパシタを，厚さ10 [μm]，誘電率 $\varepsilon = 3000$ のシートを用いて作ろうとする．チップ面積の90%が電極の重なり部分であるとすると，10 [μF] のキャパシタにするにはチップ面積をいくらにすればよいか．

4.2 緩和時間が分布している時，誘電率分散は，

$$\varepsilon(\omega) = \frac{\varepsilon_S}{1 + (j\omega\tau^\beta)}$$

となる．ここで $\beta < 1$ である．Cole-Coleプロットが $\beta = 1$ の場合と比較してどのように異なるか議論せよ．

参考文献

1) Murata Catalog : Miracle Stones.
2) K. Utsumi : Private communication at 4 th US-Japan Seminar on Dielectrics & Piezoelectric Ceramics (1989).
3) K. Utsumi, Y. Shimada, T. Ikeda and H. Takamizawa : Ferroelectrics 68, 157 (1986).
4) K. Uchino, L. E. Cross, R. E. Newnham and S. Nomura : J. Phase Transition 1, 333 (1980).
5) W. Kanzig : Helv. Phys. Acta 24, 175 (1951).
6) B. N. Rolov : Fiz.Tverdogo Tela 6, 2128 (1963).
7) K. Uchino, J. Kuwata, S. Nomura, L. E. Cross and R. E. Newnham : Jpn. J. Appl. Phys. 20, Suppl. 20-4, 171 (1981).
8) H. B. Krause, J. M. Cowley and J. Wheatley : Acta Cryst. A 35, 1015 (1979).
9) G. A. Smolensky, V. A. Isupov, A. I. Agranovskaya and S. N. Popov : Sov. Phys.-Solid State 2, 2584 (1961).
10) G. I. Skanavi, I. M. Ksendzov, V. A. Trigubenko and V. G. Prokhvatilov : Sov. Phys.-JETP 6, 250 (1958).
11) M. L. Mulvihill, L. E. Cross and K. Uchino : Proc. 8 th European Mtg. Ferroelectricity, Nijmegen (1995).

第 5 章　強誘電体メモリデバイス

　近年，強誘電体膜を利用した非常に大規模な半導体メモリが盛んに研究されてきている．酸化物シリコン（ときには窒化物）と金属の組み合わせの場合，従来のシリコンマイクロマシニング技術では，より微細なキャパシタを製造することはある程度限界に近づいており，高誘電率や分極のヒステリシスをもつ強誘電体の利用がこの問題を打破する可能性のある解答の一つとして期待されている．

5.1　DRAM
(1) DRAM の原理
　読み書き可能な半導体メモリには，**揮発性メモリ**および**不揮発性メモリ**がある．DRAM (Dynamic Random Access Memory) は高密度で広く用いられてはいるが揮発性であり，メモリに蓄えられたデータは電源が落とされると消失してしまう．一方，不揮発性メモリとしては，circuit-latch multiple FET (Field Effect Transistor：電界効果トランジスタ)，シリコン表面電位(ポテンシャル)制御型 MOS (Metal-Oxide-Semiconductor) FET がある．しかし，両者ともに集積密度や書き込み時間に問題を残している．

　図 5.1 に，MOSFET とキャパシタを組み合わせた DRAM の基本構造を示す．SiO₂ フィルムキャパシタが MOSFET のソースに接続されている．図 5.2 に，DRAM の構造を示す．書き込み時は，まず一つの DRAM 素子が x-y アドレスによって選択され，

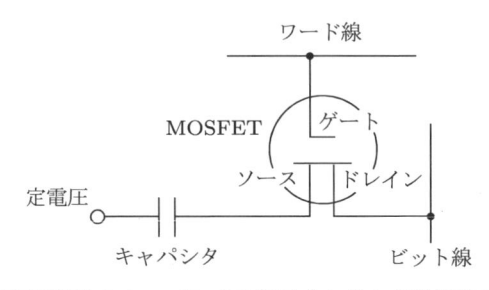

図 5.1　MOSFET とキャパシタを組み合わせた DRAM の基本構造

5.1 DRAM

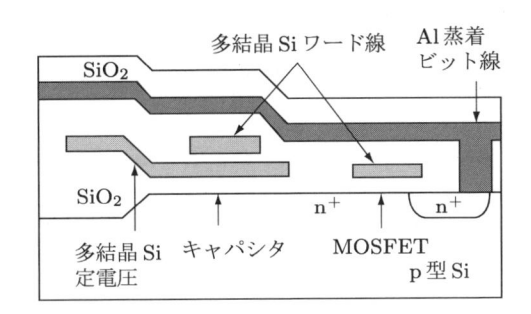

図 5.2 DRAM の構造

その素子のゲートとドレインに電圧を同時に印加し SiO_2 フィルムキャパシタに電荷を蓄積する（**記憶状態**）．充電された電荷は徐々に放電するため，時々再充電しなければならない（**リフレッシュ**）．

IC のパッケージングや自然放射線などによって FET 周辺に電子・正孔対が生じた場合，キャパシタの電荷量が変化することがある．そうなると時としてメモリを破壊する原因となることがある（**ソフトエラー**）．この現象を防ぐためには，メモリキャパシタの容量は 30 [fF] 以上でなければならない（$f = 10^{-15}$ でフェムトと読む）．

例題 5.1 ❖❖❖❖❖

MOS 構造（p 型 Si）中の空乏層や反転層の生成過程を，図 5.3 に示された単純エネルギバンドモデルを用いて説明せよ．ただし金属には正の電圧が印加されるものとする．金属のフェルミ準位およびエネルギバンドモデル中の正孔と電子（＋，－を用いて）の濃度を説明せよ．簡単のために，フラットバンド電圧はほぼ 0 と見なすことができるとする．

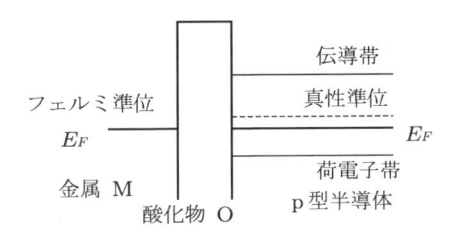

図 5.3 MOS 構造のエネルギバンドモデル

解 図 5.4 に電圧が印加されたときの MOS 構造（p 型半導体）のエネルギバンド変化を示す．

(a) 順バイアス：ゲートが正方向にバイアスされた場合，正孔は酸化膜近傍の半導体領域に集中する．

(b) 逆バイアス：ゲートが逆方向にバイアスされた場合，空乏層（正孔が消失した領域）が生じる．

(c) 印加電圧がある閾値電圧（V_T）を超えた場合，反転層（電子密度の高い領域）が生じる．この条件は，半導体表面電圧 $\Psi_S > \Psi_B$ の時である．Ψ_B は，真性フェルミレベル E_i とフェルミレベル E_F の差である．$\left(\Psi_B = \dfrac{kT}{q}\ln\dfrac{N_a}{n_i}\right)$

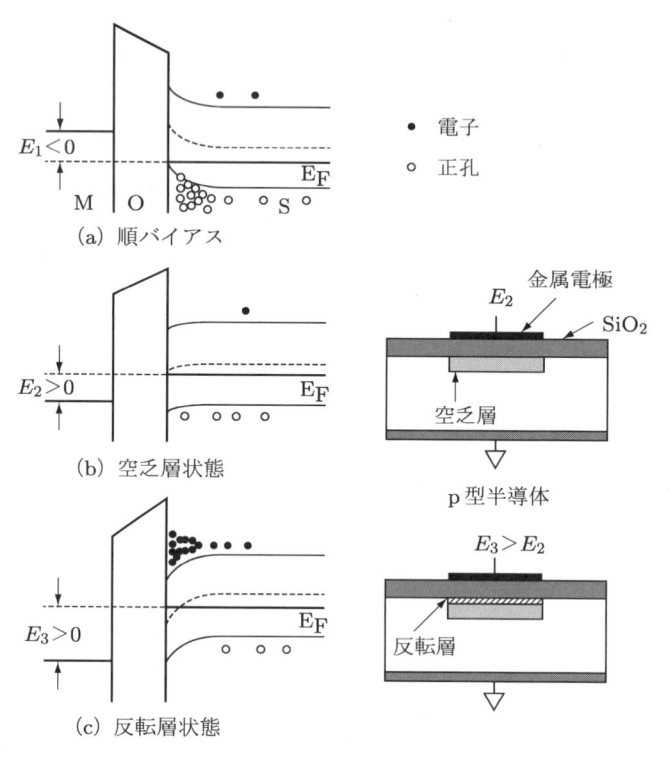

図 5.4 電圧が印加されたときの MOS 構造（p 型半導体）のエネルギバンド変化

❖

例題 5.2 ❖❖❖❖❖

図 5.5 に示すような n チャネルエンハンスメント型 MOSFET を考える．正のゲート電圧は，n 型ソース領域と n 型ドレイン領域を結ぶ電子反転層を誘起する．ドレイン電流のふるまいを，ドレイン・ソース電圧の関数として述べよ[1]．

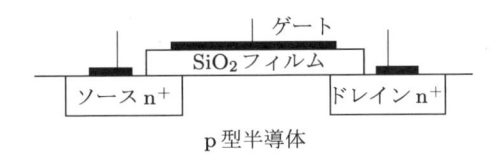

図 5.5 p 型半導体で作製された MOSFET
(n チャネルエンハンスメント型 MOSFET)

解 正のゲート電圧は，n 型ソース領域と n 型ドレイン領域を結ぶ電子反転層を誘起する．ソース端子はチャネルを通ってドレイン端子へ流れるキャリアの源である．このような n チャネル素子では電子はソースからドレインへ流れるので，電流はドレインからソースへ流れることになる．

空乏層は導電率が低いことに注意されたい．これはシールドされたケーブルに似ている．ケーブルのリード線が反転層であり，カバーしている絶縁層が空乏層である．さらにこのリード線を流れる電子を水流にたとえると反転層が管内，空乏層が管であり，管がせばまれば水流は制限されることになる．

ここでフラットバンド電圧が 0 に近いとすると，ゲート電圧 E_G の印加によって反転層が容易に生じる（図 5.6(a)）．小さなドレイン電圧（$E_{DS} < E_G$）が印加された時，反転層中の電子はソース端子からドレイン端子に流れる．これはドレイン電圧が小さい場合はチャネル領

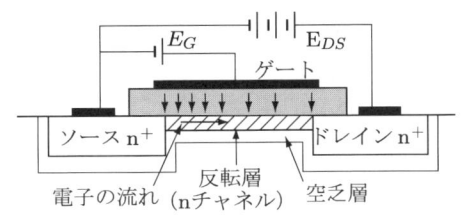

(a) ドレイン電圧 E_{DS} < ゲート電圧 E_G

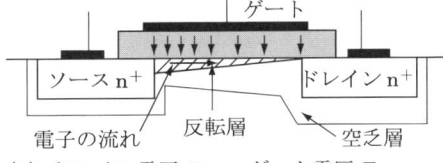

(b) ドレイン電圧 E_{DS} = ゲート電圧 E_G

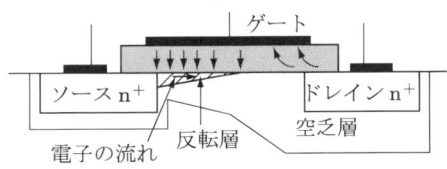

(c) ドレイン電圧 E_{DS} > ゲート電圧 E_G

図 5.6 n チャネルエンハンスメント型 MOSFET のドレイン・ソース間電圧による n チャネルの変化

域が導線と同じような特性をもつからであり，次式のような電流が流れる．

$$I_D = g_d E_{DS} \tag{P 5.2.1}$$

ポテンシャルの低下がドレイン端子の酸化物と交わるところ（厳密にいえば**閾値電圧** V_T に等しいところ）まで E_{DS} が増加すると，誘起された反転電荷密度がドレイン端子で 0 になる．この効果を図 5.6(b) に示す．この点（$E_{DS} = E_G$）ではドレインでの電導度増加は 0 になる（I_D–E_{DS} 曲線の傾きが 0 になる）．

E_{DS} が E_G よりも大きくなると，チャネル中の反転電荷が 0 になる点がソース端子側にシフトする（図 5.6(c) 参照）．この場合電子はソース端子からチャネル中に入りドレイン側に移動し，ピンチオフ点で空間電荷領域（空乏層）に入り込むと電界によって掃き出されてドレイン端子に運ばれる．もしチャネル長のオリジナルからの変化が小さければ，$E_{DS} > E_G$ のときドレイン電流は一定になり，飽和領域とよばれる．図 5.7 に I_D-E_{DS} 曲線を示す．

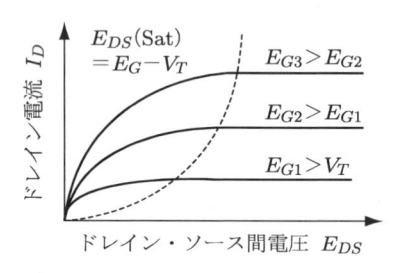

図 5.7 異なる E_G における $I_D - E_{DS}$ 曲線

❖

(2) 強誘電体 DRAM

通常の SiO_2 膜の面を使っただけの構造では，素子面積を小さくしていったときに十分な容量を維持するのが難しい．そこで，積層構造やトレンチ構造（Si 基板に垂直な穴をあけた構造）が提案されているが，これらの複雑な三次元構造にも限界はある．DRAM の小型化には，誘電率の高い強誘電体材料の利用が大いに期待されている．

通常，強誘電体の比誘電率は 1000 以上あり，SiO_2 の 3.9 よりもはるかに大きい．したがって，SiO_2 と同じ厚みの強誘電体で 30 [fF] のキャパシタを得る場合，体積で 1/250，長さで 1/16 に減少できる．すると強誘電体 DRAM をより集積化することが可能になる．とはいっても状況はそれほど簡単ではなく，強誘電体膜はある厚みがないと十分な誘電率が発現しないため，従来の MOS 構造に用いられる SiO_2 よりも厚い膜が必要になる場合もある．

初期の頃研究されていたのは，チタン酸ストロンチウムであった．$SrTiO_3$ は，P-E 曲線や温度特性における誘電率ピークにヒステリシスがほとんど無く，比誘電率は室

温で約 300 である．DRAM へ応用するには，高誘電率は必要であるがヒステリシスは必要ない．この条件を満たすのは，キュリー点より少し上の温度の常誘電体相状態で使用することである．

従来の強誘電体は膜厚が 200 [nm] 以下に薄くなると誘電率も減少してしまう傾向があった．しかし $SrTiO_3$ 膜は 50 [nm] まで約 220 という比誘電率を保っていた点が従来の強誘電体よりも優れていた（図 5.8 参照）．したがって，50 [nm] 厚の $SrTiO_3$ ($\varepsilon = 220$) は 0.88 [nm] 厚の SiO_2 ($\varepsilon = 3.9$) と等価である．

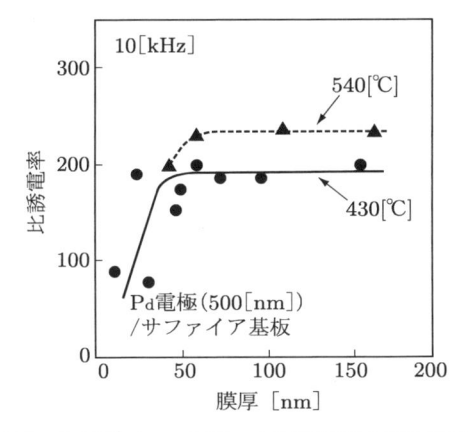

図 5.8 $SrTiO_3$($\varepsilon = 220$) の比誘電率の膜厚依存性

また同様に室温で高い比誘電率を示す $SrTiO_3$ と $BaTiO_3$ の固溶体である $Ba_x Sr_{1-x} TiO_3$(BST) も，キャパシタの集積化に寄与できることから研究が行われている．BST 膜を用いると，0.47 [nm] 厚の SiO_2 と同等の容量になった[4]．

リフレッシュサイクルが必要であることからわかるように，DRAM キャパシタ膜はリーク電流を防ぐために抵抗値が高くなければならない．256 Mbit レベルの素子において $SrTiO_3$ や $Ba_xSr_{1-x}TiO_3$ でリーク電流 10^{-7} [A/cm^2] 以下を得ることができた．DRAM キャパシタに必要な一般的要求を次にまとめた．

(1) 薄膜状態において誘電率が高いこと
(2) リーク電流が低いこと
(3) マイクロマシニングしやすいこと
(4) 半導体基板への拡散が低いこと
(5) 製造過程において不純物の混入が低いこと

強誘電体膜のマイクロマシニングにドライエッチング法を適用した．拡散や不純物

の問題は，製膜温度を下げることおよび強誘電体の製造工程をできるだけ最後の方にもっていくことで解決した．これにより半導体プロセスとの互換性が確立され，256 Mbit レベル DRAM のプロトタイプが試作されその機能が確かめられた．

5.2 不揮発性強誘電体メモリ
(1) FRAM（反転電流型）

図 5.1 に示した構造のメモリキャパシタ部分に分極－電界ヒステリシスの大きな強誘電体薄膜を使用すると不揮発性メモリになる．FET が「オン」状態だと仮定する．ゲートに電圧を印加したとき，ドレインへのパルス電圧によって残留分極状態に起因するドレイン電流が流れる．

図 5.9 に示すような強誘電体膜の P-E ヒステリシス曲線において分極状態が A だとする．ステップ電圧が印加され状態が B になると，その差に対応する電流が流れる．逆に分極状態が C だとする．同様にステップ電圧が印加され状態が B になるとその差に対応する電流が流れるが，分極反転が伴うため流れる電流はかなり増加する．

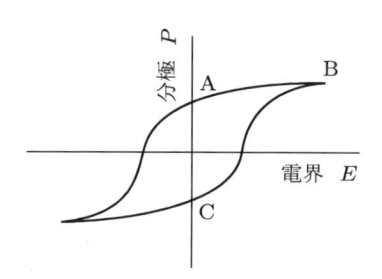

図 5.9 強誘電体膜の分極-電界ヒステリシス曲線

図 5.10 に 20×20 [μm^2] 電極をもつ PZT 膜に連続パルス（図 5.10 参照）を印加したときに流れる電流を示す[5]．負パルス直後の正パルスで分極反転を含む大きな電流 I_{posi} が観測された．しかし二度目の正パルスではそれと比較して小さな電流 I_{up} が流れた．よって流れる電流量でそのときの分極状態（いわゆるオンかオフか，または 1 か 0 かということ）が判定できることがわかる．この記憶素子では，読み込みのために電圧を印加すると分極状態がすべて A 状態になってしまい元の記憶が破壊されてしまう．したがって記憶状態を維持するためには，DRAM のような書き込みプロセスが必要になる．

以上のように，FRAM（強誘電体 RAM）は読み込むたびに高い電界が印加されるために，回数が増加するにつれて分極のヒステリシス特性が劣化してくる．この現象

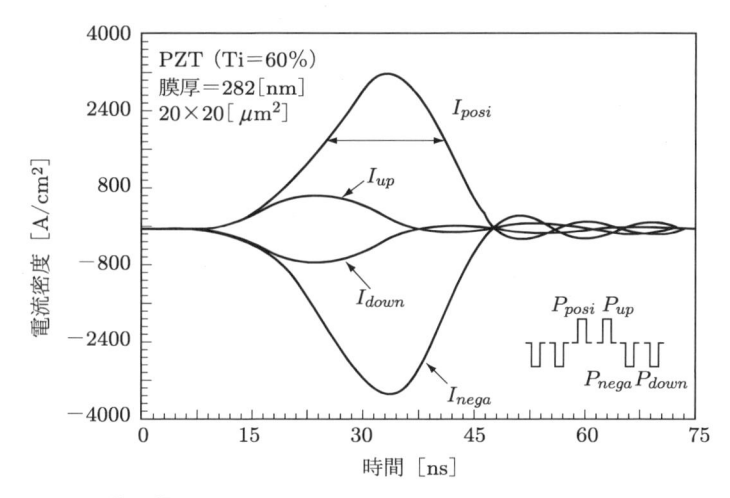

図 5.10 $20 \times 20\,[\mu m^2]$ 電極をもつ PZT 膜に連続パルスを印加したときに流れる電流

は「**疲労**」とよばれ，不揮発性メモリに強誘電体を応用しようとした場合に最も深刻な問題である．実用上は，分極の劣化が認められるようになるまでに少なくとも 10^{15} サイクル以上の耐久性が求められる．

この疲労現象の原因は，酸素空孔の生成やイオンの拡散に関係している可能性があり，問題を防ぐ多くの努力が注がれている．現在提案されている手法は次のようにまとめられる．

(1) 成膜プロセスの改良
(2) 新しい材料の探索
(3) 電極材料の改良

最近の新しい薄膜材料に**層状構造強誘電体**がある．いわゆる Y1 材料であり Symmetrix 社の特許である．基本組成は $BiSr_2Ta_2O_9$ で優れた耐疲労特性をもっている．図 5.11 に Y1 膜と PZT 膜の書き込みによる残留分極疲労特性を示す[6]．Y1 材料は 10^{12} サイクルの試験後でも残留分極がほとんど変化していない．一方 PZT 材料は 10^7 サイクルが寿命と見なすことができ，かなり改善されたといえる．

新しい電極材料としては，RuO_2 と Ir が従来の Pt 電極と比較して疲労特性を改善できることがわかってきた．さらには新しい駆動方法として，スイッチオン状態時には DRAM 駆動，スイッチオフ状態時にはメモリーモードの組み合わせなどが提案されている．

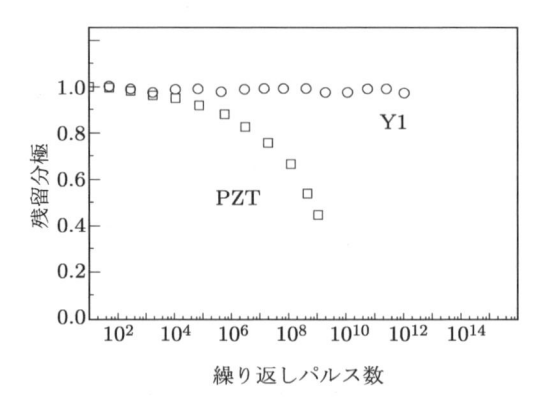

図 5.11 Y1膜とPZT膜の書き込みによる残留分極疲労特性

(2) MFSFET

図 5.12 に MFS（Metal-Ferroelectric-Semiconductor）FET の構造を示す．強誘電体膜が従来のゲート酸化膜（SiO_2 絶縁体）から置き換わっている．チャネルの表面ポテンシャルが強誘電体膜の分極ヒステリシスに従って変化し，キャリア量や電流も変化する．

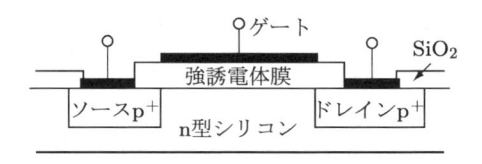

図 5.12 MFSFET の構造

歴史的には，プロトタイプはバルク強誘電体の上に半導体膜をたい積し FET が作られた．その後構造が改良され，シリコン結晶上に FET を作製した後に強誘電体膜をたい積するという現在の型になった．図 5.13 は SiO_2/Si 基板上に $PbTiO_3$ 膜を作製した MFSFET のドレイン電流とゲート電圧の関係である[7]．分極のヒステリシスのために，ドレイン電流にはオンとオフの二つの状態が存在している．この素子は n 型半導体に p チャネルが生じているのでゲート電圧が負の時にドレイン電流が流れる（オン状態）．

しかし，現在のデバイスにも疲労特性や双安定特性に課題を残してはいるものの，FRAM と異なり読み込み時に強誘電体に高電界を印加せず，再書き込みを必要としない点を考えると，MFSFET 構造は理想に近いものであるといえる．さらに付け加えるならば，Si 表面ポテンシャルをコントロールするために必要な分極密度が比較的小さ

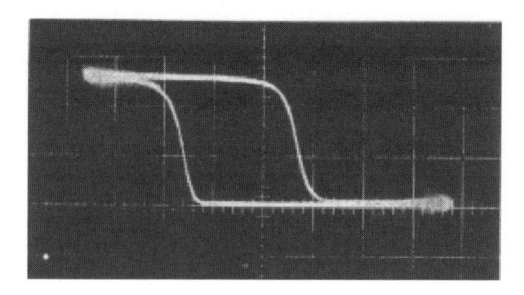

図 5.13 SiO$_2$/Si 基板上に PbTiO$_3$ 膜を作製した MFSFET の
ドレイン電流とゲート電圧の関係

くてすむ点も挙げられる．したがって一般的に，本構造にすることで強誘電体膜に要求される条件はかなり緩和される．

しかし，半導体 Si や SiO$_2$ 上に高品質で整然と分極された強誘電体膜を実現するためには，さらなる研究が必要とされている．最近の研究では Si 基板上にレーザーアブレーションや MOCVD によって作製された PbTiO$_3$ 膜，PZT 膜，そして Si 基板上の CaF$_2$ 膜，SrF$_2$ 膜，CeO$_2$ 膜，更に SiO$_2$/Si 上の Ir 膜上に積層された強誘電体膜をもつ MFMOS 構造がある．

DRAM から始まった強誘電体メモリの開発は FRAM に進み，現在は MFSFET に続いている．256 Mbit レベルのプロトタイプ DRAM は既に数社から実用化されており，不揮発性メモリに関しては，64 kbit レベルのデバイスが定期券システムに試験的に採用されている．

章のまとめ

1. 強誘電体メモリの開発：DRAM → FRAM → MFSFET
2. 揮発性 DRAM は FET とメモリキャパシタから構成されている．
3. 最小メモリ容量は，約 30 [fF] (f = 10^{-15}) である．
4. FRAM は読み込み素子としては逆電流型である．
5. MFSFET はチャネル表面ポテンシャル制御型 FET である．

章末問題

5.1 最近の文献を調査し，次の各視点から強誘電体薄膜の研究を議論しまとめよ．
　(1) エピタキシャル成長させた PZT 膜について，最低五つの文献をリストアップせよ．
　(2) 実験的に求められた PZT 膜の物理的パラメータの一覧表を作製し，バルク PZT の値

と比較せよ．

(3) 上記の値のばらつきについて，参考文献や論文の結果・結論を参考にして議論せよ．

(4) PZT 膜の物理特性の結晶配向依存性について，Du, X. H., U. Belegundu and K. Uchino, "Crystal Orientation Dependence of Piezoelectric Properties in Lead Zirconate Titanate : Theoretical Expectation for Thin Films," Jpn. J. Appl. Phys., Vol. 36 [9 A], 5580-5587, 1997 を参照し議論せよ．

5.2 マグネシウムニオブ酸鉛(PMN)系セラミックが非常に高い誘電率を持つことは第4章で学んだ．もしこのPMN系材料を高品質な薄膜にすることが可能だとした場合，コンピュータ用DRAMに使用できるであろうか．その実現可能性について使用周波数の点に留意して議論せよ．

参 考 文 献

1) D. A. Neamen : Semiconductor Physics and Devices, 2 nd Edit., Irwin, Boston (1997).
2) M. Okuyama : Ferroelectric Memory, Bull. Ceram. Soc. Jpn., 30 (No.6), 504 (1995).
3) S. Yamamichi, T. Sakuma, K. Takemura and Y. Miyasaka : Jpn. J. Appl. Phys., 30, 2193 (1991).
4) T. Sakaemori, Y. Ohno, H. Ito, T. Nishimura, T. Horikawa, T. Shibano, K. Sato and T. Namba : Nikkei Micro Devices, No.2, 99 (1994).
5) T. Mihara, H. Watanabe, C. A. Pas de Araujo, J. Cuchiaro, M. Scott and L. D. McMillan : Proc. 4 th Int. Symp. on Integrated Ferroelectrics, Monterey, US, p.137, March (1992).
6) H. Fujii, T. Ohtsuki, Y. Uemoto and K. Shimada : Jpn. Appl. Phys., Mtg. Appl. Phys. Electronics, No.456, AP 942235, p.32 (1994).
7) Y. Matsui, H. Nakano, M. Okuyama, T. Nakagawa and Y. Yamakawa : Proc. 2 nd Mtg. Ferroelectric Mater. and Appl., Kyoto, p.239 (1979).

第6章　焦電デバイス

古来より火に投げ入れると電荷を生じ「パチッ」と音をたてる「電気石」と呼ばれる材料があった．その発生原理は極性材料の自発分極の温度特性によるものであり，このような温度変化によって電荷を生じる現象が**焦電効果**である．

6.1 焦電材料
(1) 焦電効果
温度センサや赤外線センサなどの焦電効果を応用した素子が，強誘電体セラミックス市場へ広がってきている．

半導体赤外線センサと比較した焦電センサの長所を次にまとめた．
a) 広い応答周波数
b) 室温で使用可能
c) 他の温度センサと比較して応答が早い
d) 高品質（光学級の均質性など）が不必要

焦電効果の原理は，温度変化によって自発分極が変化し，それに伴って電荷が発生することである．

$$j = -\frac{\partial P_s}{\partial t} = -\frac{\partial P_s}{\partial T}\frac{\partial T}{\partial t} = p\frac{\partial T}{\partial t} \tag{6.1}$$

ここで $p\left(=\left|\frac{\partial P_s}{\partial T}\right|\right)$ は**焦電係数**である．図6.1に焦電センサの動作状況をイラストで示した．また図6.2には焦電センサの典型的な電極配置を二種類示す．(a)は赤外線照射に対して平行な分極で表面に電極があり，(b)は赤外線照射に対して垂直な分極で側面に電極がある．(a)のタイプは高効率であるが，均一な透明電極を設けるための複雑な製作プロセスが必要であり高い技術が要求される．

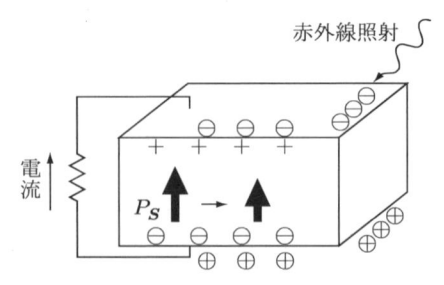

図 6.1 焦電センサの原理
赤外線（例えば人体から）による温度上昇
→自発分極の減少→電荷の変化（電流）

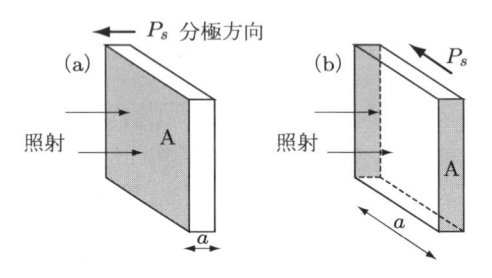

図 6.2 典型的な焦電センサの構成
(a)赤外線照射方向に対して分極方向が平行（表面に電極）
(b)赤外線照射方向に対して分極方向が垂直（側面に電極）

例題 6.1 ❖❖❖❖❖

チョッパを通った赤外線を焦電センサに照射したときの，誘起された焦電電流の波形を求めよ．

解 赤外線が焦電材料に照射されると，材料温度は$(1 - e^{-t/\tau})$に従って上昇する．すると焦電電流 j は $\dfrac{\partial T}{\partial t}$ に比例し（式 (6.1) 参照），

$$j \propto e^{-t/\tau} \tag{P 6.1.1}$$

となる．時間が経過すると電流が0に近づくことから，ステップ的に赤外線が照射されても電流はパルス的になることがわかる．ということは困ったことに温度変化がなければ，赤外線が照射されているにもかかわらず電流が0になってしまい，赤外線が来ているのか来ていないのかの区別がつかない．したがって，赤外線は周期的にチョッピングして照射しなければならない．

照射が周期的であるならば，焦電センサの温度変化も周期的になり，誘起電流も周期的になり，それぞれ図6.3に示すような変化をすると考えられる．光量や物体の温度を定量化するには，交互に現れる電流を整流する必要がある．

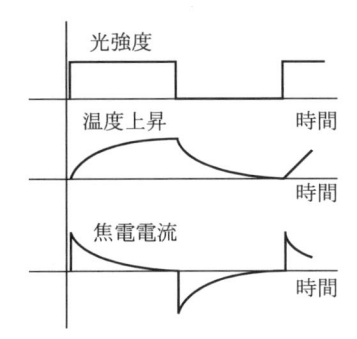

図 6.3 チョップされた赤外線による焦電応答特性

(2) 応答性[1]

チョップされた赤外線の入射パワーが $W\exp(jwt)$ のとき，温度変化は次のように表される．

$$\Delta T = \frac{\eta W A}{\sqrt{\gamma^2 A^2 + \omega^2 K^2}} \quad (6.2)$$

η は入射光の透過率，A は検出面積，γ は温度上昇による検出器の単位面積あたりの周囲への熱損失に対応する係数であり，K は次式で表される．

$$K = \rho c_P A h \quad (6.3)$$

ρ は焦電材料の密度，c_P は比熱，h は検出器の厚みである（図 6.2(a) 参照）．

電流応答率 r_i は次式で定義される．

$$r_i = \frac{1}{WA} \frac{dq}{dt} \quad (6.4)$$

温度上昇 ΔT に伴う電荷 q は次式で表されるので，

$$q = pA\Delta T \quad (6.5)$$

式 (6.2) を用いて次式を得ることができる．

$$r_i = \frac{\eta p \omega A}{\sqrt{\gamma^2 A^2 + \omega^2 K^2}} \quad (6.6)$$

熱時定数を次のように定義することによって，

$$\tau_D = \frac{K}{\gamma A} \quad (6.7)$$

式 (6.6) は次のようになる．

$$r_i = \frac{\eta p \omega}{\gamma \sqrt{1 + \omega^2 \tau_D^2}} \tag{6.8}$$

$\omega \tau_D \gg 1$ ならば，$r_i = \frac{\eta p}{\rho c_P h}$ になる．r_i を増加させるには（サイズ h や表面効果 η は無視すると），$\frac{p}{\rho c_P}$ を増加させなければならない．

図 6.4 に，焦電電圧を測定する増幅器回路を示す．R は比較的高抵抗で，焦電素子 C_D に熱誘起された電荷を取り去るために挿入されている．トランジスタは高インピーダンスでなければならない（例えば FET）．

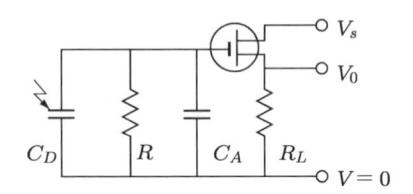

図 6.4 焦電赤外線検出器用増幅器

このような増幅器の電圧応答率は次式で表され，

$$r_v = \frac{1}{WA}\frac{dV}{dt} = r_i |z| \tag{6.9}$$

z は検出器と増幅器をあわせたインピーダンスである．$R_L \ll R$ であるならば，

$$|z| = \frac{R}{\sqrt{1 + \omega^2 \tau_E^2}} \tag{6.10}$$

である．ここで $\tau_E = R(C_D + C_A)$ であり，C_D と C_A はそれぞれ検出器と増幅器の容量である．したがって，式 (6.9) は次のように書きかえることができる．

$$r_v = \frac{\eta p \omega R}{\gamma \sqrt{(1 + \omega^2 \tau_D^2)(1 + \omega^2 \tau_E^2)}} \tag{6.11}$$

高周波では，$f \gg \frac{1}{\tau_D}, \frac{1}{\tau_E}$ とみなせ，$C_D > C_A$ とすれば，

$$r_v = \frac{\eta p}{\rho c_P \varepsilon A \omega} \tag{6.12}$$

となる．r_v を増加させるには（サイズ h や表面効果 η は無視すると），$\frac{p}{\rho c_P \varepsilon}$ を増加させなければならない．r_v と r_i では $\frac{1}{\varepsilon}$ だけ異なることに注意されたい．高周波領域において，r_v は周波数の低下とともに値が低下するが，$\frac{1}{\tau_D}$ (0.1-10 [Hz]) から $\frac{1}{\tau_E}$ (0.01

[Hz])の領域においては，周波数とは独立なふるまいを示す[2]．したがってチョッピング周波数はこの領域（$\frac{1}{\tau_D}$ から $\frac{1}{\tau_E}$ の間）から選択することになる．

(3) 性能指数

焦電センサは，光や熱エネルギを電気的エネルギに変換する素子であり，その変換効率や性能指数で評価することが行われる．

同じ熱量が与えられた場合，比熱 c_P が異なれば温度上昇が異なり，誘電率 ε が異なれば発生電圧が異なるのは当然である（前節 6.1 (2) 参照）．したがって性能指数（例えば p, $\frac{p}{c_P}$, $\frac{p}{c_P\varepsilon}$）は焦電材料や焦電センサの性能を評価する一般的な指標として有用であるということができる．表 6.1 に性能指数の一覧を，表 6.2 に代表的な焦電材料の性能指数をまとめた[3]．

表 6.1 焦電材料の性能指数

性能指数	応用例
$\frac{p}{c_P}$	低インピーダンスアンプ
$\frac{p}{c_P\varepsilon}$	高インピーダンスアンプ
$\frac{p}{c_P\alpha\varepsilon}$	熱撮像管（ビジコン）
$\frac{p}{c_P\sqrt{\varepsilon\tan\delta}}$	焦電素子が主ノイズ源の場合の高インピーダンスアンプ

p：焦電係数，c_P：比熱，ε：比誘電率，α：熱拡散率

表 6.2 各種焦電材料の室温における特性および性能指数

材料	p $\left[\frac{nC}{cm^2 K}\right]$	$\frac{\varepsilon'}{\varepsilon_0}$	c_P $\left[\frac{J}{cm^3 K}\right]$	$\frac{p}{c_P}$ $\left[\frac{nAcm}{W}\right]$	$\frac{p}{c_P\varepsilon'}$ $\left[\frac{V}{cm^2 J}\right]$	$\frac{p}{c_P\varepsilon''}$ $\left[\left(\frac{cm^3}{J}\right)^{\frac{1}{2}}\right]$
TGS	30	50	1.7	17.8	4000	0.149
LiTaO$_3$	19	46	3.19	6.0	1470	0.050
Sr$_{1/2}$Ba$_{1/2}$Nb$_2$O$_6$	60	400	2.34	25.6	720	0.030
PLZT (6/80/20)	76	1000	2.57	29.9	340	0.034
PVDF	3	11	2.4	1.3	1290	0.009

例題 6.2 ❖❖❖❖❖

ランダウの自由エネルギの二次相転移を,

$$F(P, T) = \frac{1}{2}\alpha P^2 + \frac{1}{4}\beta P^4 \tag{P 6.2.1}$$

$$\alpha = \frac{T - T_0}{\varepsilon_0 C} \tag{P 6.2.2}$$

とする.焦電センサの性能指数, p, $\dfrac{p}{c_P}$, $\dfrac{p}{c_P \varepsilon}$ の温度依存性を計算せよ.

解 印加電界が 0 の時の分極は次式で表される.

$$\frac{T - T_0}{\varepsilon_0 C} P_s + \beta P_s^3 = 0 \tag{P 6.2.3}$$

温度が $T < T_0$ の場合,ランダウの自由エネルギが極小になるときの分極は,

$$P_s = \sqrt{\frac{T_0 - T}{\beta \varepsilon_0 C}} \tag{P 6.2.4}$$

である.誘電率 ε は,

$$\frac{1}{\varepsilon} = \frac{\varepsilon_0}{\left(\dfrac{\partial P}{\partial E}\right)} = \varepsilon_0 (\alpha + 3\beta P^2) \tag{P 6.2.5}$$

と計算でき,

$$\varepsilon = \frac{C}{2(T - T_0)} \qquad (T < T_0) \tag{P 6.2.6}$$

となる.

比熱に関して,デバイの比熱 c_{P0} からの修正を考えて,Δc_P は,$\Delta c_P = \dfrac{\partial F}{\partial T}$ と計算できる.$P_s^2 = -\dfrac{\alpha}{\beta}$ なので,

$$F(P, T) = \frac{1}{2}\alpha P^2 + \frac{1}{4}\beta P^4$$

$$= \frac{1}{2}\alpha\left(-\frac{\alpha}{\beta}\right) + \frac{1}{4}\beta\left(-\frac{\alpha}{\beta}\right)^2$$

$$= -\frac{1}{4}\frac{\alpha^2}{\beta} \tag{P 6.2.7}$$

となる.したがって,次式のように計算できる.

$$\Delta c_P = \frac{\partial F}{\partial T} = \frac{1}{2}\frac{T_0 - T}{\beta(\varepsilon_0 C)^2} \tag{P 6.2.8}$$

$$c_P = c_{P0} + \Delta c_P$$

$$= c_{P0} + \frac{1}{2}\frac{T_0 - T}{\beta(\varepsilon_0 C)^2} \tag{P 6.2.9}$$

上記の関係より,性能指数はそれぞれ次のように計算できる.

$$p = -\frac{\partial P_s}{\partial T} = \frac{1}{2\sqrt{\beta \varepsilon_0 C(T_0 - T)}} \tag{P 6.2.10}$$

$$\frac{p}{c_P} = \frac{1}{2\sqrt{\beta\varepsilon_0 C(T_0-T)}} \frac{1}{c_{P0} + \dfrac{T_0-T}{2\beta(\varepsilon_0 C)^2}} \quad (\text{P}\,6.2.11)$$

$$\frac{p}{c_{P\varepsilon}} = \sqrt{\frac{T_0-T}{\beta(\varepsilon_0 C)^3}} \frac{1}{c_{P0} + \dfrac{T_0-T}{2\beta(\varepsilon_0 C)^2}} \quad (\text{P}\,6.2.12)$$

一次の相転移に関しては，章末問題 6.1 を参照のこと．

❖

焦電特性の向上には，セラミックスとポリマの複合材料を用いることが試みられている[4]．セラミックスとポリマの熱膨張率の違いによって生じる内部応力を利用し，圧電効果によって生じる電荷を，焦電効果の電荷に重畳することによって特性の向上をはかっている．

Texas Instruments 社は，焦電セラミックス (Ba, Sr) TiO$_3$ を用いた焦電デバイスにバイアス電圧を印加することで性能指数 $\dfrac{p}{c_{P\varepsilon}}$ の向上が得られると報告している[5]．図 6.5 に性能指数のバイアス電界依存性と温度特性を示す．バイアス電界は温度特性を安定化させる効果もあることがわかる．

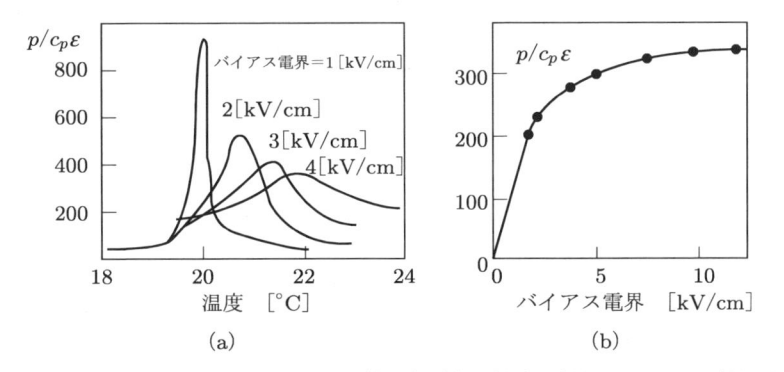

図 6.5 Ba$_{0.67}$Sr$_{0.33}$TiO$_3$ セラミックスの性能指数特性（分極電界はバイアス電界と同じ）
(a) 性能指数の温度依存性（バイアス電界によって温度特性が安定化している）
(b) 性能指数の印加電圧依存性（50 [mm] 厚の BST 試料に 40 [Hz] のチョッピング周波数での最大黒体 (490 [℃]) 応答）

6.2 温度／赤外線センサ

図6.6にポリマ焦電赤外線センサの典型的な構造を示す．今まで述べてきたように，焦電センサは温度ではなく温度差を感知するセンサなのでチョッパが必要とされてきた．従来は電磁式モータが光チョッパに使われてきたが，近年バイモルフを用いた光チョッパが桑野らによって開発され[6]，焦電センサの小型化に寄与している（図6.7）．

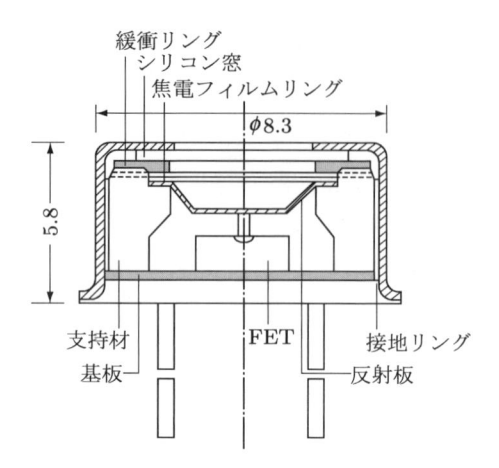

図6.6 ポリマ（PVDF）焦電赤外線センサ

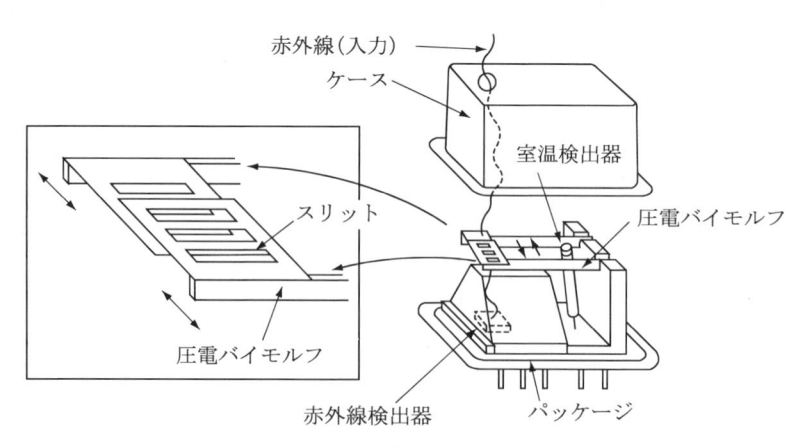

図6.7 スイング型焦電温度センサ

6.3 赤外線画像センサ

図6.8に焦電ビジコン管を用いた熱分布イメージ可視化装置の概略を示す[7]．物体からの光はゲルマニウムレンズを通過した後，チョッパにより断続光にされ焦電素子に赤外線が照射される．よって物体の温度分布は焦電素子上で電圧分布として表される．この分布は焦電素子の裏側から通常のTV管の要領で電子線走査によって読みとることができモニタされる．

この焦電ビジコンの問題点の一つは，長時間使用に伴う熱拡散によって像がぼやけてしまうことである．Pedderらは焦電素子に格子状に切り込みを入れることで熱伝導をおさえ，この問題を解決した[8]．図6.9にD-TGS（$(ND_2CD_2COOD)_3D_2SO_4$）（重水素化硫酸グリシン）の微視的構造を示す．図6.10は暗視像例である．

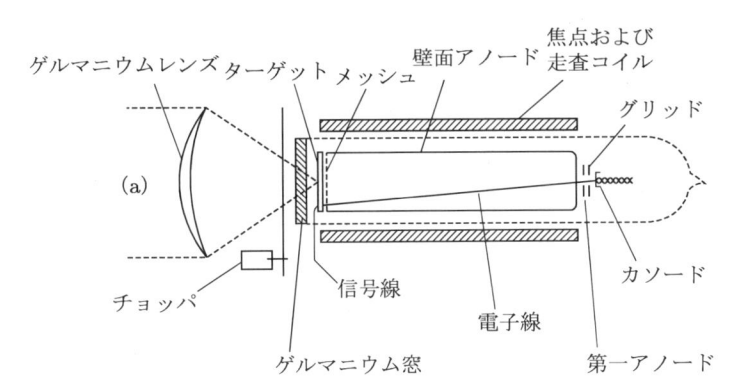

図6.8 焦電ビジコン管
(a)構造 (b)等価回路

図 6.9 改良型赤外線イメージ用ターゲット
（幅 19 [μm]，深さ 16 [μm]，間隔 25 [μm]）

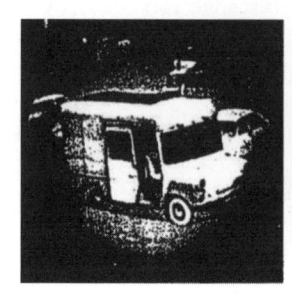

図 6.10 焦電ビジコンによる暗視像

章のまとめ

1. 半導体赤外線センサと比較した焦電センサの長所
    a) 広い応答周波数
    b) 室温で使用可能
    c) 他の温度センサと比較して応答が早い
    d) 高品質（光学級の均質性など）が不必要

2. 焦電材料の性能指数

性能指数	応用例
$\dfrac{p}{c_P}$	低インピーダンスアンプ
$\dfrac{p}{c_P \varepsilon}$	高インピーダンスアンプ
$\dfrac{p}{c_P \alpha \varepsilon}$	熱撮像管（ビジコン）
$\dfrac{p}{c_P \sqrt{\varepsilon \tan \delta}}$	焦電素子が主ノイズ源の場合の高インピーダンスアンプ

p：焦電係数，c_P：比熱，ε：比誘電率，α：熱拡散率

3. 厚膜構造が高速応答に必須であり，光チョッパの構造（例えば圧電バイモルフ）が小型化のキーになる．

章末問題

6.1 ランダウの自由エネルギにおいて，一次の相転移を仮定する．焦電検出器の性能指数 $\left(p, \dfrac{p}{c_P}, \dfrac{p}{c_P\varepsilon}\right)$ の温度特性を求めよ．

6.2 面積 1 [cm²]，厚み 100 [μm]，厚み方向に分極され，透明電極を施された PLZT (6/80/20) がある．このサンプルにレーザ光線 (10 [mW/cm²]) を 0.1 [s] 照射したとする．次の値を求めよ．
(a) サンプルの温度上昇
(b) 透明電極表面に現れた電荷
(c) 発生した開放電圧
ただし，照射された光のエネルギはすべて熱に変換されサンプルに吸収されたものとする（熱的損失，電気的損失は無視する）．必要な定数は表 6.2 を参照すること．

ヒント 全熱エネルギ：10 [mW/cm²] × 1 [cm²] × 0.1 [s] = 1 [mJ]
サンプル体積 v：1 [cm²] × 0.01 [cm] = 0.01 [cm³]
温度上昇 ΔT：1 [mJ]/(2.57 [J/cm³K] × 0.01 [cm³]) = 0.039 [K]

6.3 図示されたような自発分極の温度特性を持つ三種類の材料がある．以下の観点からそれぞれの材料の長所，短所を議論せよ．
(1) p の大きさ
(2) 比誘電率
(3) 温度安定性
(4) エージング

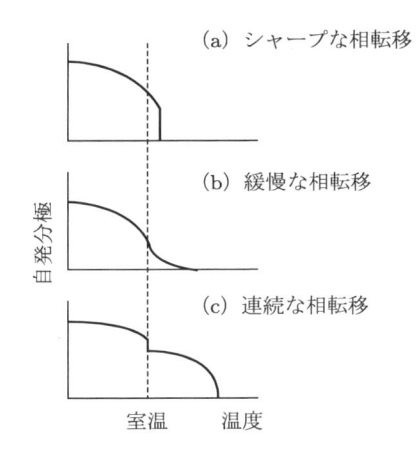

参 考 文 献

1) J. M. Herbert : Ferroelectric Transducers and Sensors, p.267, Gordon & Breach, New York (1982).
2) S. G. Porter : Pyroelectricity and Its Use in Infrared Detectors, Plessey Optoelectronics and Microwave Ltd., Towcester, NN 12 7 JN, UK (1980).
3) M. E. Lines and A. M. Glass : Principles and Applications of Ferroelectrics and Related Materials, Clarendon Press, Oxford (1977).
4) A. S. Bhalla, R. E. Newnham, L. E. Cross, W. A. Schulze, J. P. Dougherty and W. A. Smith : Ferroelectrics 33, 139 (1981).
5) B. M. Kulwicki, A. Amin, H. R. Beratan and C. M. Hanson : Proc. Int'l Symp. Appl. Ferroelectrics, SC, IEEE, p.1 (1992).
6) K. Shibata, K. Takeuchi, T. Tanaka, S. Yokoo, S. Nakano and Y. Kuwano : Jpn. J. Appl. Phys. 24, Suppl. 24-3, 181 (1985).
7) R. G. F. Taylor and H. A. H. Boot : Contemporary Phys. 14, 55 (1973).
8) D. J. Warner, D. J. Pedder, I. S. Moody and J. Burrage : Ferroelectrics 33, 249 (1981).

第7章　圧電デバイス

　ある種の材料は機械的応力をかけられるとその表面に電荷を生じ，その誘起電荷は印加応力に比例することが知られている．これは正圧電効果とよばれ，1880年にPiere & Jacques Curieによって水晶において発見された現象である．この現象を示す材料は逆の効果もあわせ持ち，印加電界に比例するひずみを発生させることができる．この現象を逆圧電効果とよぶ．「圧電性」の英語名"piezoelectricity"の"piezo"は"pressure"を意味し，「圧力による電気」という意味が含まれている．圧電性はトランスデューサ，アクチュエータ，表面波デバイス，周波数制御などさまざまなデバイスに広範囲に利用されている．本章では，それらの応用に用いられている圧電材料について述べるとともに，圧電材料の潜在的な応用についても述べる[1-4]．

7.1　圧電材料と特性
(1) 圧電性能指数
圧電材料には五つの性能指数がある．
- 圧電歪み定数：d
- 圧電電圧定数：g
- 電気機械結合係数：k
- 機械的品質係数：Q_m
- 音響インピーダンス：Z

本節ではこれらについて詳しく説明する．

■**圧電歪み定数**　d
　印加電界Eによる誘起歪みxの大きさは，性能指数によって表される（アクチュエータ応用に非常に重要な性能指数である）．

$$x = dE \tag{7.1}$$

■**圧電電圧定数**　g
　印加応力Xによる誘起電圧Vの大きさも，性能指数によって表される（センサ応用に非常に重要な性能指数である）．

$$E = gX \tag{7.2}$$

$P = dX$ という関係を用いると，g と d の重要な関係が得られる．

$$g = \frac{d}{\varepsilon_0 \varepsilon} \quad (\varepsilon：誘電率) \tag{7.3}$$

例題 7.1 ❖❖❖❖❖

圧電 d 定数（単位電界あたりの歪み）と圧電 g 定数（単位応力あたりの電界）の関係を求めよ．

解 圧電基本方程式を示す．

$$x = s^E X + dE \tag{P 7.1.1}$$
$$P = dX + \varepsilon_0 \varepsilon^X E \tag{P 7.1.2}$$

アクチュエータの性能指数 d（外部応力 $X = 0$）は式（P 7.1.1）から得られ（$x = dE$），センサの性能指数 g（外部電界 $E = 0$）は式（P 7.1.2）から得られる（$P = dX$）．誘電率が $\varepsilon_0 \varepsilon^X$ の材料中に誘起された分極 P によって電界は次のようになる．

$$E = \frac{P}{\varepsilon_0 \varepsilon^X} = \frac{dX}{\varepsilon_0 \varepsilon^X} \tag{P 7.1.3}$$

したがって，$E = gX$ より，

$$g = \frac{d}{\varepsilon_0 \varepsilon^X}$$

となる．

❖

■電気機械結合係数 k

電気機械結合係数，エネルギ伝達率，効率は混同されていることが多い[5]．これらはすべて，機械エネルギと電気エネルギの変換に関する係数として関連づけられてはいるが，定義が異なっている[6]．

(a) 電気機械結合係数 k

$$k^2 = \frac{蓄えられた機械エネルギ}{入力電気エネルギ} \tag{7.4}$$

もしくは

$$k^2 = \frac{蓄えられた電気エネルギ}{入力機械エネルギ} \tag{7.5}$$

圧電材料に電界 E が印加されたとして，式(7.4)を計算してみよう．単位体積あたりの入力電気エネルギは $\frac{1}{2}\varepsilon_0\varepsilon E^2$ であり，単位体積あたりの蓄えられた機械エネルギは

ゼロ応力下で $\frac{1}{2}\frac{X^2}{s} = \frac{1}{2}\frac{(dE)^2}{s}$ である．したがって k は，

$$k^2 = \frac{\frac{1}{2}\frac{(dE)^2}{s}}{\frac{1}{2}\varepsilon_0\varepsilon E^2} = \frac{d^2}{\varepsilon_0\varepsilon s} \tag{7.6}$$

となる．

(b) エネルギ伝達率 λ_{max}

蓄えられた機械エネルギはすべて使えるわけではない．実際に行われた仕事は機械的負荷に依存する．極端な例では，機械的負荷ゼロの場合や完全に拘束された歪みゼロの場合はなんら外部に仕事をしない．

$$\lambda_{max} = \left(\frac{出力機械エネルギ}{入力電気エネルギ}\right)_{max} \tag{7.7}$$

もしくは

$$\lambda_{max} = \left(\frac{出力電気エネルギ}{入力機械エネルギ}\right)_{max} \tag{7.8}$$

応力 X 下で電界 E が印加された圧電体を考える．($X < 0$．なぜなら外部に仕事をするには圧縮応力が必要だからである．) 図7.1に示されたように，出力仕事は次のように計算することができる．

$$\int(-X)dx = -(dE + sX)X \tag{7.9}$$

入力電気エネルギは次のように表される．

$$\int EdP = (\varepsilon_0\varepsilon E + dX)E \tag{7.10}$$

エネルギ伝達率を最大値にするには，最適負荷を求めなければならない．

$$\lambda = \frac{-(dE + sX)X}{(\varepsilon_0\varepsilon E + dE)E} \tag{7.11}$$

最大条件から，

$$\lambda_{max} = \left\{\frac{1}{k} - \sqrt{\frac{1}{k^2} - 1}\right\}^2$$

$$= \left\{\frac{1}{k} + \sqrt{\frac{1}{k^2} - 1}\right\}^{-2} \tag{7.12}$$

を得る（例題7.1参照）．λ_{max} は k 値に依存し，次式の範囲をとる．

$$\frac{k^2}{4} < \lambda_{max} < \frac{k^2}{2} \tag{7.13}$$

小さな k 値では $\lambda_{max} = k^2/4$ であり，大きな k 値では $\lambda_{max} = k^2/2$ である．

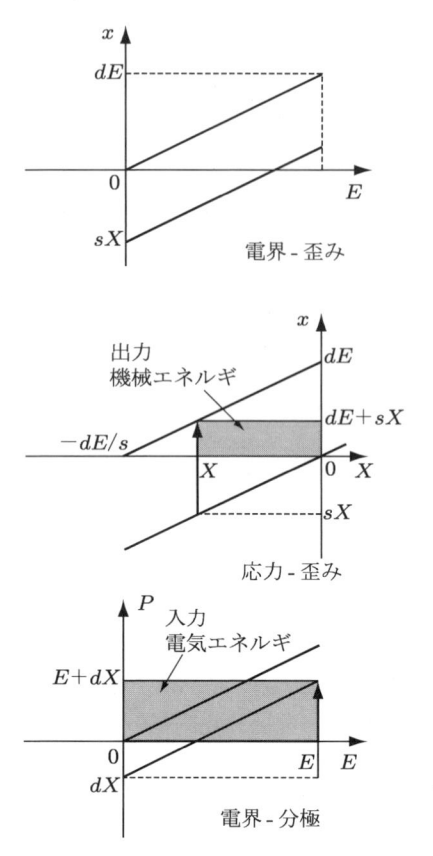

図 7.1 入力電気エネルギと出力機械エネルギの計算

ここで注意しておかなければならないのは，上記の最大条件は機械出力エネルギの最大条件ではないということである．最大出力エネルギは，負荷が最大発生応力の半分の時に得ることができる．

$$-\left(dE - s\frac{dE}{2s}\right)\left(\frac{-dE}{2s}\right) = \frac{(dE)^2}{4s}$$

この場合，入力電気エネルギが $\left\{\varepsilon_0\varepsilon E + d\left(\frac{-dE}{2s}\right)\right\}E$ なので，

$$\lambda = \frac{1}{2\left(\frac{2}{k^2} - 1\right)} \tag{7.14}$$

となる．この λ は λ_{max} に近い値ではあるが理論的に計算される値とは異なる．

(c) 効率 η

$$\eta = \frac{\text{出力機械エネルギ}}{\text{消費電気エネルギ}} \tag{7.15}$$

もしくは

$$\eta = \frac{\text{出力電気エネルギ}}{\text{消費機械エネルギ}} \tag{7.16}$$

アクチュエータを動作させたときのエネルギのやりとりとしては，まず入力電気エネルギの一部が機械エネルギに変換される．そして残りの電気エネルギは（例えばキャパシタ中の静電エネルギなどとして）アクチュエータに蓄積される．損失が小さいならばこの無効エネルギ（蓄えられた電気エネルギ）は電源側に戻ることができ，効率としては 100 [%] に近いものになることが可能である．PZT 素子の誘電損失の典型的な値は 1-3 [%] である．

例題 7.2 ❖❖❖❖❖

圧電アクチュエータの最大エネルギ伝達率 λ_{max} が電気機械結合係数 k を用いて次のように表されることを証明せよ．

$$\lambda_{max} = \left(\frac{1}{k} - \sqrt{\frac{1}{k^2} - 1}\right)^2 \tag{P 7.2.1}$$

解 エネルギ伝達率は，

$$\lambda = \frac{\text{出力機械エネルギ}}{\text{入力電気エネルギ}} \text{と定義される．}$$

圧電体に，外部応力 X と電界 E が印加されているとすると，λ は次のように計算できる．

$$\begin{aligned}\lambda &= -\frac{xX}{PE} \\ &= -\frac{(dE + sX)X}{(\varepsilon_0 \varepsilon E + dX)E} \\ &= -\frac{d\dfrac{X}{E} + s\left(\dfrac{X}{E}\right)^2}{\varepsilon_0 \varepsilon + d\dfrac{X}{E}}\end{aligned} \tag{P 7.2.2}$$

ここで λ を最大化するために，ある電界 E 印加時の最適応力 X を決定しなければならない．ここでは $y = X/E$ とおく．

$$\lambda = -\frac{sy^2 + dy}{dy + \varepsilon_0 \varepsilon} \tag{P 7.2.3}$$

λ が最大になるためには，

$$\frac{d\lambda}{dy} = \frac{-(2sy + d)(dy + \varepsilon_0 \varepsilon) + (sy^2 + dy)d}{(dy + \varepsilon_0 \varepsilon)^2} = 0 \tag{P 7.2.4}$$

でなければならない．すると，

$$y_0^2 + 2\frac{\varepsilon_0\varepsilon}{d}y_0 + \frac{\varepsilon_0\varepsilon}{s} = 0$$

$$y_0 = \frac{\varepsilon_0\varepsilon}{d}\left(-1 + \sqrt{1-k^2}\right) \tag{P 7.2.5}$$

となる．ここで，$k^2 = \dfrac{d^2}{s\varepsilon_0\varepsilon}$ である．$\lambda(y)$ の y に y_0 を代入すると，λ の最大値を得られる．

$$\begin{aligned}
\lambda_{max} &= -\frac{-2\frac{s\varepsilon_0\varepsilon}{d}y_0 - \varepsilon_0\varepsilon + dy_0}{dy_0 + \varepsilon_0\varepsilon} \\
&= \frac{dy_0\left(\frac{2}{k^2}-1\right) + \varepsilon_0\varepsilon}{dy_0 + \varepsilon_0\varepsilon} \\
&= \frac{\left(-1+\sqrt{1-k^2}\right)\left(\frac{2}{k^2}-1\right)+1}{\left(-1+\sqrt{1-k^2}\right)+1} \\
&= \left(\frac{1}{k} - \sqrt{\frac{1}{k^2}-1}\right)^2
\end{aligned} \tag{P 7.2.6}$$

❖

■機械的品質係数　Q_m

　機械的品質係数 Q_m は電気機械共振スペクトルの鋭さを表すパラメータであり，角共振周波数 ω_0 近傍にプロットされた動アドミッタンス Y_m スペクトルの全値幅を用いて定義される．Y_m ピーク値が $\dfrac{1}{\sqrt{2}}$ になる周波数幅を $2\Delta\omega$ とし，角共振周波数 ω_0 を用いて

$$Q_m = \frac{\omega_0}{2\Delta\omega} \tag{7.17}$$

と表される．また Q_m^{-1} は機械損失（$\tan\delta$）と等しい．Q_m 値は共振歪みの大きさを評価するのに重要であり，共振時の振幅は非共振時の振幅（dEL：L はサンプル長）と比較して Q_m 値に比例して増幅される．例えば短冊状振動子の縦振動は，印加電圧 E，サンプル長 L，圧電定数 d_{31} を用いると，最大変位は

$$\frac{8}{\pi^2}Q_m d_{31} E L$$

となる．

■音響インピーダンス　Z

　音響インピーダンス Z は二つの材料間における音響エネルギ伝達を表すパラメータであり，一般的に次のように定義される．

$$Z^2 = \frac{圧力}{体積速度} \tag{7.18}$$

固体であれば，
$$Z = \sqrt{\rho c} \tag{7.19}$$

とも表せ，ρ は密度，c は弾性スティッフネスである．

実は音響インピーダンスは三種類存在する．

(1) 固有音響インピーダンス $\left(\dfrac{圧力}{粒子速度}\right)$

(2) 音響インピーダンス $\left(\dfrac{圧力}{体積速度}\right)$

(3) 放射音響インピーダンス $\left(\dfrac{力}{速度}\right)$

である．詳細は参考文献6) を参照されたい．

例題 7.3 ❖❖❖❖❖

ある材料から別の材料に機械エネルギを伝達するときに，音響インピーダンスマッチング（もしくは機械インピーダンスマッチング）が必要な理由を概念的に述べよ．

解 物体になされる機械的仕事は，加えられた力 F と変位 ΔL の積で求められる．
$$W = F \times \Delta L \tag{P 7.3.1}$$

図 7.2 にマッチングの重要性に関する概念をイラストで示した．もしも材料がきわめて柔らかく力 F がほとんどかからない場合，仕事 W も非常に小さく（実際上は 0 に）なる．こ

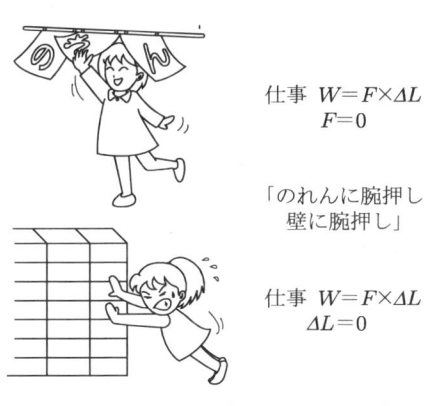

図 7.2 インピーダンスマッチング

れは堅い PZT が空中に音波を伝搬させようとすることに対応すると考えられる．PZT の発生する音響エネルギのほとんどは境界面で反射され，ほんの一部のみが空中に伝搬する．一方，材料がきわめて堅く変位 ΔL がほとんどない場合も，仕事 W は非常に小さくなる．これは柔らかい圧電ポリマ PVDF（ポリフッ化ビニリデン）が金属材料を効率よく駆動できないことに対応すると考えられる．したがって，出力機械パワーを最大にするには次式に示すように，**音響インピーダンス**をマッチングさせなければならない．

$$\sqrt{\rho_1 c_1} = \sqrt{\rho_2 c_2} \tag{P 7.3.2}$$

ρ は密度で c は弾性スティッフネスである．実際の音響素子の場合には，例えば PZT と水の中間の音響インピーダンスをもつ整合層を PZT 上に設けることで，機械エネルギを水中に効率よく伝搬するように最適化している．

❖

(2) 圧電材料[7]

ここでは，単結晶，圧電セラミックス，圧電ポリマ，圧電コンポジット（複合材料），圧電フィルムなどの圧電材料の現状について述べる．表 7.1 に代表的な圧電材料の各パラメータを示す[8]．

表 7.1 代表的な圧電材料の圧電特性[7,8]

パラメータ	水晶	BaTiO$_3$	PZT 4	PST 5 H	(Pb, Sm) TiO$_3$	PVDF-TrFE
d_{33} [pC/N]	2.3	190	289	593	65	33
g_{33} [10^{-3} Vm/N]	57.8	12.6	26.1	19.7	42	380
k_t	0.09	0.38	0.51	0.50	0.50	0.30
k_p		0.33	0.58	0.65	0.03	
$\varepsilon_{33}{}^T/\varepsilon_0$	5	1700	1300	3400	175	6
Q_m	$>10^5$		500	65	900	3–10
T_c [°C]		120	328	193	355	

■単結晶

圧電セラミックスが非常に広範囲に用いられているにもかかわらず単結晶がその有用性を持ち続けているのは，今なお周波数安定化発振器や表面波デバイスのような応用には必須材料であるからである．代表的な単結晶圧電材料は，水晶，ニオブ酸リチウム (LiNbO$_3$)，タンタル酸リチウム (LiTaO$_3$) である．単結晶は異方性材料であり，カットの方向，使用する方向，表面波の伝搬方向によって異なる材料特性を示す．

水晶はよく知られた圧電単結晶である．α-水晶は三斜晶系（点群 32）に属し，

537 [℃] で β 相（非圧電性）へ相転移する．また水晶には，ゼロ温度係数を持つカットがあることが知られている．例えば AT カットの厚みすべりモードで駆動される水晶振動子は，コンピュータ，テレビ，ビデオなどで広く用いられており，ST カット X 伝搬水晶基板は高い周波数安定度をもつ弾性波素子として使われている．さらに水晶は 10^5 以上という非常に高い Q_m を持つことも知られている．

ニオブ酸リチウムとタンタル酸リチウムは全率固溶系に属し，酸素八面体構造を有している．キュリー点はそれぞれ 1210 [℃] と 660 [℃] である．強誘電体相の結晶対称性は $3m$ で，分極は c 軸方向であり，高い電気機械結合係数を持っている．さらにこれらは通常のチョクラルスキー法によって大型の単結晶を比較的容易に得ることができるため，表面波デバイス分野では両者はともに非常に重要な位置を占めている．

■ 多結晶

チタン酸バリウム（$BaTiO_3$）は「チタバリ」と呼ばれ，古くから研究され広く応用もなされてきた圧電材料である．キュリー点（120 [℃]）以下では自発分極は [001] 方向を向いており（正方晶），5 [℃] 以下では [011] 方向を（斜方晶），そして −90 [℃] 以下では [111] 方向を向いている（菱面体晶）．強誘電体セラミックスである $BaTiO_3$ の誘電特性・圧電特性は，その化学量論性，微細構造，固溶体の A サイトや B サイトに置換された添加物，などによって影響を受ける．Pb イオンや Ca イオンなどの添加物によって改良された $BaTiO_3$ は広い温度範囲において正方晶が安定に存在できるようになり，商品化されるようになった．初期の応用製品としては，ランジュバン型圧電振動子がある．

圧電体 $Pb(Ti, Zr)O_3$ 固溶体（PZT）はその優れた圧電特性ゆえに広く用いられている．PZT 系セラミックス（$Pb(Zr_xTi_{1-x})O_3$）の相図を図 7.3 に示す．この固溶体の結晶対称性は Zr の含有量によって変化する．Zr ゼロに相当するチタン酸鉛（$PbTiO_3$）もペロブスカイト構造の正方晶強誘電体相をもっている．Zr 含有量 x が増加するにつれて正方晶の変形は減少し，常温において $x > 0.52$ では結晶構造が正方晶の $4mm$ から菱面体晶の $3m$ に相転移する．これらの構造を分けている線は，**モルフォトロピック相境界（MPB）** と呼ばれている．この境界での組成は正方晶と菱面体晶の両方が混在していると考えられている．

図 7.4 にモルフォトロピック相境界付近での圧電 d 定数の組成依存性を示す．相境界近傍で値がピークを示すことがわかる．この圧電効果の向上は電界印加による分極の再配向が，相境界においては容易になっているからと考えられる．

PZT へドナーイオンやアクセプタイオンを添加することは，圧電特性を著しく変化

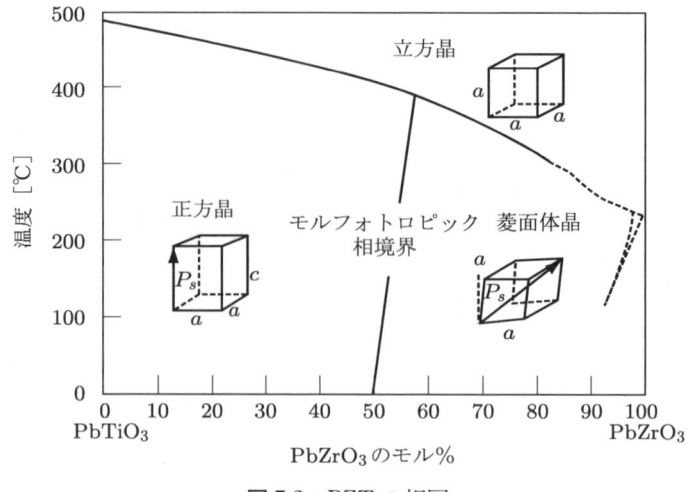

図 7.3 PZT の相図

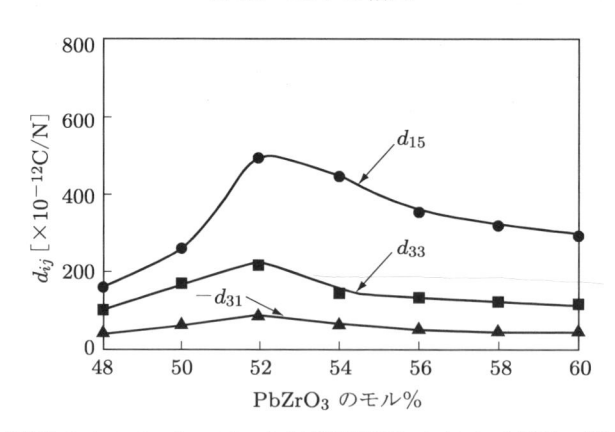

図 7.4 PZT のモルフォトロピック相境界付近における d 定数の組成依存性

させることがわかっている．Nb^{5+} や Ta^{5+} のようなドナー添加物によって鉛の空孔が生じ，分域壁の移動が容易になり PZT を（PZT-5 のような）ソフト材にする作用がある．一方，Fe^{3+} や Sc^{3+} のようなアクセプタ添加によって酸素の空孔が生じると，分域壁はピン留め効果によって移動を制限され PZT を（PZT-8 のような）ハード材にする作用がある．この部分の詳細については第 3 章 3.1 の（3）を参照のこと．

PZT は，もう一種類のペロブスカイト相を固溶させた三成分系についても，多くの研究がなされている．例えば，$Pb(Mg_{1/3}Nb_{2/3})O_3$, $Pb(Mn_{1/3}Sb_{2/3})O_3$, $Pb(Co_{1/3}Nb_{2/3})O_3$, $Pb(Mn_{1/3}Nb_{2/3})O_3$, $Pb(Ni_{1/3}Nb_{2/3})O_3$, $Pb(Sb_{1/2}Sn_{1/2})O_3$, $Pb(Co_{1/2}W_{1/2})O_3$, $Pb(Mg_{1/2}W_{1/2})O_3$ があり，これらはすべて各社によって特許となっている．

図7.3の左端の組成である$PbTiO_3$は室温において正方晶であるが，その正方晶率（c/a）は1.063と大きな歪みをもっている．そのため$PbTiO_3$の焼結体を作ろうと思っても，降温時にキュリー点（490［℃］）を過ぎるとその自発歪みの大きさから粉々になってしまい，強固な焼結体を得るのは容易ではない．しかし微量の添加物を加えることで焼結体を得ることができ，圧電異方性の強いセラミックスを実現することが可能となる．(Pb, Sm)TiO_3[9]や(Pb, Ca)TiO_3[10]によって面内結合振動をきわめて低く抑えたk_t/k_p比の大きい素子が実現できた．ここでk_tは厚み振動の電気機械結合係数，k_pは径方向拡がり振動の電気機械結合係数である．この素子はほとんど結合振動が生じないため純粋なたて振動を励振することができ，超音波振動子として用いると「ゴースト」のないクリアな超音波画像を得ることが期待できる．また，(Pb, Nd)(Ti, Mn, In)O_3セラミックスは，表面波遅延時間のゼロ温度係数特性をもち，SAWフィルタ用の優れた材料として開発されている[11]．

■ リラクサ強誘電体

リラクサ強誘電体は，多結晶体，単結晶体，両方とも存在する．これらは通常の強誘電体とは異なり，常誘電相から強誘電相への緩慢な相転移を示し，誘電率の周波数に対する依存性（誘電緩和）が強い．残留分極は弱い．鉛をベースにしたリラクサ材料は複雑な無秩序型ペロブスカイト構造を有している．

マグネシウムニオブ酸鉛－チタン酸鉛 $Pb(Mg_{1/3}Nb_{2/3})O_3$-$PbTiO_3$（PMN-PT）のようなリラクサ型電歪材料はアクチュエータとして非常に優れた固溶体である．リラクサは電歪材料であるけれども，バイアス電界を重畳することであたかも圧電材料のように使用することが可能である．しかも印加バイアス電界によって電気機械結合係数k_tが変化するという特性がある．バイアス電界の増加につれて結合係数は上昇し，やがて飽和する．この現象は再現性があるので，例えば超音波デバイスに利用した場合にはバイアス電界によってチューニング可能な超音波トランスデューサが実現できる[12]．

近年，モルフォトロピック相境界（MPB）組成を持つ単結晶リラクサが，超音波トランスデューサ用や電気機械アクチュエータ用として開発されてきている．$Pb(Mg_{1/3}Nb_{2/3})O_3$（PMN）や$Pb(Zn_{1/3}Nb_{2/3})O_3$（PZN），そして$PbTiO_3$との二成分系（PMN-PTやPZN-PT）の単結晶はきわめて高い電気機械結合係数を示す[13,14]．さらに単結晶がMPB組成の場合は特に大きな電気機械結合係数や圧電定数を持つものがあり，従来のPZTセラミックスのk_{33}値が0.70-0.80であるのに比較して，例えばPZN-8％PT単結晶は(001)カットのk_{33}が0.94である．

■高分子圧電材料

ポリフッ化ビニリデン（PVDF もしくは PVF2 と略す）は製造中に延伸し圧電性を持たせた材料である．キャスト法によって作製された（溶媒に溶解したポリマを基板上に薄く伸ばした）ポリマ薄膜は乾燥後一方向に伸ばされ，さらにその直角方向にも何度も繰り返し伸ばされシート状にされることで，微視的な極性状態に相転移させられる．溶融ポリマからの結晶化は，非極性の α-相を一方向あるいは二方向に引き伸ばすことで極性のある β-相に変換させることができる．生じた双極子は分極処理をすることで再配向させる（図7.5参照）．

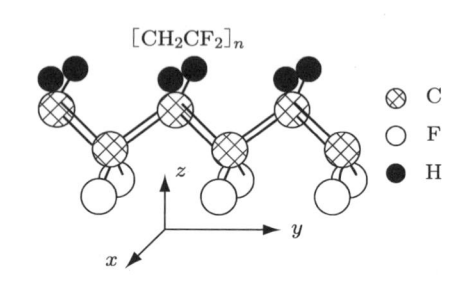

図7.5　ポリフッ化ビニリデン（PVDF）の構造

ポリマは大型のシートを成形することが可能であり，さらに熱成型によって複雑な形状に仕上げることも可能である．三フッ化エチレン（TrFE）と二フッ化ビニリデンの共重合化によって，安定な β-相をもつランダムな共重合体（PVDF-TrFE）を実現することができる．このポリマは延伸過程が不要で，成型した形のまま分極が可能である．厚み振動結合係数 0.30 が報告されている．圧電ポリマは一般的に次のような特性をもっている．

(a) 圧電 d 定数は小さいが，圧電 g 定数は大きい．アクチュエータには不向きだが，センサには向いている．
(b) 軽量，柔軟．水や人体への音響インピーダンスマッチングがよい．
(c) 低い機械的品質係数 Q_m．共振が鋭くなく広帯域である．

このような圧電ポリマは指向性マイクロホンや超音波ハイドロホンに利用される．

■コンポジット

圧電コンポジット（圧電複合材料）は圧電セラミックスとポリマから構成される．セラミックスの形状やポリマとの混合状態を工夫することによってさまざまに特性を変化させ，所望の特性を得ることが可能である．複合することで単体では実現できなかった優れた特性も期待できる．セラミックスとポリマの二相コンポジットの場合は，

各々の材料形状の次元から 0-0, 0-1, 0-2, 0-3, 1-1, 1-2, 1-3, 2-2, 2-3, 3-3 の10種類に分類することができる[15]．具体的に 1-3 コンポジットの場合は，セラミックスが一次元，ポリマが三次元である．棒状 PZT をポリマに埋め込んだ形の素子は，代表的な 1-3 コンポジットである．高い電気機械結合係数，低い音響インピーダンスゆえの水や人体とのマッチングの良さ，優れた可撓性，低い Q_m による広帯域特性が挙げられる．さらに電極を工夫することによって，刻まなくても（一体のままで）アレイ素子を構成することも可能である．厚み振動モードの電気機械結合係数は，構成するセラミックスの k_t (0.40-0.50) を超え，ほぼ細棒の縦振動モードの結合係数 k_{33} (0.70-0.80) にまで近づくことができる[16]．音響インピーダンスは密度と弾性スティフネスの積の平方根なので，セラミックス (20-30 [Mrayl]) と比較して密度も弾性スティフネスも小さくなるコンポジットは，水 (1.5 [Mrayl]) や人体へのマッチングの改善に高い効果を及ぼす．圧電コンポジット材料は特に，水中音響分野でのソナーや医療用超音波分野での探触子への応用に有用である．詳細は第 10 章で述べる．(1 [Mrayl] = 1 [MPa·s/m])

■薄膜

酸化亜鉛 (ZnO) や窒化アルミ (AlN) はともにウルツ構造の二成分化合物で，スパッタすると各種基板上に c 軸配向で堆積することがわかっている．ZnO は大きな圧電結合をもち，その薄膜は振動子や表面波素子として広く使われている．きちんと c 軸に配向した ZnO 膜の作製法は盛んに研究・開発されている．ZnO 素子の性能は低い圧電結合 (20-30 [%]) のために限られているが，PZT 薄膜は高い圧電特性を示すことが期待されている．現在 PZT 薄膜は，マイクロトランスデューサやマイクロアクチュエータへの応用に向けて研究開発が行われている．

7.2 圧力センサ／加速度センサ／ジャイロ

圧電材料の応用で最も基本的なものは，ガスの着火装置であろう．セラミックスにかかった応力によって高電圧が誘起され，放電を起こすことによりガスに点火する（図 7.6）．応力の印加方法には，パルス状に急激にかける場合と，徐々に増加させていく場合の二種類がある．

例題 7.4 ❖❖❖❖❖

図 7.6(b) の実験データをもとにして図 7.6(a) の圧電素子の長さ L を推測せよ．

148   第7章　圧電デバイス

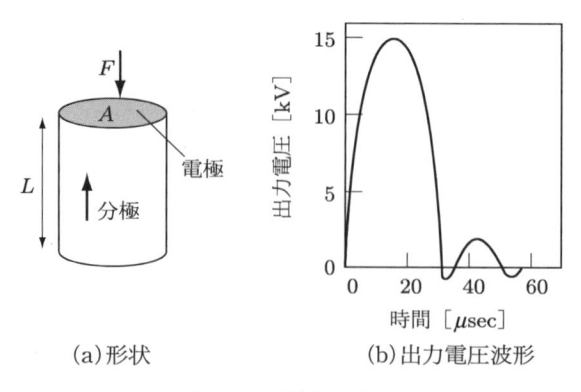

(a) 形状　　　　　　(b) 出力電圧波形

図7.6　圧電着火素子

解　長さ L と機械的共振周波数 f_r：$(f_r \propto \dfrac{1}{L})$ の関係，および 10 [mm] の PZT の共振周波数がおおよそ 100 [kHz] とわかっていれば，素子長を計算することは可能である．出力電圧の残留振動（リンギング）から，素子の共振周期は約 30 [μs] であると読みとれるので，共振周波数は約 33 [kHz] であり，素子長は $L = 30$ [mm] であると推測できる．　　　　　❖

　圧電セラミックスは**正圧電効果**を利用して応力センサや加速度センサとして用いられている．図 7.7 に Kistler によって設計された三次元応力センサを示す．

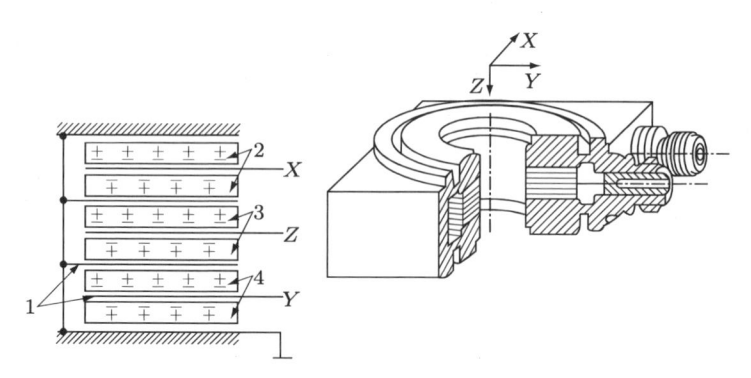

図7.7　三次元応力センサ（Kistler 製）

　適切な枚数の水晶振動子板（縦型とせん断型）を組み合わせて積層構造にすることにより，三次元の応力を検出することが可能となった[17]．

例題 7.5　❖❖❖❖❖

圧電セラミックス板（圧電電圧係数 g, 厚み h, 面積 S）と錘（質量 M, 面積 S）を用いて，加速度センサを作った．この加速度センサを $D_0 \sin \omega t$（D_0：振幅（変位の最大値））で振動する部分に取り付けた．加速度センサからの出力電圧の最大値を求めよ．

解 変位 $D = D_0 \sin \omega t$ より，加速度は次式のように表される．

$$\frac{d^2 D}{dt^2} = -\omega^2 D_0 \sin \omega t \tag{P 7.5.1}$$

圧電板に印加された応力は，次のように表される．

$$X = \frac{M}{S}\frac{d^2 D}{dt^2} = -\frac{\omega^2 D_0 M}{S} \sin \omega t \tag{P 7.5.2}$$

誘起電界は，次のように表される．

$$E = gX = -\frac{\omega^2 D_0 M g}{S} \sin \omega t \tag{P 7.5.3}$$

したがって，出力電圧の最大値は，次のように表される．

$$V_0 = hE_{max} = -\frac{\omega^2 D_0 M g h}{S} \tag{P 7.5.4}$$

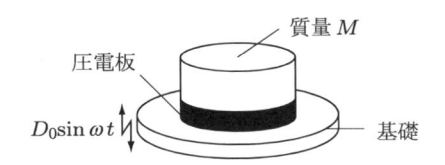

図 7.8 加速度センサの基本構造

❖

図 7.9 に Tokin によって商品化された円柱型圧電ジャイロスコープを示す[18]．

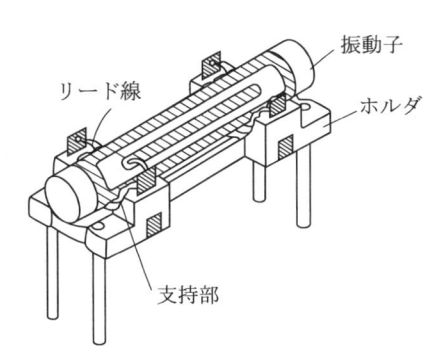

図 7.9 円柱型圧電ジャイロスコープ（Tokin 製）

振動子の表面には，六つの電極が施されている．一組の電極がたわみの基本モード

の励振に使われ，残りの二組の電極が加速度検出用に用いられる．このジャイロの軸まわりに回転加速度を与えると，**コリオリカ**によって検出電極に電圧が誘起される．二組の検出電極の電圧差を求めると，その値は回転加速度に比例している．

逆電歪効果（誘電率の応力依存性）も応力センサとして用いられている[19)]．図 7.10 に二枚のセラミックス板の静電容量差を用いた測定系を示す．バイモルフ構造にすることで表面セラミックスと裏面セラミックスの容量変化は，一軸応力に対しては逆に，温度変化に対しては同じになり，優れた応力感度と温度安定性を得ることができる．応答速度に関しては，容量測定周波数 1[kHz] によって制限されている．圧電センサとは異なり電歪センサは低周波数（特に DC）において効果的である．

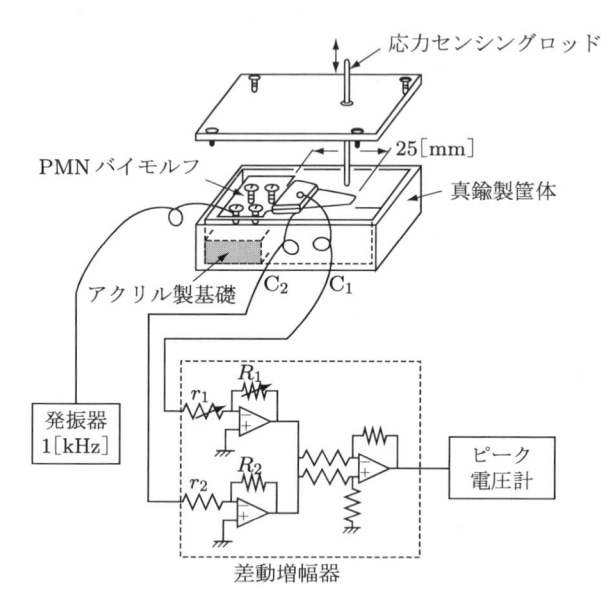

図 7.10 電歪バイモルフ型応力センサ

7.3 圧電振動子／超音波トランスデューサ

(1) 圧電共振

■圧電方程式

電界が圧電材料に印加されたときに変形（ΔL），歪み（$\Delta L/L$）が発生する．交流電界の場合，機械的振動が励起されるが，特に駆動周波数が共振周波数と一致したときに大きな共振歪みが発生する．この現象は入力エネルギの蓄積による歪みの時間的な

拡大と考えられ**圧電共振**とよばれている．エネルギ閉じ込め素子やアクチュエータの実現に圧電共振は非常に有効である．理論的取り扱いは次のようになる．印加電界や発生応力が大きくない場合，応力 X と電気変位 D は次の方程式で表すことができ，これらは**圧電方程式**とよばれている．

$$x_i = s_{ij}^E X_j + d_{mi} E_m \qquad (i, j = 1, 2, \ldots 6\,;\, m, k = 1, 2, 3) \qquad (7.20)$$
$$D_m = d_{mi} X_i + \varepsilon_{mk}^X E_k \qquad (7.21)$$

最も結晶対称性の低い三斜晶系の場合，独立変数の数は s_{ij}^E が 21, d_{mi} が 18, ε_{mk}^X が 6 である．結晶の対称性が上がるにつれて独立変数の数は減少する．多結晶セラミックスの場合，分極軸を z 軸とおき z 軸まわりに関しては等方であるとすると（キュリーグループ $C_{\infty v}(\infty m)$），この場合の 0 でない行列要素の数は s_{11}^E, s_{12}^E, s_{13}^E, s_{33}^E, s_{44}^E, d_{31}, d_{33}, d_{15}, ε_{11}^X, ε_{33}^X の 10 個である（第 2 章の 2.1 節参照）．

■**電気機械結合係数**

次に電気機械変換率に対応する**電気機械結合係数** k を導入する．圧電振動子の内部エネルギ U は機械エネルギ U_M（$\int x dX$）と電気エネルギ U_E（$\int D dE$）の和であらわされる．U は式 (7.20) と式 (7.21) の線形関係が成り立つならば次のように計算できる．

$$U = U_M + U_E$$
$$= \left[\frac{1}{2} \sum_{i,j} s_{ij}^E X_j X_i + \frac{1}{2} \sum_{m,i} d_{mi} E_m X_i \right] + \left[\frac{1}{2} \sum_{i,j} d_{mi} X_i E_m + \frac{1}{2} \sum_{k,m} \varepsilon_{mk}^X E_k E_m \right]$$
$$(7.22)$$

s 項は純粋な機械エネルギ（U_{MM}），ε 項は純粋な電気エネルギ（U_{EE}）を示し，d 項は圧電効果による電気から機械へのエネルギ変換（逆も含む）を示す．結合係数 k は

$$k = \frac{U_{ME}}{\sqrt{U_{MM} \cdot U_{EE}}} \qquad (7.23)$$

と定義される．

k はたとえ同じセラミックス試料でも振動モードによって異なる値をとり，正にも負にもなる（表 7.2 参照）．

この定義は 7.1 節 (1) の定義

$$k^2 = \frac{\text{蓄えらえた機械エネルギ}}{\text{入力電気エネルギ}}$$

もしくは

$$k^2 = \frac{\text{蓄えらえた電気エネルギ}}{\text{入力機械エネルギ}}$$

と同じことである．

表7.2 各種形状の圧電振動子の電気機械結合係数

	結合係数	弾性的境界条件	振動子形状	定義
a	k_{31}	$X_1 \neq 0,\ X_2 = X_3 = 0$ $x_1 \neq 0,\ x_2 \neq 0,\ x_3 \neq 0$		$\dfrac{d_{31}}{\sqrt{s_{11}^E \varepsilon_{33}^X}}$
b	k_{33}	$X_1 = X_2 = 0,\ X_3 \neq 0$ $x_1 = x_2 \neq 0,\ x_3 \neq 0$	基本モード	$\dfrac{d_{33}}{\sqrt{\varepsilon_{33}^X s_{33}^E}}$
c	k_p	$X_1 = X_2 \neq 0,\ X_3 = 0$ $x_1 = x_2 \neq 0,\ x_3 \neq 0$	基本モード	$k_{31}\sqrt{\dfrac{2}{1-\sigma}}$
d	k_t	$X_1 = X_2 \neq 0,\ X_3 \neq 0$ $x_1,\ x_2 = 0,\ x_3 \neq 0$	厚みモード	$k_{33}\sqrt{\dfrac{\varepsilon_{33}^X}{c_{33}^D}}$
e	k_p'	$X_1 = X_2 \neq 0,\ X_3 \neq 0$ $x_1 = x_2 \neq 0,\ x_3 = 0$	横モード	$\dfrac{k_p - A k_{33}}{\sqrt{1-A^2}\sqrt{1-k_{33}^2}}$
f	k_{31}'	$X_1 \neq 0,\ X_2 \neq 0,\ X_3 = 0$ $x_1 \neq 0,\ x_2 = 0,\ x_3 \neq 0$	幅モード	$\dfrac{k_{31}}{\sqrt{1-k_{31}^2}}\sqrt{\dfrac{1+\sigma}{1-\sigma}}$
g	k_{31}''	$X_1 \neq 0,\ X_2 = 0,\ X_3 \neq 0$ $x_1 \neq 0,\ x_2 \neq 0,\ x_3 = 0$	幅モード	$\dfrac{k_{31} - B k_{33}}{\sqrt{1-k_{33}^2}}$
h	k_{33}'''	$X_1 \neq 0,\ X_2 \neq 0,\ X_3 \neq 0$ $x_1 \neq 0,\ x_2 = 0,\ x_3 = 0$	厚みモード	$\sqrt{\dfrac{\dfrac{(k_p - A k_{33})^2}{1-A^2} - (k_{31} - B k_{33})^2}{1 - k_{33}^2 - (k_{31} - B k_{33})^2}}$
i	k_{33}'	$X_1 \neq 0,\ X_2 = 0,\ X_3 \neq 0$ $x_1 = 0,\ x_2 \neq 0,\ x_3 \neq 0$	幅モード	$\dfrac{k_{33} - B k_{31}}{\sqrt{(1-B^2)(1-k_{31}^2)}}$
j	$k_{24} = k_{15}$	$X_1 = X_2 = X_3 = 0,\ X_4 \neq 0$ $x_1 = x_2 = x_3 = 0,\ x_4 \neq 0$		$\dfrac{d_{15}}{\sqrt{\varepsilon_{11}^X s_{44}^E}}$

ここで $A = \dfrac{\sqrt{2}s_{13}^E}{\sqrt{s_{33}^E(s_{11}^E + s_{12}^E)}},\ B = \dfrac{s_{13}^E}{\sqrt{s_{11}^E s_{33}^E}}$

例題 7.6 ❖❖❖❖❖

次の振動モードの場合について（図 7.11 参照），圧電セラミックス振動子の電気機

械結合係数 k_{ij} を計算せよ．
(a) k_{33}：たて振動モード（電界と平行）
(b) k_p：円盤の径方向振動モード

解

$$U = \frac{1}{2} s_{ij}^E X_j X_i + 2 \cdot \frac{1}{2} d_{mi} E_m X_i + \frac{1}{2} \varepsilon_{mk}^X E_k E_m$$
$$= U_{MM} + 2 U_{ME} + U_{EE} \tag{P 7.6.1}$$

の関係から，電気機械結合係数は次のように表される．

$$k = \frac{U_{ME}}{\sqrt{U_{MM} \cdot U_{EE}}} \tag{P 7.6.2}$$

(a) $\begin{aligned} x_3 &= s_{33}^E X_3 + d_{33} E_3 \\ D_3 &= d_{33} X_3 + \varepsilon_3^X E_3 \end{aligned} \rightarrow k_{33} = \frac{d_{33}}{\sqrt{s_{33}^E \varepsilon_3^X}}$ (P 7.6.3)

(b) $\begin{aligned} x_1 &= s_{11}^E X_1 + s_{12}^E X_2 + d_{31} E_3 \\ x_2 &= s_{12}^E X_1 + s_{22}^E X_2 + d_{32} E_3 \\ D_3 &= d_{31} X_1 + d_{32} X_2 + \varepsilon_3^X E_3 \end{aligned}$

軸対称性を考慮すると，$s_{11}^E = s_{22}^E$, $d_{31} = d_{32}$, $X_1 = X_2 (= X_p)$ であり，

$$\begin{aligned} x_1 + x_2 &= 2(s_{11}^E + s_{12}^E) X_p + 2 d_{31} E \\ D_3 &= 2 d_{31} X_p + \varepsilon_3^X E_3 \end{aligned} \rightarrow \begin{aligned} k_p &= \frac{2 d_{31}}{\sqrt{2(s_{11}^E + s_{12}^E) \varepsilon_3^X}} \\ &= \frac{d_{31}}{\sqrt{s_{11}^E \varepsilon_3^X}} \sqrt{\frac{2}{1-\sigma}} \\ &= k_{31} \sqrt{\frac{2}{1-\sigma}} \end{aligned} \tag{P 7.6.4}$$

となる．ポアソン比 σ は次式で与えられる．

$$\sigma = -\frac{s_{12}^E}{s_{11}^E} \tag{P 7.6.5}$$

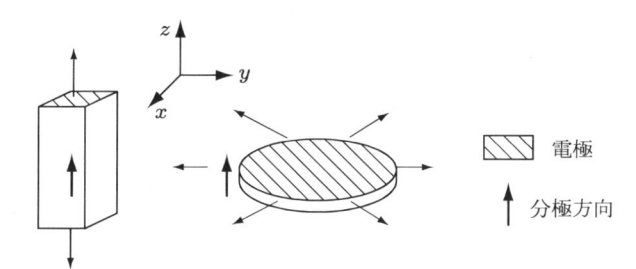

(a)たて振動モード　　(b)径方向振動モード

図 7.11 圧電素子の振動モード

■縦振動モード

図 7.12 に示すような圧電横効果による圧電セラミックス板の長さ振動について考える．分極方向が z 軸で x-y 面に電極があるとすると，x 方向伸縮振動は次の力学的方程式であらわされる．

$$\frac{\partial^2 u}{\partial t^2} = F = \frac{\partial X_{11}}{\partial x} + \frac{\partial X_{12}}{\partial y} + \frac{\partial X_{13}}{\partial z} \tag{7.24}$$

ここで u はセラミックス板の微小体積の x 方向変位である．応力，電界（E_z のみ），誘起歪の関係は次のようになる．

$$\begin{aligned}
x_1 &= s_{11}{}^E X_1 + s_{12}{}^E X_2 + s_{13}{}^E X_3 + d_{31} E_z \\
x_2 &= s_{12}{}^E X_1 + s_{11}{}^E X_2 + s_{13}{}^E X_3 + d_{31} E_z \\
x_3 &= s_{13}{}^E X_1 + s_{13}{}^E X_2 + s_{33}{}^E X_3 + d_{33} E_z \\
x_4 &= s_{44}{}^E X_4 \\
x_5 &= s_{44}{}^E X_5 \\
x_6 &= 2(s_{11}{}^E - s_{12}{}^E) X_6
\end{aligned} \tag{7.25}$$

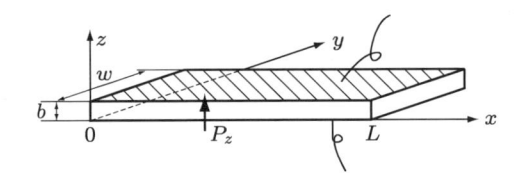

図 7.12　矩形板の横効果による長さ振動

もしもセラミックス板がきわめて長くて薄い場合は，X_2 と X_3 はほぼ 0 とおくこともできる．また E_z によってせん断応力は発生しないので，式 (7.25) は次のように書きかえることができる．

$$X_1 = \frac{x_1}{s_{11}{}^E} - \frac{d_{31}}{s_{11}{}^E} E_z \tag{7.26}$$

式 (7.26) を式 (7.24) に代入すると，$x_1 = \dfrac{\partial u}{\partial x}$，$\dfrac{\partial E_z}{\partial x} = 0$（電極面は等電位）より調和振動方程式は次のようになる．

$$-\omega^2 \rho s_{11}{}^E u = \frac{\partial^2 u}{\partial x^2} \tag{7.27}$$

ここで ω は駆動電界の角周波数，ρ は密度である．境界条件 $X_1 = 0 (x = 0, L)$（L はサンプル長）のときに一般解 $u = u_1(x) e^{j\omega t} + u_2(x) e^{-j\omega t}$ を式 (7.26) に代入すると，次の解が得られる．

$$\frac{\partial u}{\partial x} = x_1 = d_{31}E_z\left(\sin\omega\frac{L-x}{v} + \frac{\sin\frac{\omega x}{v}}{\sin\frac{\omega L}{v}}\right) \tag{7.28}$$

ここで v は圧電セラミックスの**音速**である.

$$v = \frac{1}{\sqrt{\rho s_{11}^E}} \tag{7.29}$$

試料がフィルタや振動子のような電気素子であれば,電気インピーダンス$\left(\frac{印加電圧}{誘起電流}\right)$が重要な役割を果たす.試料中の電流は表面電荷の変化 $\frac{\partial D_3}{\partial t}$ で表され,全電流は次式で表される.

$$i = j\omega w\int_0^L D_3 dx = j\omega w\int_0^L \left\{\left(\varepsilon_{33}^X - \frac{d_{31}^2}{s_{11}^E}\right)E_z + \frac{d_{31}}{s_{11}^E}x_1\right\}dx \tag{7.30}$$

式(7.28)を用い,機械的にフリーな試料のアドミッタンスを計算すると,

$$\frac{1}{Z} = \frac{i}{V} = \frac{i}{E_z t}$$

$$= \frac{j\omega wL}{t}\varepsilon_{33}^{LC}\left(1 + \frac{d_{31}^2}{\varepsilon_{33}^{LC}s_{11}^E}\frac{\tan\frac{\omega L}{2v}}{\frac{\omega L}{2v}}\right) \tag{7.31}$$

となる.w,L,t はそれぞれ試料の幅,長さ,厚み,V は印加電圧である.ε_{33}^{LC} は縦方向に拘束した試料の誘電率で,

$$\varepsilon_{33}^{LC} = \varepsilon_{33}^X - \frac{d_{31}^2}{\varepsilon_{33}^E} \tag{7.32}$$

と表される.

圧電共振はアドミッタンスが無限大もしくはインピーダンスが0になったときに得られる.共振周波数 f_R は式(7.31)によって表される(ただし $\frac{\omega L}{2v} = \frac{\pi}{2}$).

$$f_R = \frac{v}{2L} = \frac{1}{2L\sqrt{\rho s_{11}^E}} \tag{7.33}$$

一方,反共振状態はアドミッタンスが0もしくはインピーダンスが無限大のときに得られる.

$$\frac{\omega_A L}{2v}\cot\frac{\omega_A L}{2v} = -\frac{d_{31}^2}{\varepsilon_{33}^{LC}s_{11}^E} = -\frac{k_{31}^2}{1-k_{31}^2} \tag{7.34}$$

最後の変換は,次の定義によって得られる.

$$k_{31} = \frac{d_{31}}{\sqrt{s_{11}{}^E \varepsilon_{33}{}^X}} \tag{7.35}$$

共振・反共振状態を次の直感的モデルで説明する．高結合係数（k がほぼ 1）材料では，共振，反共振状態は，それぞれ

$$\tan\frac{\omega L}{2\,v} = \infty, \quad \tan\frac{\omega L}{2\,v} = 0$$

（すなわち，$\frac{\omega L}{2\,v} = \left(m - \frac{1}{2}\right)\pi$ もしくは $\frac{\omega L}{2\,v} = m\pi$（$m$ は整数））のときに現れる．式 (7.28) によって計算された各状態の歪振幅 x_1 の分布を図 7.13 に示す．共振状態では大きな歪振幅と大きな容量変化（**動キャパシタンス**とよぶ）が誘起され，素子には電流が容易に流れる．一方，反共振状態では素子に誘起された歪は完全に相殺され，容量変化が生じず電流は容易には流れない．したがって高結合係数材料では，一次の反共振周波数 f_A は一次の共振周波数 f_R の二倍になる．

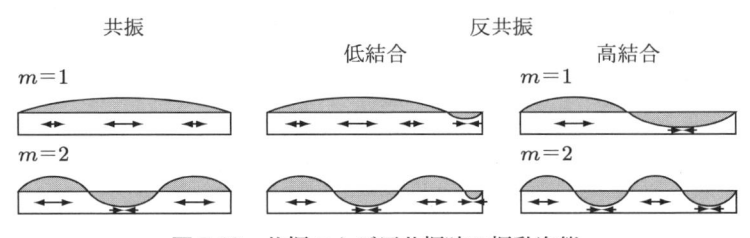

図 7.13 共振および反共振時の振動姿態

ごく普通の電気機械結合係数（例えば k_{31} が 0.3）を持つ材料の場合，反共振状態は高結合係数材料の場合と異なり共振状態に近い状態になる．低結合材料では反共振状態での形状変化による容量変化は，静電容量（**束縛容量**とよぶ）を充電するための電流によって完全に補償される．したがって反共振周波数 f_A は共振周波数 f_R に近づくことになる．

電気機械パラメータ（k_{31}, d_{31}, $s_{11}{}^E$, $\varepsilon_{33}{}^X$）を計算する一般的手順は次のようになる．
(1) 試料の音速 v は式 (7.33) を用いて共振周波数 f_R（図 7.14 参照）から得られる．
(2) 密度 ρ を知ることで弾性コンプライアンス $s_{11}{}^E$ が計算できる．
(3) 電気機械結合係数 k_{31} は式 (7.34) を用いて，音速 v と反共振周波数 f_A から得られる．特に低結合材料では，次の近似式が利用できる．

$$\frac{k_{31}{}^2}{1 - k_{31}{}^2} = \frac{\pi^2}{4}\frac{\Delta f}{f_R} \quad (\Delta f = f_A - f_R) \tag{7.36}$$

(4) 誘電率 $\varepsilon_{33}{}^X$ を知ることで圧電定数 d_{31} が式 (7.35) により求められる．

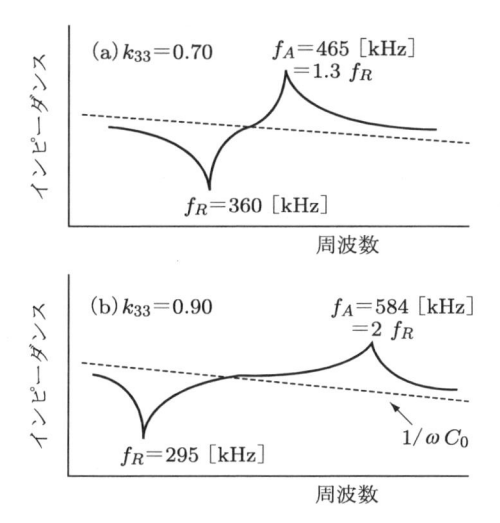

図 7.14 インピーダンスの周波数特性
(a) PZT 5 H, $k_{33} = 0.70$, (b) PZT-PT 単結晶, $k_{33} = 0.90$

図 7.14 に典型的な k 値を持つ圧電材料（PZT 5 H, $k_{33} = 0.70$）および高結合材料（PZT-PT 単結晶, $k_{33} = 0.90$）のインピーダンスカーブを示す．高結合材料においては共振ピークと反共振ピークが大きく離れており，$f_A = 2 f_R$ の関係に近いことがわかる．

(2) 圧電振動子の等価回路

圧電アクチュエータの**等価回路**は，L, C, R の組み合わせで表すことができる．図 7.15(a) に共振状態の等価回路（インピーダンスは非常に低い）を示す．C_d は静電容量に対応し，直列接続された L_A と C_A は圧電効果による素子の共振に関係する部分である．例えば矩形板の d_{31} によるたて振動の場合は，各素子の値は次のように表される．

$$L_A = \frac{\rho}{8} \frac{Lb}{w} \frac{(s_{11}^E)^2}{d_{31}^2} \tag{7.37}$$

$$C_A = \frac{8}{\pi^2} \frac{Lw}{b} \frac{d_{31}^2}{s_{11}^E} \tag{7.38}$$

R_A は機械損失に対応する．

一方，図 7.15(b) に同じアクチュエータの反共振状態（インピーダンスは高い）の等価回路を示す．

(a) 共振 　(b) 反共振

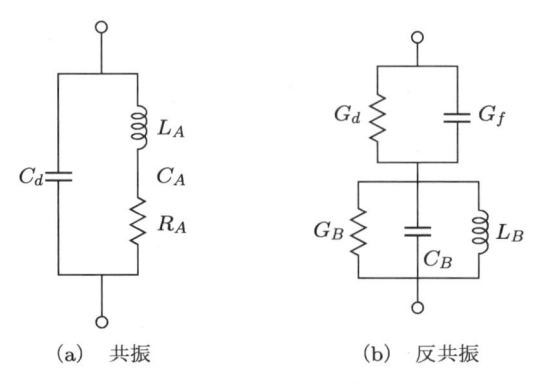

図 7.15 圧電素子の等価回路

(3) 圧電振動子

フィルタや発振子のような機械振動を利用する素子は，素子のサイズや形状がきわめて重要であり，振動モードやセラミック材料も考慮しなければならない．例えば，センチメータオーダ試料のたわみ振動モード共振周波数は 100-1000 [Hz] くらいであり，厚み振動モードの 100 [kHz] よりははるかに低い周波数である．共振で用いられる振動子としての圧電セラミックスは，大きな圧電 d 定数よりも大きな機械的品質係数（Q_m）をもつハード圧電材料がより望ましい．

可聴域のスピーカやブザーでは，低い共振周波数（kHz 程度）をもつものが用いられている．例として二枚の圧電セラミックス板を貼り合わせたバイモルフや，圧電セラミックスと金属音叉からなる圧電音叉がある．図 7.16 に示された圧電ブザーは小型，高効率，長寿命という特徴をそなえている．

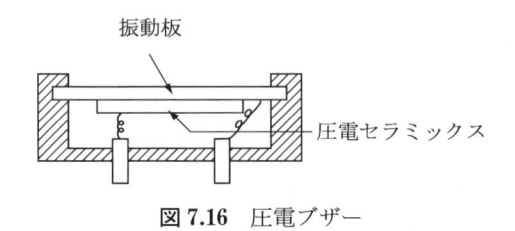

図 7.16 圧電ブザー

(4) 超音波トランスデューサ

現在，超音波はさまざまな分野で利用されている．振動源としては磁歪材料や圧電セラミックスが用いられている．磁歪材料と比較して圧電セラミックスのよいところは，一般的に効率が高くコンパクトサイズな点であり，特に Q_m 値の高いハード圧電材

料が適している．音響エネルギを伝搬させるには液体を用いることが通常行われる．超音波洗浄器，近距離通信用超音波マイクロホン，ソナー，魚群探知機，非破壊検査装置などが典型的な応用例である．走査型超音波検出器は医療用応用分野において，診断，治療，手術などですでに重要な役割をはたしている．

　超音波トランスデューサ応用のなかで，超音波エコー分野[20,21]はきわめて重要な位置を占めている．この超音波トランスデューサは電気的エネルギを機械的エネルギに変換（音響パルスを送信）し，また機械的エネルギを電気的エネルギに変換（エコーを受信）することを行っている．出射した波は媒体を伝搬し，反射された波（エコー）は同じトランスデューサに戻ってくる．これらエコーは反射した生体や媒体の構造によって強度が異なるため像を得ることができる．エコーによって得られた超音波画像は，伝搬材料（例えば生体材料）の密度や弾性率などの機械的特性を反映している．つまり超音波画像によって内臓の輪郭や，液体－生体の境界が簡単に見分けられるため，生体内部の構造を認識することができるようになった．超音波による測定はリアルタイムで行うことも可能で，心臓のように動いている試料の画像も歪みなく測定可能である．さらに超音波はエックス線のようなイオン化放射線ではなくきわめて安全なため，胎児の映像化に使用されている．超音波ビームを用いることによって，非侵襲で人体内部を観測することが可能であり，医療の分野（心臓，リンパ管系，胎児，内臓（肝臓や腎臓）など）では超音波は欠かせない手法となっている．

　図7.17に超音波トランスデューサの基本形状を示す．トランスデューサは主に圧電体，整合層，バッキング材からなっている[22]．生体材料へ効率的に超音波を入射させるために整合層は少なくとも一層，時には複数層用いられることもある．バッキング材は裏面からの音波を減衰させ，パルス幅の増加を防ぐためにトランスデューサの裏面に設けられる．圧電材料は超音波を送受するために用いられる．一般的に医用超音波イメージングの分野では広帯域トランスデューサが用いられ，短パルスの利用が可能となり軸方向分解能が高くなる．広帯域トランスデューサを設計するためには次の三点が重要となる．
1. 音響インピーダンスマッチング
2. 高い電気機械結合係数
3. 電気インピーダンスマッチング

　これらのパルスエコー用トランスデューサは薄板の厚み方向振動が使用されている．さらに，径方向振動モードの結合係数 k_p が低いことも，不要な振動のエネルギを制限できる点で有用と考えることができる．大きな誘電率も電気インピーダンスマッ

チングには必要な特性である（特に小型の圧電素子）．

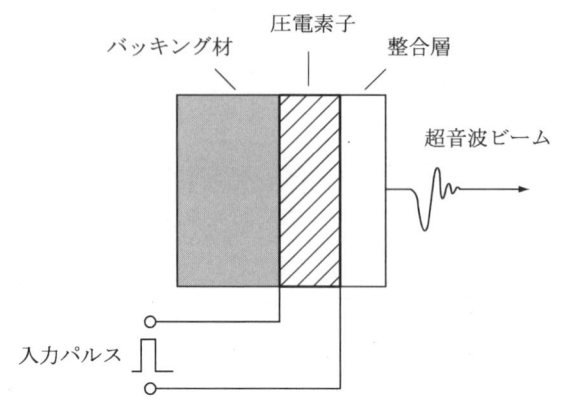

図 7.17 基本的な超音波トランスデューサの構造

　超音波画像用トランスデューサにはさまざまな型がある．比較的大型の扇形振動子一つを用い，揺動させることで機械的に走査し映像化することができる（機械スキャン）．多素子のアレイ型トランスデューサでは個々の素子が独立に制御可能で，各素子に位相差をもたせることによって任意の深さ方向・スキャン方向に電気的に焦点を合わせることを可能にしている（電子スキャン）．アレイトランスデューサにはリニア型と位相型の二種類がある．リニアアレイは一列に並べた素子の集合体で（図 7.18 参照）端から順番に励振し測定する．測定映像は長方形になる．曲線アレイ（凸面アレイ）

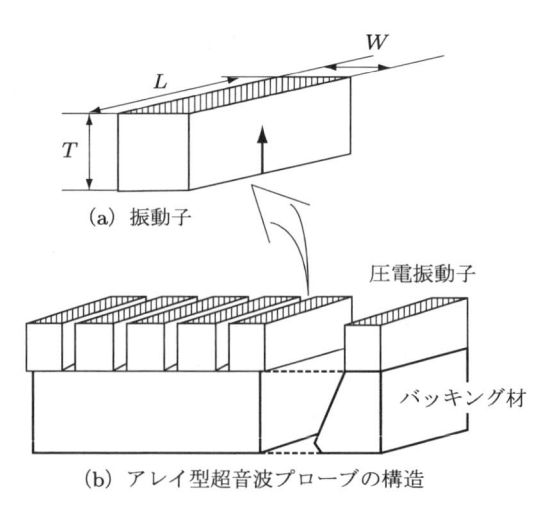

図 7.18 リニアアレイ型超音波プローブ

は各素子を円弧状に並べた改良型アレイであり扇形の映像になる．リニア型トランスデューサは放射線や産科の検査に用いられている．一方，位相型トランスデューサでは音響ビームは位相遅れをもって印加された入力信号により励振されビームの方向や焦点位置を制御できる．扇形の映像を得ることができる．このトランスデューサは肋骨の間からの位置決めが必要な心臓学においてきわめて有用である．

(5) 共振器／フィルタ

圧電体振動子が共振周波数で振動している時は，他の周波数で振動している時と比較してかなりのエネルギを吸収しており電気的にはインピーダンスが急激に低下したような振る舞いを示す．この現象は圧電材料がフィルタとして利用可能であることにほかならない．フィルタとはある決まった周波数帯の信号を通したり遮断したりする受動素子である．圧電フィルタの帯域幅は結合係数 k の自乗によって決定される（おおむね k^2 に比例する）．例えば，低 k 値（約0.1）の水晶結晶の場合には中心周波数の約1[％]という非常に狭帯域のフィルタが可能であり，PZTセラミックスの場合には k_p が約0.5のとき中心周波数の10[％]の帯域幅のフィルタになる．

周波数特性の鋭さは材料の機械的品質係数 Q_m に依存する．水晶は非常に高い Q_m（約10^6）をもつため鋭い周波数特性を持つとともに，カットオフ周波数や発振周波数も正確に決定される．

フィルタ応用でシンプルな共振器は薄い円板形であり（面に電極があり半径方向に振動するモード），中心周波数は200[kHz]から1[MHz]の範囲で帯域幅はその数％というものである．455[kHz]の場合，円板直径は5.6[mm]になる．しかし10[MHz]を超えるような高周波の場合には厚み振動モードが使われる．PZTセラミックス製のエネルギ閉じ込め型フィルタには10.7[MHz]のものがあり，FMラジオ送受信機用に広く使われている．エネルギ閉じ込め現象を利用すると高次振動（高調波）が抑圧される．円板面は全面でなく一部分がある決まった面積と厚みの電極で覆われている．電極直下のセラミックスの厚みモード基本周波数は電極のない部分の厚みモードよりも電極の質量があるためわずかに低くなる．電極部分の低い周波数の波動は無電極部分には伝搬しないけれども，高次周波数の波動は伝搬することができる．この現象を**エネルギ閉じ込め原理**とよぶ．図7.19に**エネルギ閉じ込め型フィルタ**を示す．この構造の上部電極は二つに分割されているが共振時のみ効率よく結合することができる．通信系に利用するためのより安定なフィルタに適しているものは単結晶で水晶や $LiTaO_3$ から作製される．

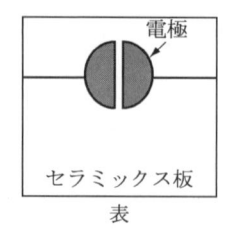

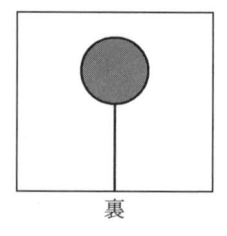

図7.19　エネルギ閉じ込め型フィルタ

7.4　弾性表面波素子

弾性表面波（Surface Acoustic Wave：SAWと略す）は**レイリー波**ともよばれ，たて波とせん断波の結合振動であり，SAWによって伝搬する波動エネルギは表面近傍に閉じこめられている．そのとき圧電SAW基板上には圧電効果による静電場が附随して出現し，SAW素子を介して電気音響結合が起きている．

SAW技術の長所は次の通りである[23,24]．

(1) SAWは表面付近で電気音響的に送波および受波し，SAW伝搬速度は電磁波のおよそ10^4分の1である．

(2) SAWの波長はフォトリソグラフィによって描画される線幅とほぼ同じ程度で，SAWによる遅延素子は常識的なサイズの基板によって実現できる．

SAW素子には**交差指電極**が設けられており，SAWを励振・受信する．向かい合わされた一組の電極によって遅延素子が実現でき，電極間距離によって遅延時間が調節できる．双方向フィルタの例を図7.20に示す．ただし交差指電極は両方向にSAWを励振するため，受信とは関係ない方向のSAWはスプリアス反射を防ぐために吸収されなければならない．

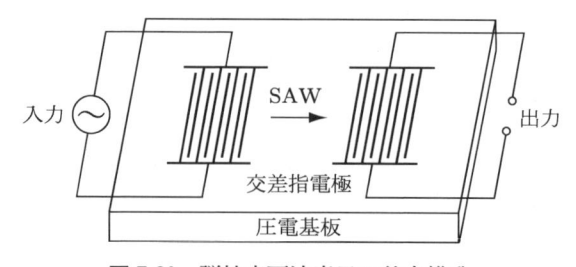

図7.20　弾性表面波素子の基本構造

SAW素子は幅広く商品化されており，フロントエンドフィルタ，中間周波数フィルタ，ケーブルテレビ機器やビデオ機器の素子，シンセサイザ，アナライザ，ナビなどに応用されている．

SAW素子用材料はいくつもあるが，最もよく使われている単結晶はニオブ酸リチウムとタンタル酸リチウムである．単結晶材料はカット角度やSAW伝搬方向でさまざまな特性をもつ．設計時に必要な基本的パラメータは，SAW速度，遅延時間温度係数（TCD），電気機械結合係数，伝搬損失である．

SAWは圧電材料表面に設けられた交差指電極に高周波電界を印加することで励振される．交差指電極の電極間距離がdのとき，駆動周波数fが次式の条件において電気機械変換効率が最大になる．

$$f = f_0 = \frac{v_s}{d} \tag{7.39}$$

v_sはSAW速度，f_0はSAW素子の中心周波数である．SAW速度は中心周波数を決定する重要なパラメータである．温度係数も重要なパラメータである．例えば，SAWバンドパスフィルタの中心周波数の温度安定性は，材料の音速や遅延時間の温度係数と直接関係がある．遅延時間の一次の温度係数は次式で与えられる．

$$\frac{1}{\tau}\frac{d\tau}{dT} = \frac{1}{L}\frac{dL}{dT} - \frac{1}{v_s}\frac{dv_s}{dT} \tag{7.40}$$

τは遅延時間，LはSAWの伝搬距離で，$\tau = \frac{L}{v_s}$の関係がある．SAW結合係数k_s^2はSAW速度の変化によって次式のように表される．

$$k_s^2 = \frac{2(v_f - v_m)}{v_f} \tag{7.41}$$

v_fは自由表面SAW速度，v_mは質量のない導電性薄膜でコーティングした（圧電効果による電界が発生しない）表面を伝搬するSAW速度である．実際のSAW素子ではk_s^2は得られる最大帯域幅や入出力間の信号損失に関係があり，与えられた材料やフィルタの最低挿入損失の関数である比帯域幅も決定する．伝搬損失は素子の挿入損失を決定する因子の一つであり，結晶損失や表面の不規則性によって生じる波動の散乱が原因である．したがって，電気機械結合係数が高く遅延時間温度係数（TCD）の小さい材料が望まれる．

材料の自由表面SAW速度v_0はカット角や伝搬方向の関数である．TCDは温度変化による周波数シフトの目安となるとともに，カット角や伝搬方向の関数でもある．基板材料は使用温度範囲，比帯域幅，挿入損失などの素子の設計仕様に基づいて選択

される.

128° Y-X (128° 回転 Y 板-X 伝搬) ニオブ酸リチウムや X-112° Y (X カット-112° 回転 Y 伝搬) タンタル酸リチウムのような圧電単結晶は, VIF フィルタ用基板として広範囲に使用されている. 溶融石英, ガラス, サファイア基板などに製膜した c 軸配向 ZnO 薄膜も SAW 素子として商品化されている. 表 7.3 に主な SAW 材料の諸特性を示す.

PbO や K_2O を添加した石英ガラスを細長くスライスすると遅延線を作ることができる. これらのガラスの音速は温度係数がきわめて小さい. スライスしたガラスの両端は表面を金属化処理され, そこに PZT セラミックスをはんだづけする. 入力側 PZT が電気信号をせん断波に変換する. 波はスライスガラスを伝搬し, ガラス長に対応する遅れの後に出力側 PZT が電気信号に再変換する. このような遅延線はカラーテレビやビデオデッキに約 64 [μs] の遅延素子として使われている.

表 7.3 主な SAW 材料の諸特性

	材料名	カット角-伝搬方向	k^2 [%]	TCD [ppm/℃]	V_0 [m/s]	ε_r
単結晶	水晶	ST-X	0.16	0	3158	4.5
	LiNbO$_3$	128°Y-X	5.5	−74	3960	35
	LiTaO$_3$	X 112°-Y	0.75	−18	3290	42
	Li$_2$B$_4$O$_7$	(110)-<001>	0.8	0	3467	9.5
セラミックス	PZT-In(Li$_{3/5}$W$_{2/5}$)O$_3$		1.0	10	2270	690
	(Pb, Nd)(Ti, Mn, In)O$_3$		2.6	<1	2554	225
薄膜	ZnO/ガラス		0.64	−15	3150	8.5
	ZnO/サファイア		1.0	−30	5000	8.5

7.5 圧電トランス

圧電素子に入出力端子があり, 入力電圧が振動エネルギを通して出力電圧に変換されるとき, その素子を**圧電トランス**とよぶ. 圧電トランスは従来の電磁コイル式トランスに比べてコンパクトで, カラーテレビに使われたことがある. 初期の頃は節部分での破壊や発熱などの機械的問題が見受けられたが, 圧電アクチュエータの開発とほぼ同様なアプローチが行われた. 最近のコンピュータの液晶画面に備えられている

バックライトを点灯させるには薄くて電磁ノイズを発しないトランスが求められており，圧電トランスの開発が加速している．

初めての圧電トランスはC.A.Rosen[25]によって提案されており，その後数多くの圧電トランスが研究されてきている．図7.21にRosen型圧電トランスの基本構造を示す．一枚の圧電セラミックスに二方向の分極がされている．サンプル長が一波長になる定在波を励振すると，入力側（L_1）に半波長，出力側（L_2）に半波長が乗ることになる．電圧の**昇圧比** r は無負荷条件下で次式のように表せる．

$$r = \frac{4}{\pi^2} k_{31} k_{33} Q_m \frac{L_2}{t} \frac{2\sqrt{\frac{s_{33}^E}{s_{11}^E}}}{1 + \sqrt{\frac{s_{33}^D}{s_{11}^E}}} \tag{7.42}$$

$\frac{L_2}{t}$ の増加にともなって昇圧比 r が増加する．t はサンプルの厚みである．

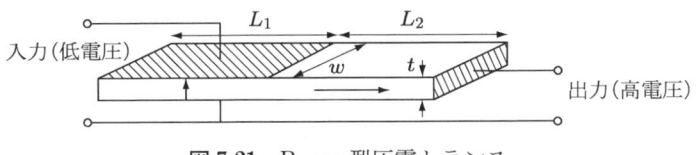

図7.21 Rosen型圧電トランス

NECは積層型圧電トランス（図7.22）を提案し，高い昇圧比を実現した[26]．三次のたて振動モードを利用することも応力集中を分散させるためのアイディアである．

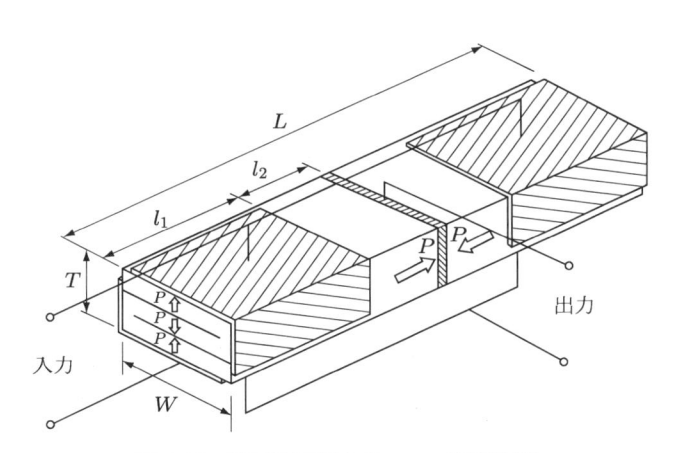

図7.22 積層型圧電トランス（NEC製）

例題 7.7 ❖❖❖❖❖

図 7.23 に長さ方向に伸縮振動する素子に対する Mason の等価回路を示した．それらを用いて Rosen 型圧電トランスの等価回路を計算せよ．

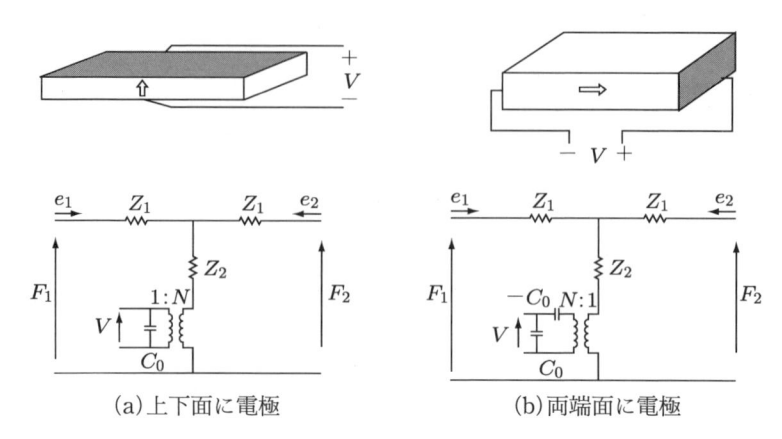

(a) 上下面に電極

(b) 両端面に電極

図 7.23 長さ方向に伸縮振動する素子に体する Mason の等価回路

解 上下面に電極があり長さ方向に伸縮振動する素子の完全な等価回路は図 7.23(a) に示されている．この素子の波動伝搬方向は印加電界に直角である．回路中の Z_1, Z_2 は次式で表される．

$$Z_{1i} = Z_{0i} \tanh \frac{\omega L}{2 v_b^E}$$
$$Z_{2i} = \frac{Z_{0i}}{\sinh \frac{\omega L}{v_b^E}} \tag{P 7.7.1}$$

L は素子の長さ，w は幅，t は厚みである．音速 v_b^E は次式で表される．

$$v_b^E = \frac{1}{\sqrt{\rho s_{11}^E}} \tag{P 7.7.2}$$

特性機械インピーダンス Z_0 と束縛容量 C_0 は次式で表される．

$$Z_{0i} = \rho w t v_b^E = wt \sqrt{\frac{\rho}{s_{11}^E}} \tag{P 7.7.3}$$

$$C_{0i} = \frac{L w \varepsilon_{33}^T (1 - k_{31})^2}{t} \tag{P 7.7.4}$$

力係数 N は次式で表される．

$$N_i = \frac{w d_{31}}{s_{11}^E} = w \sqrt{\frac{\varepsilon_{33}^T}{s_{11}^E}} k_{31} \tag{P 7.7.5}$$

同様に，端面に電極があり長さ方向に伸縮振動する素子の完全な等価回路は図 7.23(b) に示されている．この素子の波動伝搬方向は印加電界に平行である．各パラメータは次式で表される．

$$Z_{1o} = Z_{0o} \tanh \frac{\omega L}{2 v_b^D} \tag{P 7.7.6}$$

$$Z_{2o} = \frac{Z_{0o}}{\sinh \frac{\omega L}{v_b{}^D}} \qquad (\text{P 7.7.7})$$

$$v_b{}^D = \frac{1}{\sqrt{\rho s_{33}{}^D}} \qquad (\text{P 7.7.8})$$

$$Z_{0o} = \rho w t v_b{}^D = wt\sqrt{\frac{\rho}{s_{33}{}^D}} \qquad (\text{P 7.7.9})$$

$$C_{0o} = \frac{wt\varepsilon_{33}{}^T(1-k_{33}{}^2)}{L} \qquad (\text{P 7.7.10})$$

$$N_o = \frac{wt d_{33}}{L s_{33}{}^D} = \frac{wt}{L}\sqrt{\frac{\varepsilon_{33}{}^T}{s_{33}{}^D}}k_{33} \qquad (\text{P 7.7.11})$$

素子の片端がフリーの場合 ($F_1 = 0$), 図 7.23 の等価回路は図 7.24 のようになる. したがって, F_2 側同士を接続することによって Rosen 型圧電トランス (一次振動モード) の等価回路になる (図 7.24(c) 参照). この場合, 圧電トランスの長さが L になるので (P 7.7.1) から (P 7.7.11) までの式中の L は $L/2$ に置き換えなければならない.

出力端子が開放の場合, 電圧の昇圧比は次式のように表される.

$$r = \frac{2\,N_i N_o}{\omega C_{0o} R} \qquad (\text{P 7.7.12})$$

ここで,

$$C_{0o} = \frac{wt\varepsilon_{33}{}^T(1-k_{33}{}^2)}{L_2} \qquad (\text{P 7.7.13})$$

$$R = \frac{\pi Z_{0o}}{Q_m} \qquad (\text{P 7.7.14})$$

(a) 上下面に電極

(b) 端面に電極

(c) Rosen 型圧電トランス

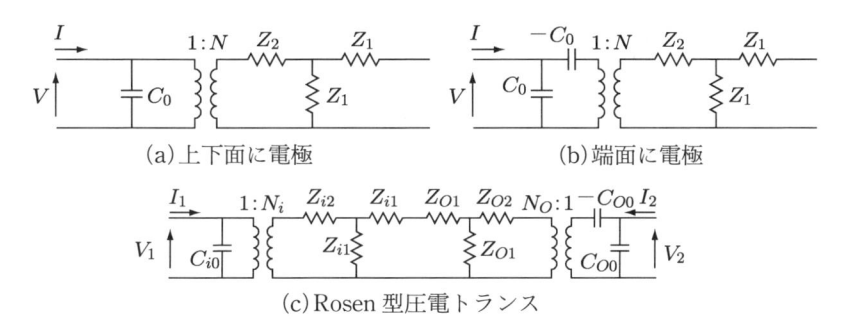

図 7.24 片端面がフリーの長さ方向に伸縮振動する素子に対する Mason の等価回路

$$\omega = 2\pi \frac{v_b{}^D}{2\,L_2} = \frac{\pi}{L_2\sqrt{\frac{\rho}{s_{33}{}^D}}} \qquad (\text{P 7.7.15})$$

である. よって次の関係を用いると昇圧比は次のようになる.

$$\frac{s_{33}{}^D}{s_{33}{}^E} = 1 - k_{33}{}^2 \qquad (\text{P 7.7.16})$$

$$r = \frac{2\left(w\sqrt{\frac{\varepsilon_{33}{}^T}{s_{11}{}^E}}k_{31}\right)\left(\frac{wt}{L_2}\sqrt{\frac{\varepsilon_{33}{}^T}{s_{33}{}^D}}k_{33}\right)}{\left(\dfrac{\pi}{L_2\sqrt{\frac{\rho}{s_{33}{}^D}}}\right)\left(\dfrac{wt\varepsilon_{33}{}^T(1-k_{33})^2}{L_2}\right)\left(\dfrac{\pi wt\sqrt{\frac{\rho}{s_{33}{}^D}}}{Q_m}\right)}$$

$$= \frac{4}{\pi^2}k_{31}k_{33}Q_m\frac{L_2}{t}\frac{2\sqrt{\frac{s_{33}{}^E}{s_{11}{}^E}}}{1+\sqrt{\frac{s_{33}{}^D}{s_{11}{}^E}}} \tag{P 7.7.17}$$

❖

7.6 圧電アクチュエータ

　圧電／電歪素子は，精密位置決め，小型超音波モータ，適応型機械的ダンパなどのスマートアクチュエータシステムのキーコンポーネントとなってきている．本節では，材料，デバイス設計，アクチュエータ応用に絞って圧電／電歪アクチュエータ開発の歴史を振り返る．

　圧電アクチュエータは，電子セラミックスと構造セラミックスの間に新しい分野を築いている[27-30]．応用分野は位置決め，モータ，制振の三分野に分けることができる．レーザやカメラのような光学機器の製造精度や半導体チップ製造の位置決め精度は固体位置決め素子を用いなければならず，その精度は一般的に 0.1 [μm] のオーダである．FA・OA 分野では 1 [cm] 以下の小型モータの需要が多いけれども電磁式では高効率モータの実現が難しい．そこで小型化によって効率が落ちにくい超音波モータが期待されている．圧電アクチュエータを用いた制振技術は宇宙構造物や軍事車両などへ応用することも期待されている．

　形状記憶素子や磁歪素子のような新しい固体変位素子が提案されているけれども，現在の技術動向である省エネ・小型化の観点からは圧電／電歪アクチュエータを凌駕するところまでは至っていない[30]．形状記憶アクチュエータは応答速度が遅く効率も低い．磁歪アクチュエータは大きくて電磁ノイズを発生するコイルの問題がある．

(1) セラミックアクチュエータ材料

　アクチュエータ材料は，圧電，電歪，相変化の三分野に分けられる．

　圧電材料としては改良のすすんだ PZT (Pb(Zr, Ti)O$_3$) セラミックスが現在最もよく使われている．PLZT ((Pb, La)(Zr, Ti)O$_3$) (7/62/38) もその一つである[31]．図 7.25(a) 左側に電界誘起歪み特性を示す．印加電界が小さいうちは誘起歪み x はほぼ印加電界 E に対して比例関係にある ($x = dE$；d は圧電定数)．印加電界が大きく (1

[kV/cm] 以上に）なると分極の再配向が起き始め，比例関係が崩れ履歴をともなった歪み特性になる．この履歴現象のために応用範囲が制限される場合がある．新しいアクチュエータ材料がドイツから提案されてきた．スズ酸チタン酸バリウム系（Ba(Sn, Ti)O_3）である[32]．Ba($Sn_{0.15}Ti_{0.85}$)O_3 材料は特異な歪み特性を示す．抗電界がきわめて低く，低電界でのみドメイン再配向が起こり高電界では起こらないため，リニアな特性を示す範囲が非常に広い（図 7.25(a) 右側）．さらにこの材料は Pb が含まれていないこともあり環境に配慮した材料として将来有望である．

電歪材料としては PMN（Pb($Mg_{1/3}Nb_{2/3}$)O_3）がある．電歪は二次の電気機械結合現象（$x = ME^2$；M は電歪係数）で，誘起歪みはきわめて大きく 0.1 [%] を超える[33]．電歪材料の利点はほとんど履歴がないことである（図 7.25(b) 参照）．PMN が PZT よりも優れていることは走査型トンネル顕微鏡（STM）用材料に採用されたことでもわかる[34]．STM のプローブを PMN 電歪アクチュエータで機械的に走査すると，たとえ逆方向に走査しても履歴がほとんど無視できるので測定画像のゆがみがきわめて小さい．

相変化材料とは反強誘電状態から強誘電状態へ相転移するときに分極によって歪みが誘起される材料である[35]．図 7.25(c) に $Pb_{0.99}Nb_{0.02}((Zr_xSn_{1-x})Ti_{1-y})_{0.98}O_3$ の電界誘起歪みを示す．歪みは 0.3 [%] を超えており圧電材料や電歪材料よりもかなり大きい．図 7.25(c) 左側のような四角い履歴曲線をもつ素子はオン状態とオフ状態の二つが存在するため「デジタル変位素子」と分類される．さらにこの電界誘起歪みは形状記憶効果に伴って生じるもので，組成によって電界 0 時にオン状態（図 7.25(c) 右側）かオフ状態（図 7.25(c) 左側）にすることができる．右側の組成の場合，いったん強誘電相が誘起されると材料はその強誘電状態を「記憶」し，電界 0 でも強誘電相を維持する．しかし逆方向に弱い電界を印加するだけで元の反強誘電状態に戻すことができる[36]．この形状記憶セラミックスは省エネアクチュエータとして利用することができる．図 7.26 はこのセラミックスを用いてユニモルフを構成し，リレー駆動用アクチュエータとして組み込んだ例である．このリレーは 4 [ms] 幅のパルス電界を印加するだけで相転移によって動作させることが可能である．従来の電磁式リレーと比較して構造がシンプルで小型であり応答時間は同等である．

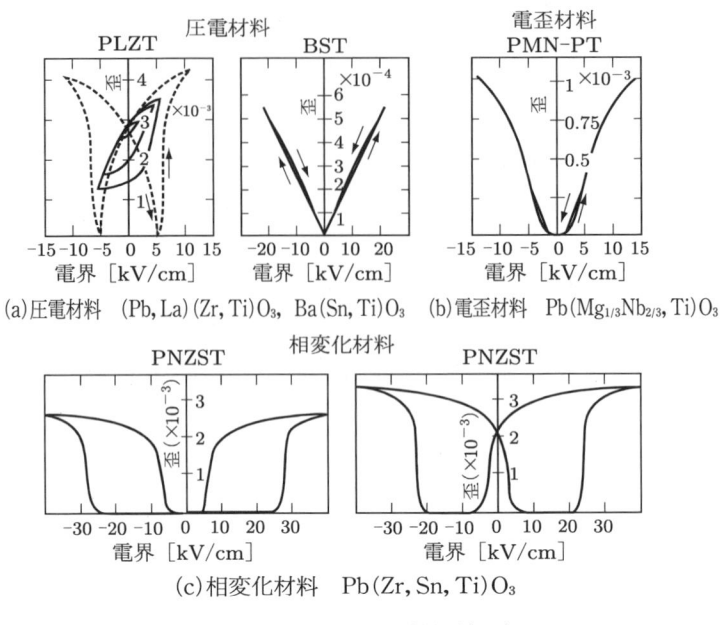

(a)圧電材料　(Pb, La)(Zr, Ti)O$_3$,　Ba(Sn, Ti)O$_3$　(b)電歪材料　Pb(Mg$_{1/3}$Nb$_{2/3}$, Ti)O$_3$

(c)相変化材料　Pb(Zr, Sn, Ti)O$_3$

図7.25　セラミックスの電界誘起歪み

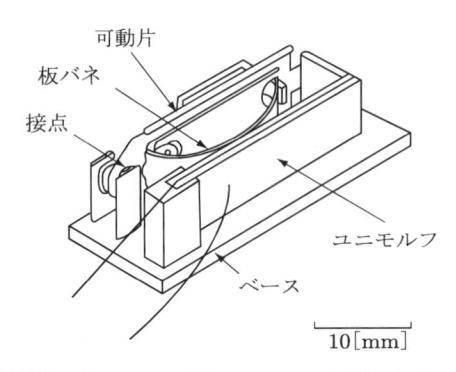

図7.26　形状記憶セラミックス製ユニモルフを用いたラッチングリレー
　　　　リレー動作は4 [ms] 幅のパルス電圧　ユニモルフ先端変位は150 [μm]

(2) アクチュエータデザイン

　最も広く使われているデザインは，積層型[37]とバイモルフ型である（図7.27参照）。約100層の圧電／電歪セラミックスシートを積み重ねた積層素子の特徴は，低電圧駆

動 (例えば 100 [V]),高い応答性 (例えば 10 [μs]),高い発生力 (例えば 1000 [N]),高い電気機械結合係数である.しかし 10 [μm] でもまだ変位が足りない応用もある.その点,セラミックスと弾性シム板を貼り合わせたバイモルフ素子はたわみ変位で比較的大きい変位(数百 [μm])が得られる.しかしながら応答速度はさほど速くなく(例えば 1 [ms]),発生力もあまり大きくない (例えば 1 [N]).

積層構造の三次元位置決めアクチュエータを図 7.28 に示す.ドイツの会社から提案された素子で,たて歪みで z 方向,せん断歪みで x および y 方向変位を発生する[38].振動制御／制振用としてポリマで包まれた PZT バイモルフが ACX 社から提案・商品化されている[39].

「ムーニー」や「シンバル」とよばれる複合アクチュエータが開発されている.これらは最大変位,最大発生力ともに積層とバイモルフの中間の特性をもつ[40].ムーニーは図 7.27 に示すように,薄い積層素子に二枚の金属板を上下に貼り付けた構成で,金属板と積層の間に三日月状の空間があいている.積層がたて効果で伸びた時は同時に横効果で横方向は縮む.貼り付けた金属板はその横方向の縮みをたて変位に重畳させる作用を持ち,より大きな変位を得ることが可能となった.5 [mm] × 5 [mm] × 2.5 [mm] のムーニーに 60 [V] 印加した時に 20 [μm] の変位を発生する.この変位は同サイズの積層素子の約 8 倍の値である[41].この新しい小型アクチュエータは小型レーザスキャナに使用された.

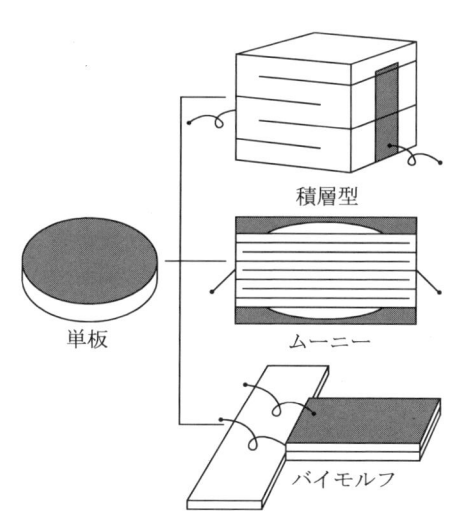

図 7.27 セラミックスアクチュエータ例
積層型,ムーニー,バイモルフ

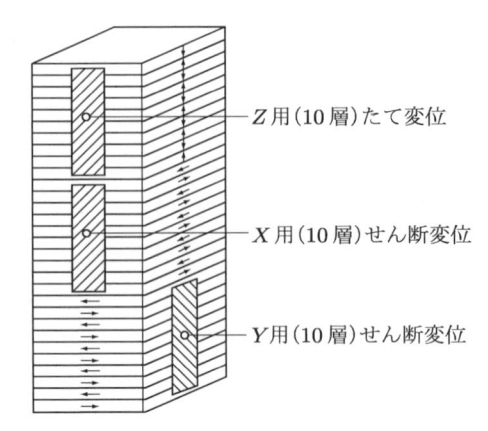

図 7.28 積層構造 3 次元位置決めアクチュエータ

(3) 駆動／制御技術

圧電／電歪アクチュエータは，駆動電圧の印加方法と電界誘起歪みの観点からおそらく二つに分類可能であろう（図 7.29）．

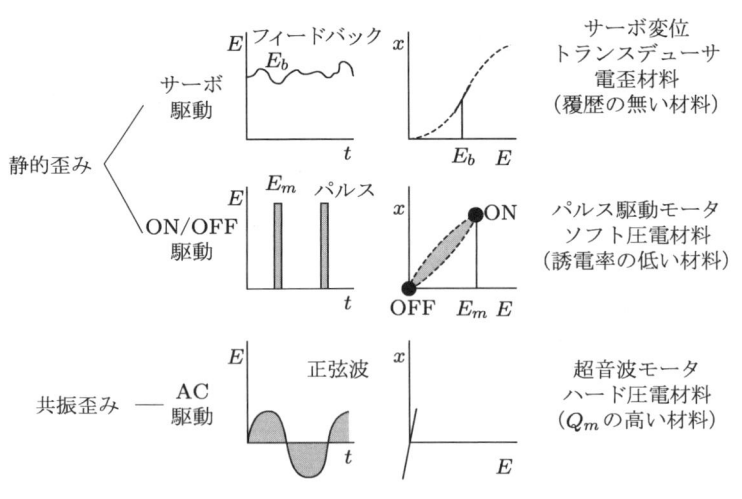

図 7.29 圧電／電歪アクチュエータの分類

(1) 静的歪み素子　誘起歪みは一方向で印加 DC 電界に平行である．
(2) 共振歪み素子　誘起歪みは AC 的で機械的共振周波数で AC 電界を印加（超音波モータ）．

静的歪み素子はさらに二つに分けられる．
(1)−1　フィードバック制御を用いたサーボ変位トランスデューサ（位置決め素子）

(1)-2 オン／オフモードによるパルス駆動モータ（ドットマトリックスプリンタ）

これらの応用に用いる材料に要求される特性はもちろん異なる．例えば超音波モータには機械的品質係数 Q_m の高いハード材料（損失による発熱が少ない）が望ましい．共振周波数でなく反共振周波数で駆動する方法もセラミックスや電源の負担を減らす興味深い手法である[42]．サーボ変位素子には履歴の無い材料がよく，PMN 電歪素子が望ましい．パルス駆動モータには誘電率の低い材料が応答性がよく，ソフト PZT 圧電体が望ましい．PMN 電歪材料は誘電率が高いためこの応用には向かない．

パルス駆動法は素子の応答性を決定する重要な技術である[43,44]．図 7.30 に擬ステップ電圧を印加されたバイモルフ素子の変位応答特性を示す．電圧の立ち上がり時間を共振周期近傍で数種類示している（n は共振周期 T_0 の半分を単位とする時間単位である）．立ち上がり時間を共振周期に正確に合わせると，オーバーシュートと残留振動が完全に抑圧できるという興味深い結果が得られている（すなわち $n=2$ の場合）[43]．圧電素子と鋼球で開発されたフライトアクチュエータの駆動にこの手法が用いられる．直径 2 [mm] の鋼球を 5 [μm] の変位で叩くと高さ 20 [mm] 飛ぶことがわかった．図 7.31 にフライトアクチュエータを利用したドットマトリックスプリンタヘッドを示す[45]．立ち上がり時間を調整すればアーマチャの残留振動を抑制したり二度打ち

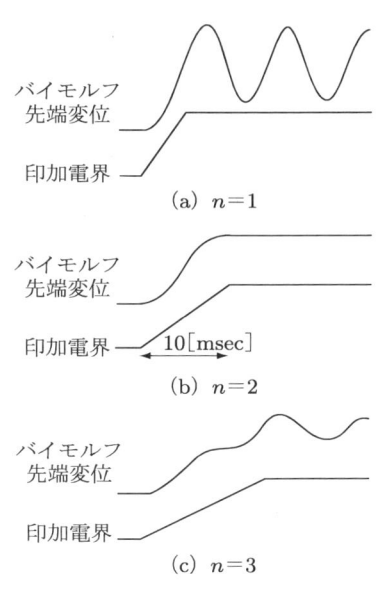

図 7.30 擬ステップ電圧を印加した場合のバイモルフ変位の過渡応答特性
（n は共振周期の半分を 1 とする時間の単位　$n=2$ で共振の一周期）

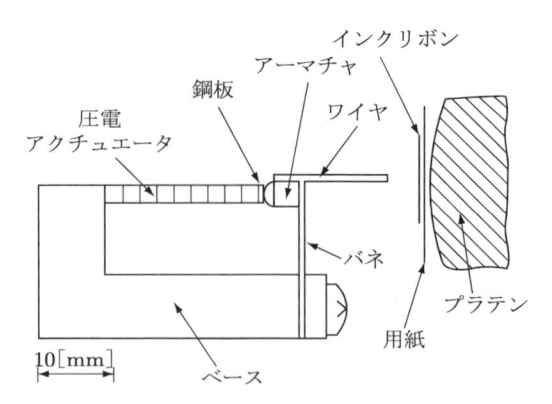

図 7.31 フライトアクチュエータを利用したドットマトリクスプリンタヘッド

したり，制御が容易に行える．

例題 7.8 ❖❖❖❖❖

図 7.12 に示すような，幅 w 長さ L 厚み b ($b \ll w \ll L$) の圧電セラミックス板の長さ方向たて振動を考える．分極が z 方向で x-y 面に電極があるとしたとき，x 方向振動は次式で表される．

$$\rho \frac{\partial^2 u}{\partial t^2} = F = \frac{\partial X_{11}}{\partial x} + \frac{\partial X_{12}}{\partial y} + \frac{\partial X_{13}}{\partial z} \tag{P 7.8.1}$$

u はセラミックス板中の微小体積の x 方向振動変位である．セラミックス板が非常に長くて薄い場合，X_2 と X_3 は板上のどこでも 0 とすることができる．またせん断応力は電界 E_z によって生じることはない．よって圧電方程式は以下のようになる．

$$X_1 = \frac{x_1}{s_{11}{}^E} - \frac{d_{31}}{s_{11}{}^E} E_z \tag{P 7.8.2}$$

したがって，次式の関係を得ることができる．

$$\rho \frac{\partial^2 u}{\partial t^2} = \frac{1}{s_{11}{}^E} \frac{\partial^2 u}{\partial x^2} \tag{P 7.8.3}$$

ここで，図 7.30 に示すような擬ステップ電圧を印加した場合の変位応答を求めよ．

解 まず微分方程式 (P 7.8.3) をラプラス変換を用いて解く．$u(t,x)$ と $E_z(t)$ のラプラス変換を $U(s,x)$，$\tilde{E}(s)$ と書くこととすると式 (P 7.8.3) は次のようになる．

$$\rho s_{11}{}^E s^2 U(s,x) = \frac{\partial^2 U(s,x)}{\partial x^2} \tag{P 7.8.4}$$

初期条件

$$u(t=0, x) = 0$$

7.6 圧電アクチュエータ　175

$$\frac{\partial u(t=0, x)}{\partial t} = 0 \tag{P 7.8.5}$$

と次の関係式を用いると，

$$\rho s_{11}{}^E = \frac{1}{v^2} \quad (v：圧電体の音速) \tag{P 7.8.6}$$

次式のような一般解が得られる．

$$U(s, x) = A e^{\frac{sx}{v}} + B e^{-\frac{sx}{v}} \tag{P 7.8.7}$$

定数 A と B は $x = 0$，L での境界条件

$$X_1 = \frac{x_1 - d_{31} E_z}{s_{11}{}^E} = 0 \tag{P 7.8.8}$$

によって決定できる．そして次の関係式を用いると，

$$L[x_1] = \frac{U}{x} = A \frac{s}{v} e^{\frac{sx}{v}} - B \frac{s}{v} e^{-\frac{sx}{v}} \tag{P 7.8.9}$$

境界条件によって次の関係式を得る．

$$A \frac{s}{v} - B \frac{s}{v} = d_{31} \tilde{E}$$

$$A \frac{s}{v} e^{\frac{sL}{v}} - B \frac{s}{v} e^{-\frac{sL}{v}} = d_{31} \tilde{E} \tag{P 7.8.10}$$

したがって，定数 A と B は

$$A = \frac{d_{31} \tilde{E} \left(1 - e^{-\frac{sL}{v}}\right)}{\frac{s}{v} \left(e^{\frac{sL}{v}} - e^{-\frac{sL}{v}}\right)} \tag{P 7.8.11}$$

$$B = \frac{d_{31} \tilde{E} \left(1 - e^{\frac{sL}{v}}\right)}{\frac{s}{v} \left(e^{\frac{sL}{v}} - e^{-\frac{sL}{v}}\right)} \tag{P 7.8.12}$$

となり，さらに式 (P 7.8.7) と (P 7.8.9) は次式のようになる．

$$U(s, x) = d_{31} \tilde{E} \frac{v}{s} \frac{e^{-\frac{s(L-x)}{v}} + e^{-\frac{s(L+x)}{v}} - e^{-\frac{sx}{v}} - e^{-\frac{s(2L-x)}{v}}}{1 - e^{-\frac{2sL}{v}}} \tag{P 7.8.13}$$

$$L[x_1] = d_{31} \tilde{E} \frac{e^{-\frac{s(L-x)}{v}} - e^{-\frac{s(L+x)}{v}} + e^{-\frac{sx}{v}} - e^{-\frac{s(2L-x)}{v}}}{1 - e^{-\frac{2sL}{v}}} \tag{P 7.8.14}$$

式 (P 7.8.13) と (P 7.8.14) の逆ラプラス変換によって変位 $u(t, x)$，歪み $x_1(t, x)$ が得られる．次のような展開式

$$\frac{1}{1 - e^{-\frac{2sL}{v}}} = 1 + e^{-\frac{2sL}{v}} + e^{-\frac{4sL}{v}} + e^{-\frac{6sL}{v}} + \cdots \tag{P 7.8.15}$$

を用いると，ある時間遅れをもった $d_{31} E_z(t)$ 曲線を重ね合わせることで $x_1(t, x)$ を得ることができる．一方 $u(t, x = L/2) = 0$ $[U(s, x = L/2) = 0$ より$]$ および $u(t, x = 0) = -u(t, x = L)$ $[U(s, x = 0) = -U(s, x = L)$ より$]$ より，素子の変位 ΔL は $2 u(t, x = L)$ となった．

$$U(s, x = L) = d_{31} \tilde{E} \frac{v}{s} \frac{1 - e^{-\frac{sL}{v}}}{1 + e^{-\frac{sL}{v}}}$$

$$= d_{31}\tilde{E}\frac{v}{s}\tanh\left(\frac{sL}{2v}\right) \tag{P 7.8.16}$$

次に，擬ステップ電圧を印加した場合の変位応答を考える（図7.32）．次式を式(P 7.8.16)に代入すると，変位 ΔL（$n=1,2,3$）が得られる．

$$\tilde{E}(s) = \frac{E_0 v}{nLs^2}\left(1 - e^{-\frac{nLs}{v}}\right) \tag{P 7.8.17}$$

$n=1$ の場合，

$$U(s,L) = \frac{\dfrac{d_{31}E_0}{L}\dfrac{v^2}{s^3}\left(1 - e^{-\frac{sL}{v}}\right)^2}{1 + e^{-\frac{sL}{v}}}$$

$$= \frac{d_{31}E_0}{L}\frac{v^2}{s^3}\left(1 - 3e^{-\frac{sL}{v}} + 4e^{-\frac{2sL}{v}} - 4e^{-\frac{3sL}{v}} + \cdots\right) \tag{P 7.8.18}$$

となる．基本関数 $U(s,L)$，$1/s^3$ から基本関数 $u(t,L)$，$t^2/2$（放物線）が得られた．したがって，変位 u は次のようになる．

$$u(t,L) = \left(\frac{d_{31}E_0 v^2}{2L}\right)t^2 \qquad \left(0 < t < \frac{L}{v}\right)$$

$$u(t,L) = \left(\frac{d_{31}E_0 v^2}{2L}\right)\left\{t^2 - 3\left(t - \frac{L}{v}\right)^2\right\} \qquad \left(\frac{L}{v} < t < \frac{2L}{v}\right)$$

$$u(t,L) = \left(\frac{d_{31}E_0 v^2}{2L}\right)\left\{t^2 - 3\left(t - \frac{L}{v}\right)^2 + 4\left(t - \frac{2L}{v}\right)^2\right\} \left(\frac{2L}{v} < t < \frac{3L}{v}\right)$$

$$\tag{P 7.8.19}$$

ここでラプラス変換上の指数関数が実時間上の時間シフトに相当することに注意されたい．図7.32(a)に ΔL の時間変化を示す．残留振動がみられる．この振動変位曲線は正弦波ではなく放物線を組み合わせたものであることに注意されたい．変位のオーバーシュートは $d_{31}E_0L$ の 50 [%] になることがわかる．

$n=2$ の場合，

$$U(s,L) = \frac{d_{31}E_0}{2L}\frac{v^2}{s^3}\left(1 - 2e^{-\frac{sL}{v}} + e^{-\frac{2sL}{v}}\right) \tag{P 7.8.20}$$

である．したがって，

$$u(t,L) = \left(\frac{d_{31}E_0 v^2}{4L}\right)t^2 \qquad \left(0 < t < \frac{L}{v}\right)$$

$$u(t,L) = \left(\frac{d_{31}E_0 v^2}{4L}\right)\left\{t^2 - 2\left(t - \frac{L}{v}\right)^2\right\} \qquad \left(\frac{L}{v} < t < \frac{2L}{v}\right)$$

$$u(t,L) = \left(\frac{d_{31}E_0 v^2}{4L}\right)\left\{t^2 - 2\left(t - \frac{L}{v}\right)^2 + \left(t - \frac{2L}{v}\right)^2\right\}$$

$$= \frac{d_{31}E_0 L}{2} \qquad \left(\frac{2L}{v} < t\right)$$

$$\tag{P 7.8.21}$$

となる．ΔL は残留振動がみられない（図7.32(b))．印加電圧 $\tilde{E}$ に $(1 + e^{-\frac{sL}{v}})$ 項があるとき，**展開式の項が有限個になり残留振動が完全に抑制できることが示された．**

$n=3$ の場合，$U(s,L)$ は再び無限個の展開式になり残留振動が発生する．

$$U(s,L) = \frac{d_{31}E_0}{3L}\frac{v^2}{s^3}\left(1 - 2e^{-\frac{sL}{v}} + 2e^{-\frac{2sL}{v}} - 3e^{-\frac{3sL}{v}} + 4e^{-\frac{4sL}{v}} - 4e^{-\frac{5sL}{v}}\right)$$

7.6 圧電アクチュエータ   177

(P 7.8.22)

図7.32(c)に変位の時間変化を示す．曲線は放物線の組み合わせで，オーバーシュートの高さは $d_{31}E_0L$ の 1/6 である．

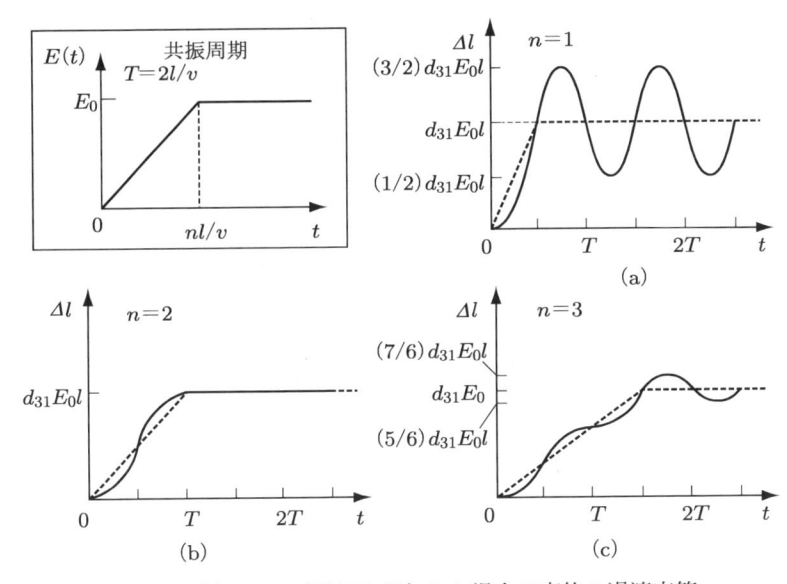

図7.32 擬ステップ電圧を印加した場合の変位の過渡応答

(4) デバイス応用
■サーボ変位トランスデューサ

ジェット推進研究所によって開発された宇宙でのトラス構造に典型的な例を見ることができる[46]．積層PMNアクチュエータが各々のトラスの節に設置され，不要振動を瞬時に吸収抑制することができる．「ハッブル望遠鏡」にも積層PMN電歪アクチュエータを入射光の位相制御用に利用する提案がなされた(図7.33)[47]．PMN電歪素子はその歪み履歴の少なさから，優れた補正望遠鏡像を得ることができた．

アメリカ軍によってヘリコプタの回転翼制御システムが開発されている．図7.34に圧電板を取り付けたベアリングレスロータたわみ梁を示す[48]．このようなたわみ梁応用やアクティブ振動制御用として，さまざまなタイプのPZTサンドイッチ型梁構造が研究されている[49]．

家庭用としては，すでに大きな市場となっているVTRシステムへの応用がある．ビ

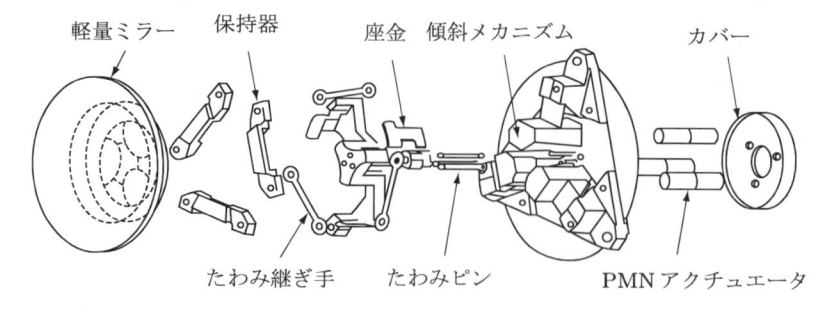

図 7.33 「ハッブル」望遠鏡に用いられている光学像補正用 PMN 電歪アクチュエータ

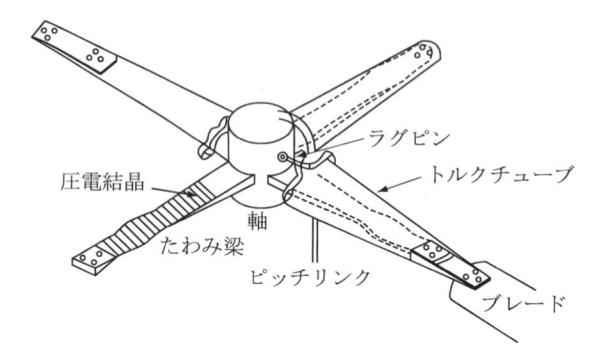

図 7.34 圧電板を取り付けたベアリングレスロータたわみ梁
微小な羽根の角度変化が操縦性を向上させる

デオの静止画, 低速再生, 高速再生モードにおける高画質への要求は強い. 図 7.35(a) に示すように標準で録画されたテープを異なる速度で再生した場合, 再生ヘッドが録画トラックを忠実にたどらないため**ガードバンドノイズ**が発生する[50]. Ampex によって開発されたオートトラッキングシステムには圧電アクチュエータが用いられており, ヘッドが正確に録画トラックをたどれるようになっている. 圧電素子は磁気ノイズを発生しないためこのような磁気記録デバイスへの応用には非常に適している.

バイモルフ構造は大きな変位がとれるためにトラッキング用アクチュエータとしてよく使われている. しかし単なるバイモルフ構造では, 変位すると先端部分は回転成分をもってしまうため, ヘッドとテープとの**スペーシング角（摺接角度）**が変化しないような工夫が考えられ, 今までに平行運動するためのいくつものデザインが提案されている.

図 7.36(a) に Ampex の S 字モードバイモルフを示す. 先端部分が回転成分をキャンセルするように逆変位する. テープのトラックを検出するためにヘッドは 450 [Hz] でわずかに振動している. この変調信号はバイモルフのセンサ電極によってモニタさ

7.6 圧電アクチュエータ　179

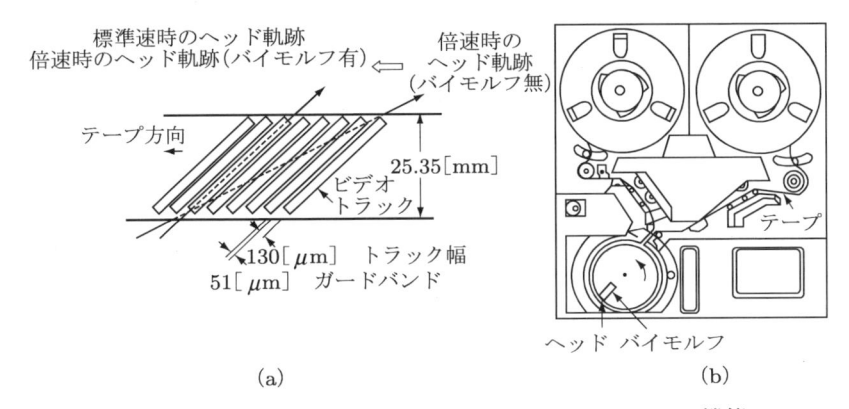

図 7.35 ビデオヘッドの軌跡および圧電アクチュエータの機能

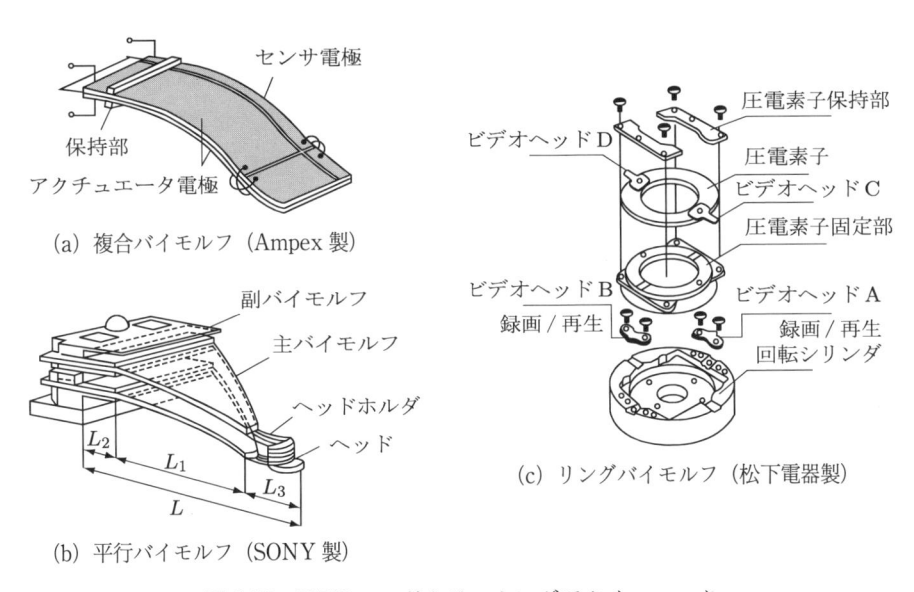

(a) 複合バイモルフ（Ampex 製）

(b) 平行バイモルフ（SONY 製）

(c) リングバイモルフ（松下電器製）

図 7.36 VTRヘッドトラッキングアクチュエータ

れ，アクチュエータへのフィードバックに使われている．センサ電極はモニタリングだけでなく電気的ダンパとしても用いられている．

図 7.36(b)にSONYによって開発された平行バネ型バイモルフを示す[51]．このアクチュエータは放送局用ビデオデッキのBVH-1000に組み込まれている（図7.35(b)）．トラック幅が広い（130 [μm]）ために高分解能イメージを得るには大変位アクチュエータが必要である．

図 7.36(c)に松下電器が民生用に開発したリング型バイモルフを示す[52,53]．この小型

可動ヘッドを用いたためノイズのないサーチ再生画像（最大8倍速まで）や静止／低速再生モードが可能になった．今や8ミリビデオカメラでは圧電アクチュエータを用いたオートトラッキングシステムが標準となりつつある．

■ パルス駆動モータ

　セラミックアクチュエータを使用して商品化された最初の製品は，ドットマトリックスプリンタである．プリンタヘッドの構成は24×24ドットである．ワイヤ列がインクリボンを次々とつついて印字する．プリンタヘッドの外観を図7.37(a)に示す[54]．ヘッドの構成素子は一層100 [μm] 厚のセラミックシート100枚からなる積層圧電素子と精巧な変位拡大機構からなっている（図7.37(b)）．拡大機構は拡大率30の一体構造のテコであり，最終的には約0.5 [mm] の変位振幅，エネルギ伝達効率50 [%] 以上が得られている．

　カメラ用圧電シャッタも商品化されている（図7.38）．圧電バイモルフ素子がミリ秒の応答速度でウイング構造のシャッタを開閉できる[55]．

　トヨタはピエゾTEMS（Toyota Electronic Modulated Suspension）を開発した．路面の起伏に瞬時に応答して減衰条件を調整できるダンパである．1989年，「セルシオ」に装備された[56]．一般的にダンパの減衰力を大きくすると（「ハード」ダンパ），車のコントロール性や安定性が向上する．しかし当然のことながら快適性は犠牲になり路面による振動が乗員に伝わりやすい．この電子制御ダンパの目的はコントロール性と快適性の両方を満たすことである．通常このシステムは減衰力を小さくし（「ソフト」ダンパ）乗り心地重視になっているが，路面状況や車速によって適宜減衰力を大きくしコントロール性を改善している．路面状況に応答するためにはセンサとアクチュエータに非常に高速な応答が求められる．

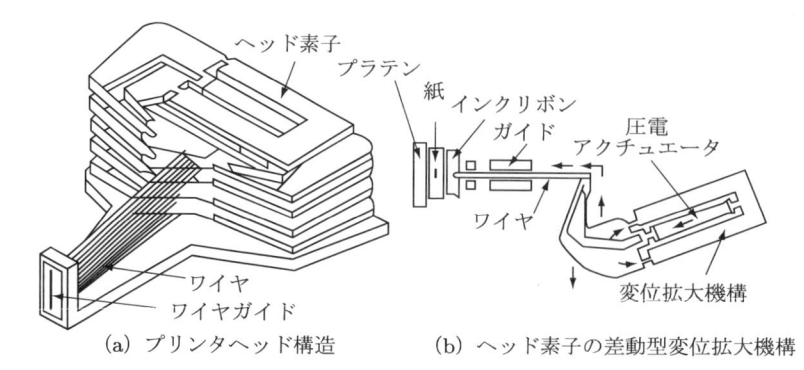

(a) プリンタヘッド構造　　　(b) ヘッド素子の差動型変位拡大機構

図 7.37　圧電プリンタヘッド
一体構造の拡大機構によりアクチュエータ変位を30倍に拡大

(a) 閉じた状態　　　　　　(b) 開いた状態

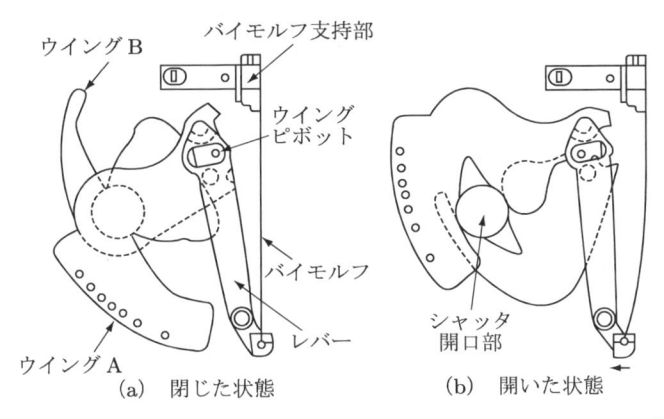

図 7.38 圧電バイモルフアクチュエータを用いたカメラのシャッタ機構

　図 7.39 に電子制御ダンパの構造を示す．センサは厚み 0.5 [mm] の PZT 板 5 枚から構成されており，検出速度は約 2 ミリ秒，上下動の分解能は 2 [mm] である．アクチュエータは厚み 0.5 [mm] の PZT 板 88 枚から構成されている．印加電圧 500 [V] で 50 [μm] を発生し，ピストンやプランジャピンによって 40 倍に拡大された変位で減衰力調整バルブを動かしている．バルブが開くとバイパスルートが開き流れの抵抗が減少する（「ソフト」になる）．

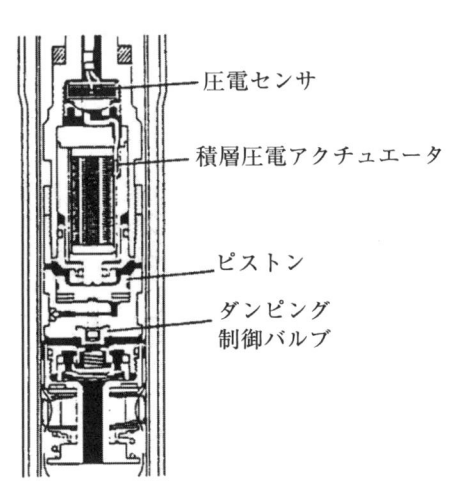

図 7.39 電子制御サスペンション（トヨタ製）

　図 7.40 にサスペンションシステムの動作状態を示す．荒れた路面を走行した時の車体の上下方向加速度とピッチング率を測定した．TEMS システムを使用した場合（図

7.40)，上下方向加速度は乗り心地重視の「ソフト」に固定した場合の状態にまで抑えられ，ピッチング率はコントロール性重視の「ハード」に固定した場合の状態にまで抑えられている．

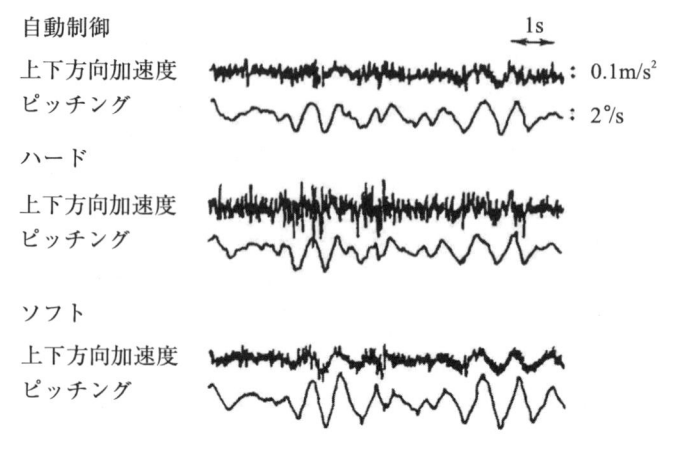

図7.40 適応型サスペンションシステムの機能

図7.41に四つの積層アクチュエータを用いた歩行圧電モータを示す[57]．二つの短いアクチュエータがクランプ用，二つの長いアクチュエータが送り用で，インチワーム動作によって駆動される．

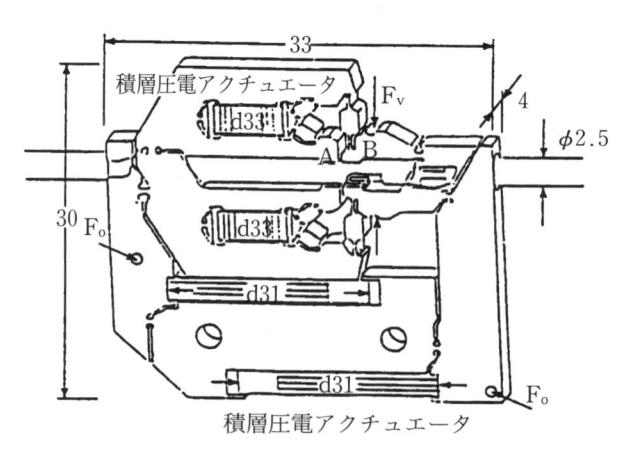

図7.41 歩行圧電モータ（Philips製）
四つの積層圧電アクチュエータを用いたインチワーム機構

7.7 超音波モータ
(1) 超音波モータ

　電磁モータは 100 年以上前に発明され，現在に至るまでモータの主役の座を守り続けてきた．その一方で既に技術が熟成されており，磁気材料や超伝導材料に新発見が起きない限り劇的な進展はあまり期待できないと考えられる．したがって従来の電磁モータに関しては，1 [cm] 以下で高効率の小型モータを実現するのは比較的難しいので強力超音波エネルギを用いた新型モータ，超音波モータが注目されてきている．超音波モータに用いられる圧電セラミックスはサイズに関して敏感ではないため，小型化に向いていると考えられる．図 7.42 に超音波モータの基本構造を模式的に示す．駆動には高周波電源が用いられ，振動子とスライダから構成される．振動子は圧電素子と弾性体から構成され，スライダは弾性体と摩擦材料から構成される．

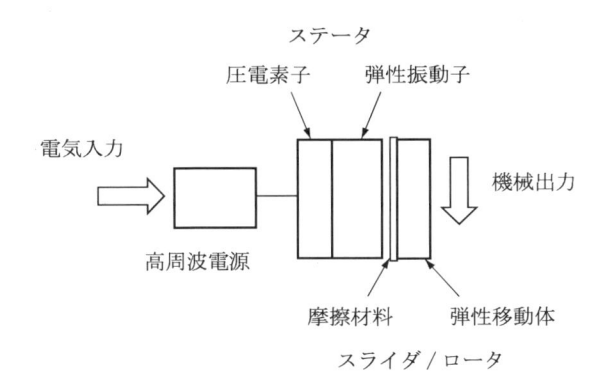

図 7.42 超音波モータの基本構成

　以前にもいくつかの試みはなされてはいるが，最初の実用的な超音波モータは IBM の H.V.Barth（1973）によって提案された[58]．図 7.43 に示すように，ロータに二つのホーンが押しつけられている．一方のホーンを駆動するとロータは回転し，もう一方のホーンを駆動するとロータは逆回転する．同種のタイプの超音波モータは旧ソ連でも V.V.Lavrinenko[59] や P.E.Vasiliev[60] によって提案されている．当時の技術では，温度上昇にともなう一定振動振幅の維持，駆動面摩耗，駆動面荒れの対策が困難で実用化にはほど遠かった．

　1980 年代になり半導体業界のチップパターン密度が高まるにつれ，より精密でしかも磁気ノイズを発生しない位置決め装置が必要とされるようになってきた．このような状況のもと超音波モータの開発はいよいよ盛んになった．従来の電磁モータと比較

して超音波モータの優れている点は，高価な銅製コイルよりも安価な圧電セラミックスを用いる点である．圧電ブザーを例にとると，日本では一個数十円で製作している．

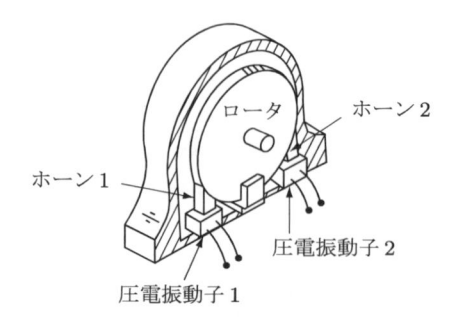

図 7.43 超音波モータ（Barth による）

ここで超音波モータの利点と欠点をまとめた．

■利点
1. 低速，高トルク→ダイレクトドライブに適した特性
2. 高速応答性，広い速度範囲，停止時のブレーキ作用，バックラッシュなし→優れた制御性，高い位置決め精度，高分解能
3. 高いパワー／重量比，高効率
4. 静粛性（可聴音より高い周波数で駆動）
5. 小型，軽量
6. シンプルな構造，シンプルな製作工程
7. 磁気の発生や外部磁気による影響がきわめて小さい

■欠点
8. 高周波電源が必要
9. 摩擦駆動のため堅牢性に若干劣る
10. 「速度 vs. トルク」が垂下特性

(2) 超音波モータの分類と原理

使用する立場から分類すると，回転型，直線型に分ける方法がまず思い浮かぶ．振動子の形から分類すると，棒状，π形，リング状，角形，円柱状となるだろう．振動特性から分類すると，定在波型，進行波型となる．これらを式で表すと定在波は，

$$u_s(x, t) = A \cos kx \cdot \cos \omega t \tag{7.43}$$

であり，進行波は

$$u_p(x, t) = A \cos (kx - \omega t) \tag{7.44}$$

となる．三角関数の加法定理より，式 (7.44) は

$$u_p(x, t) = A \cos kx \cdot \cos \omega t + A \cos \left(kx - \frac{\pi}{2} \right) \cdot \cos \left(\omega t - \frac{\pi}{2} \right) \tag{7.45}$$

と書きかえられる．この式より，進行波は時間的空間的に 90°位相の異なる二つの定在波の重ね合わせであることがわかる．有限体積，有限サイズの固体媒体に進行波を励振するための重要な原理である．

■**定在波型**

定在波型超音波モータとしてよく紹介されるのは，圧電駆動部分に振動片がくっついた「ウッドペッカー型」（結合子型）であり，振動片先端は平らな楕円運動の軌跡を描く．図 7.44 に指田による簡単なモデルを示す[61]．振動片は，ロータまたはスライダに対して微少角 θ だけ傾いて接触している．x-y 座標系の x 軸を面に垂直に，y 軸を面に平行にとると振動変位は次のように表せる．

$$u_x = u_0 \sin (\omega t + \alpha) \tag{7.46}$$

伸びようとする振動子はロータまたはスライダに斜めに接触するために，たわみ振動も一緒に励起される．図 7.44(b) の楕円運動の軌跡の A → B では振動片はロータやスライダを駆動し，B → A では非接触で戻る．振動片と圧電振動子を適切に設計すれば共振系を構成でき，たわみ振動が振動子の長さに比較して十分に小さいとき，振動片先端の自由振動楕円軌跡（B → A）は，

$$\begin{aligned} x &= u_0 \sin (\omega t + \alpha) \\ y &= u_1 \sin (\omega t + \beta) \end{aligned} \tag{7.47}$$

と表せる．

この方式の超音波モータの場合は，A → B の部分のみ摩擦力によって一方向の駆動力をロータやスライダに加える間欠駆動である．間欠駆動ではあるが，ロータやスライダには慣性があるために速度変動はほとんど観測されない．一般的に定在波型超音波モータは，振動子の数が少なく低コスト化しやすく，高効率が期待できる（理論的には 98%）が，両方向駆動（回転型であれば時計回り・反時計回り，リニア型であれば右方向・左方向）の制御が困難である．

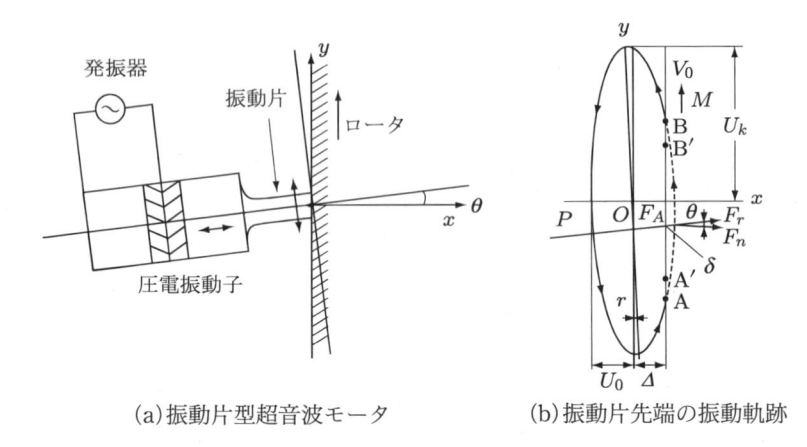

(a) 振動片型超音波モータ (b) 振動片先端の振動軌跡

図 7.44 定在波型超音波モータ（指田による）

■**進行波型**

進行波型超音波モータは「サーフィン型」（表面波型）ともよばれ，時間的空間的に 90°位相の異なる二つの定在波を重ね合わせて進行波を励振している．図 7.45 に動作原理を示す．弾性体表面の粒子が，たて振動とよこ振動によって楕円運動の軌跡を描く．このタイプの超音波モータの場合には，二つの定在波を励振するために二つの振動源を必要とすることから効率が 50 [%] 以下とあまり高くない．しかし定在波型と異なり両方向駆動が容易に実現できる．

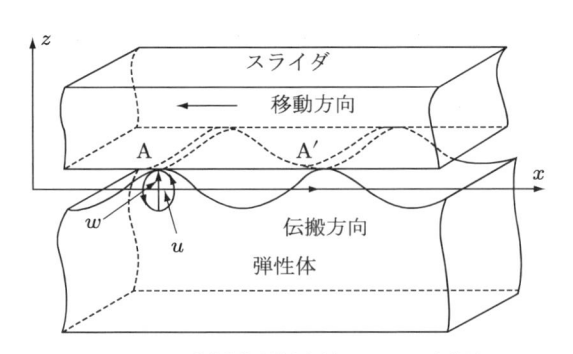

図 7.45 進行波型超音波モータの原理

(3) 定在波型モータ

■**回転型**

指田は基本構造に近い形の回転型超音波モータを開発した[61]．円筒状振動子の端面

に4つの振動片が取り付けられ，ロータに押しつけられている．この超音波モータが現在の活発な研究開発の始まりだったということができる．駆動周波数35［kHz］，回転速度1500［rpm］，トルク0.08［N・m］，出力12［W］，効率40［%］（入力30［W］）が得られた．超音波モータは共振で駆動するため振動振幅が大きく駆動周波数も高いため，インチワームよりも速度が速い．

日立マクセルは振動片をねじり結合子に置き換え（図7.46）さらに振動子をボルト締めで構成し，ロータ押さえ力を増加させトルクと効率を劇的に改善した[62]．ねじり結合子は昔のテレビチャンネルのような形状をしており，二本の足と足をつなぐ面，そしてつまみにあたる部分からなる（図7.46(b)）．ランジュバン振動子の発生するたて振動を二本の足が受け止めると，面にたわみ振動が励起される．面上のつまみ部分が斜めに設けられていることがねじり結合子のポイントであり，面のたわみ振動がつまみ部分にねじり振動を励起する．このねじり振動とたて振動の結合で端部において楕円運動の軌跡が発生する．この楕円軌跡が約半分に変形する程度の押しつけ力をロータに加えた時に最大トルクが得られた．直径30［mm］，長さ60［mm］，ねじり結合子角度20-30°のとき，最大トルク1.3［N・m］，最大効率80［%］が得られた．しかしこのタイプの超音波モータは基本的に一方向回転のみである．駆動力は間欠的ではあるが，慣性のためにロータの回転はきわめてスムーズである．

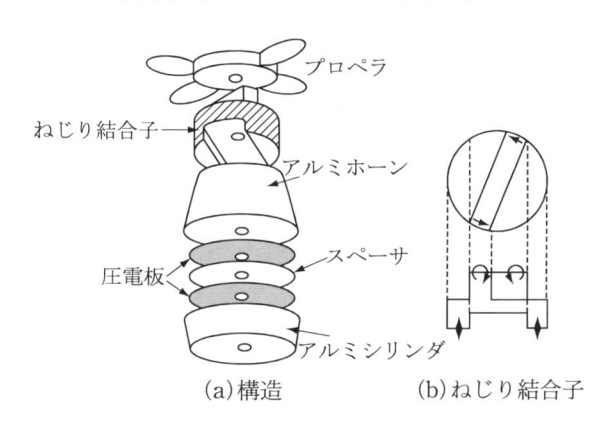

図7.46 ねじり結合子型超音波モータ

ペンシルバニア州立大学において，直径3［mm］の小型超音波モータが開発された．図7.47に示すように，ステータは圧電リングと凹凸のある弾性体を接着して構成されている．ロータと接触する弾性体は「風車」の形をしており，圧電素子による上下振動をねじり振動に変換している[63]．この超音波モータは構成部品点数が少なく製

造プロセスもかなり簡単になり，コストが低く抑えられているため使い捨てが可能になっている．直径 11 [mm] の場合，駆動周波数 160 [kHz] で最大回転数 600 [rpm]，最大トルク 1 [mN・m] が得られた．

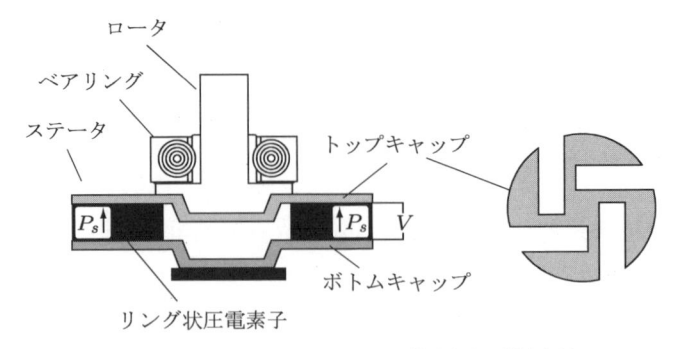

図 7.47 板状ねじり結合子を用いた「風車」形超音波モータ

トーキンは，圧電セラミックス製の円筒状ねじり振動子（図 7.48）を開発した[64]．円筒表面に 45° 傾けて交差指電極を設けたタイプで，ねじり振動を発生し超音波モータに応用可能である．

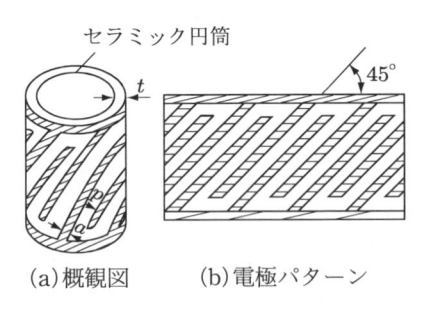

図 7.48 円筒状圧電ねじり振動子

上羽は二つの振動モードを組み合わせて超音波モータを構成した（図 7.49）．初期にはランジュバン型ねじり振動子に三つの積層型圧電アクチュエータを組み合わせて楕円運動の軌跡を作りだし超音波モータを構成した[65]．ねじり振動子と積層アクチュエータの位相差を変化させることで回転方向を制御できる．

7.7 超音波モータ　189

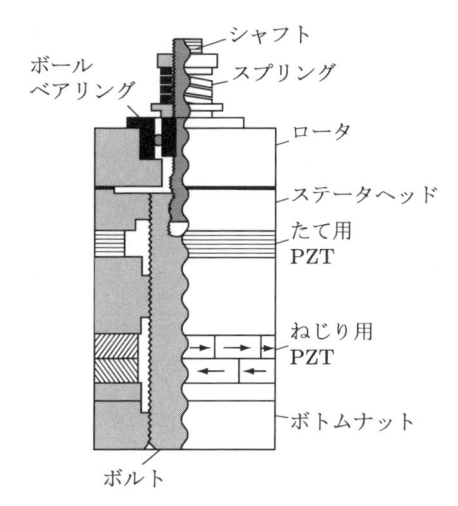

図 7.49　複合振動子型超音波モータ

■ リニア型

　Uchino は π 形リニアモータを発明した[66]．このリニアモータは音叉形金属弾性体に積層アクチュエータを貼り付けて構成した（図 7.50）．二本足のそれぞれの共振周波数は形状のわずかな差によって若干異なるため，駆動周波数を制御することで二本足の振動の位相差を制御することが可能となる．このリニアモータの動作原理は，図

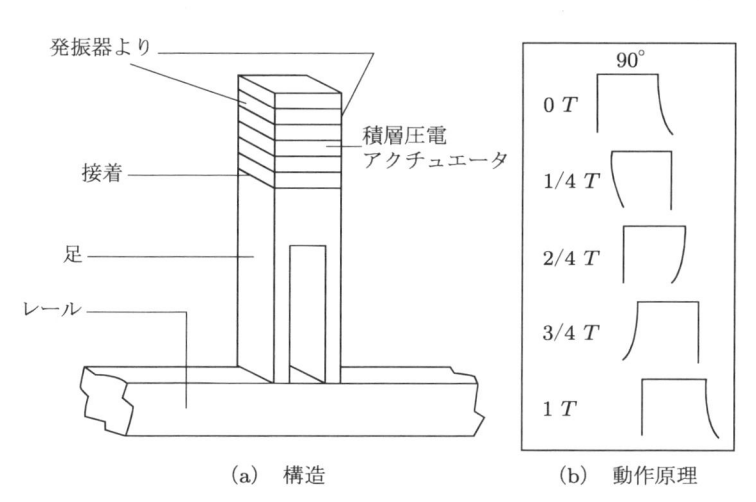

　(a)　構造　　　　　　　　　(b)　動作原理

図 7.50　π 形超音波リニアモータ
　　　　　二本足の動作の 90°位相差による歩行

7.50(b)に示すような馬が駆け足するような動きである．20［mm］× 20［mm］× 5［mm］の試作モータを98［kHz］，6［V］（実効電力0.7［W］）で駆動した場合，最大速度20［cm/s］，最大推力2［N］，最大効率20［％］であった．図7.51にこのリニアモータの特性を示す．このリニアモータの改良型が精密X-Yステージに使われている．

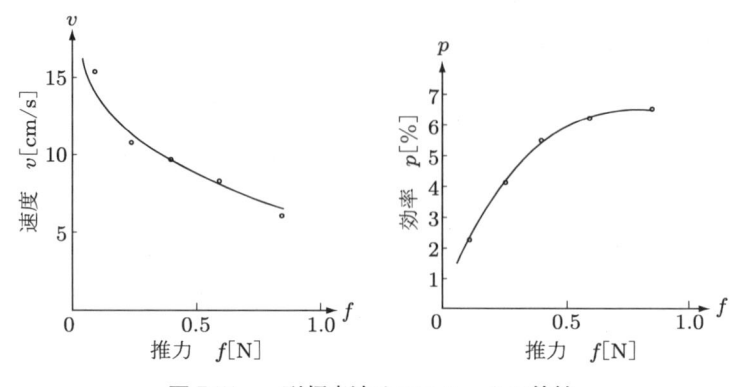

図7.51 π形超音波リニアモータの特性

富川の平板型リニアモータも興味深い[67]．図7.52に示すように，たて振動とたわみ振動を組み合わせることで楕円振動変位を得ることができる．ここでは，たて一次（L_1モード）たわみ八次（B_8モード）を選び，ほぼ同じ共振周波数になるように設計してある．90°位相の異なる電圧をLモード電極とBモード電極に印加すると，平板の両端で同方向回転の楕円振動が励振される．ロータを押しつけることで回転力を得られる．紙送り装置やカード送り装置へ応用されている．上羽，富川の著書にさらに多く

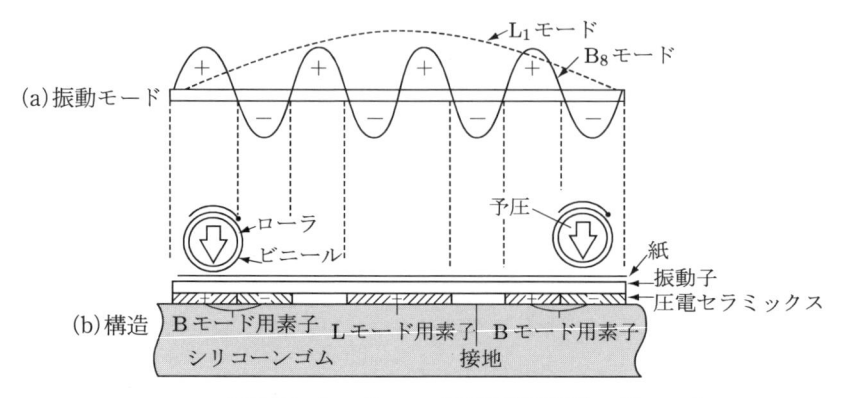

図7.52 L_1-B_8モード利用超音波リニアモータ

(4) 進行波型モータ

■ リニア型

指田や上羽らは図 7.53 に示すようなリニアモータを作製した[69,70]．二つの圧電振動子が金属製伝送棒の両端に取り付けられており，片方で励振（非対称基本ラム波モード）を励振し片方で吸振する．吸振側振動子の負荷抵抗を調整することで完全な進行波を得ることができる．励振側と吸振側の役割を変えることで，進行方向を容易に変えることができる．

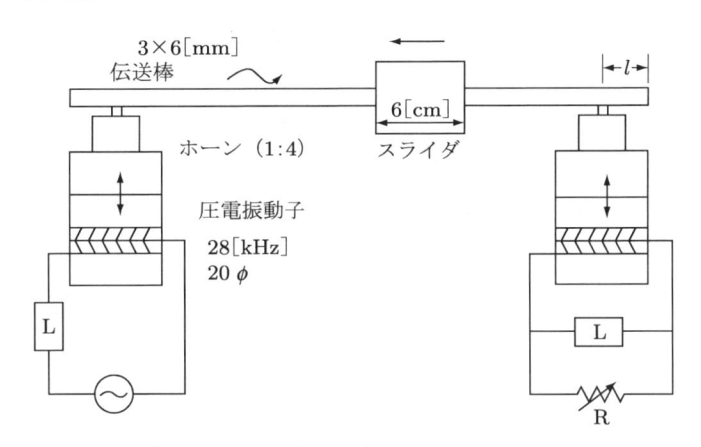

図 7.53 たわみ振動を用いた超音波リニアモータ

細棒のたわみ振動は次の微分方程式で表される．

$$\frac{\partial^2 w(x,t)}{\partial t^2} + \frac{EI}{\rho A}\frac{\partial^4 w(x,t)}{\partial x^4} = 0 \tag{7.48}$$

ここで $w(x,t)$ は横方向変位 (図 7.45)，x 軸は棒の長さ方向，E はヤング率，A は棒の断面積，ρ は棒の密度，I は断面二次モーメントである．式 (7.48) の一般解は，

$$w(x,t) = W(x)(A\sin\omega t + B\cos\omega t) \tag{7.49}$$

であり，音速 v，波長 λ は，

$$v = \sqrt[4]{\frac{EI}{\rho A}}\sqrt{\omega} \tag{7.50}$$

$$\lambda = \frac{2\pi\sqrt[4]{\frac{EI}{\rho A}}}{\sqrt{\omega}} \tag{7.51}$$

である．たわみ振動を用いる場合，断面積 A や棒の断面二次モーメント I を調節することで波長 λ は比較的簡単に数 [mm] 程度まで小さくすることが可能であり，スラ

イダの安定化に寄与する．図 7.53 の場合は，$\lambda = 26.8\,[\mathrm{mm}]$ である．

スライダは接触面をゴムや樹脂などでコーティングされ，伝送棒を適切な押しつけ力ではさんでいる．伝送効率は振動子の取り付け位置によって大きく周期的に変化する．波の位相を考慮し，伝送棒端部（自由端）から一波長（この場合 26.8 [mm]）離れたところに振動源を取り付けなければならない．

スライダは金属製で長さ 60 [mm]．理論的に二波長分の波をはさむことができる．28 [kHz] で駆動した場合，速度 20 [cm/s]，推力 50 [N] であった．効率は約 3 [%] とあまり高くない．これは小さなスライダを駆動するために長い伝送棒全体を励振しなければならないからだと考えられる．リング型超音波モータが指田によって発明されたが[71]，励振源のリングと回転するロータの形状が同じであるため全体を利用できている．

■回転型

リニアモータを丸くして端面同士をくっつけてリング状モータを位相数学的に構成すると，たわみ振動を用いた回転型超音波モータになる．二種類の「リング」モータが可能であり，ひとつはたわみモード，もうひとつは伸縮モードである[72]．リニア型と駆動原理はよく似てはいるが，セラミックスの分極や保持機構などはそれぞれのモードに適した設計や構造が用いられている．

一般的にリングのような閉じた弾性体（円でも角でも）の一か所をリングの共振周波数で励振すると，両方向に波が進行して干渉し定在波になる．ここで適切に複数箇所に振動源を設けると，波の重ね合わせによって元の定在波と同じ振幅の進行波が励振される．

振動源の波形を弾性リングの $\theta = 0$ で $A\cos\omega t$ とする．n 次モードの定在波は次のように表される．

$$u(\theta, t) = A\cos n\theta \cdot \cos \omega t \tag{7.52}$$

進行波は，

$$u(\theta, t) = A\cos(n\theta - \omega t) \tag{7.53}$$

となる．進行波は次のように二つの定在波の重ね合わせで表せる．

$$u(\theta, t) = A\cos n\theta \cdot \cos \omega t + A\cos\left(n\theta - \frac{\pi}{2}\right) \cdot \cos\left(\omega t - \frac{\pi}{2}\right) \tag{7.54}$$

ここから重要な原理が導出できる．進行波は時間的空間的に 90°位相の異なる定在波を二つ重ね合わせることで励振できる．一般的には，0 と $+\pi$，$-\pi$ を除いて位相差は任

意の値をとることができる．ただし時間的空間的に同じ位相差でなければならない．リングに進行波を励振するための励振源位置を図7.54に示す．原理的にはリングの二か所を励振すれば進行波は励振できる．しかし実際は出力を大きくするためになるべく励振面積を多くする．電極の対称性ももちろん考慮しなければならない．

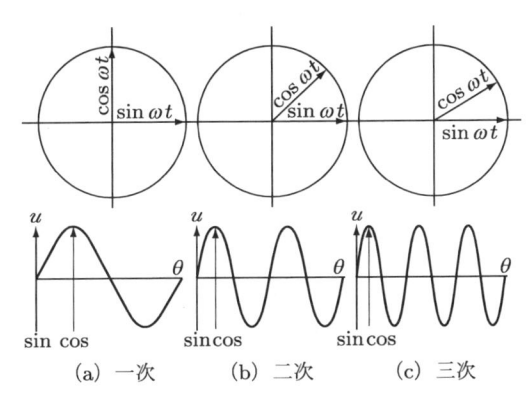

図7.54 リングに進行波を励振する場合の振動源位置

図7.55に有名な指田の超音波モータを示す[71]．圧電体と弾性体が貼り合わされてステータを構成し，ロータには摩擦材料が貼り付けられ，弾性体と摩擦材料が接触するようにモータが構成されている．圧電リングによって弾性体上に励振された弾性進行波の「さざなみ」によってリング状スライダが駆動される．印加電圧の正弦波と余弦波を交換することで回転方向を切り替えることができる．このモータの長所は薄型デザインであり，カメラのオートフォーカス駆動用デバイスとしての応用に適している．キヤノンEOSシリーズ交換レンズの80［％］にすでに超音波モータが組み込まれている．アメリカや日本で研究されている超音波モータには，指田の超音波モータを改良したものが多い．

PZT圧電リングは16のセグメントに分割され，図に示すように厚み方向に互い違いに分極されている．二つの電極群は90°の位相差をもたせるために非対称に設けられ，九次の進行波が44［kHz］で励振される．プロトタイプは，外径60［mm］内径45［mm］厚み2.5［mm］の真鍮製弾性体に厚み0.5［mm］の圧電体を貼り付けて構成された．ロータはポリマで製作され，硬質ゴムやポリウレタンのコーティングが施された．図7.56に指田の超音波モータの特性を示す．

キヤノンは進行波型超音波モータをオートフォーカス駆動用としてリング状のモータをレンズに組み込んだ．ステータの弾性体には多くの歯が刻んであり，楕円運動の

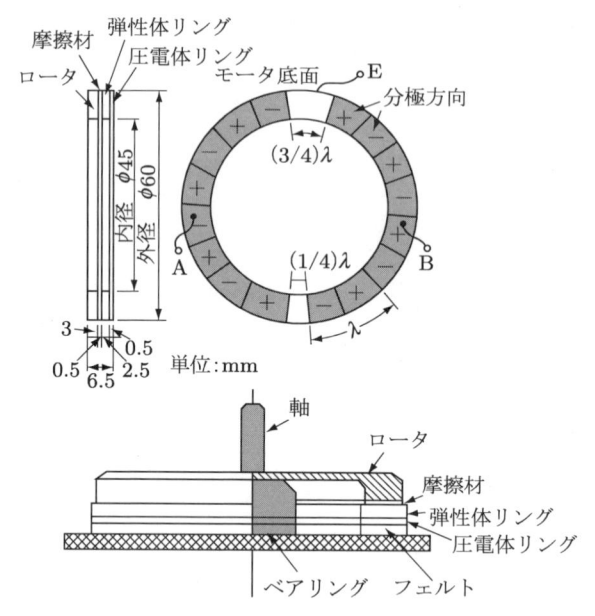

図7.55 進行波型超音波モータ（指田による）

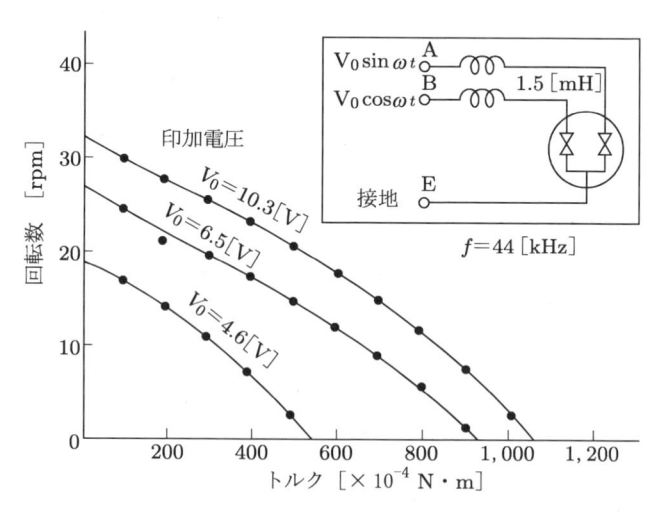

図7.56 進行波型超音波モータの特性

横方向振動成分を拡大しモータ回転速度を増加させる効果がある．回転運動をねじ構造によって前後運動に変換し，レンズの位置を変化させることができる．従来の電磁モータと比較した超音波モータの長所としては，

1. 超音波駆動やギヤのない駆動により静粛である（マイクを装備しているビデオカ

メラ用に特に適している)．
 2．減速機構（ギヤなど）が必要なく，薄型で，スペースが小さくて済む．
 3．高効率である．
があげられる．

　進行波型超音波モータの一般的な問題はステータの保持である．定在波型モータの場合は節点や節線を保持すれば共振振動に対する影響を少なくすることができるが，しかし進行波型モータの場合は節点や節線がない場合が多く，保持を考慮した設計が必要となる．図7.55のモータの場合は，たわみ振動を抑制しないようにフェルトで柔らかく保持している．ステータに歯がある場合，歯の隙間を用いてピン留めするなど工夫することで回転に対して高剛性を得ることが可能となる．

　松下電器は図7.57(b)に示すように，高次モードによる節線を用いた保持方法を提案した[73]．図7.57(a)にステータの構造を示す．幅広のリングの節線部分でステータを保持し，駆動部分である腹線には「歯」を設け回転速度を増加させた．

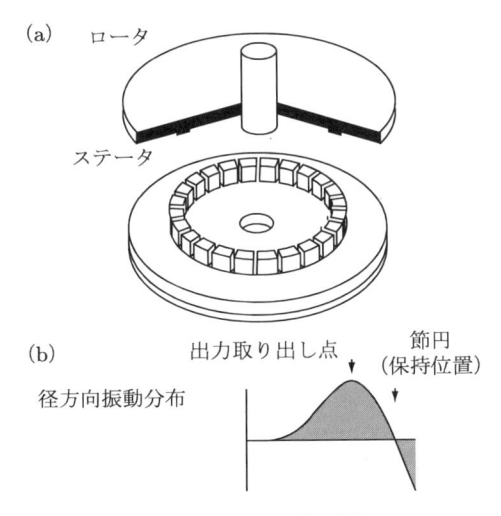

図 7.57 進行波型超音波モータ（松下電器製）
(a)くし歯形ステータ　(b)保持用節円をもつ高次振動モード

　セイコーインスツルメンツは基本的に同様な原理によるマイクロ超音波モータを開発した[74]．一例として図7.58に直径10[mm]厚み4.5[mm]のモータの構造を示す．駆動電圧3[V]電流60[mA]により無負荷回転速度6000[rpm]最大トルク0.1[mNm]を実現した．

　AlliedSingalはミサイル発射用メカニカルスイッチに用いられる超音波モータ（新

生型）を開発した[75]．

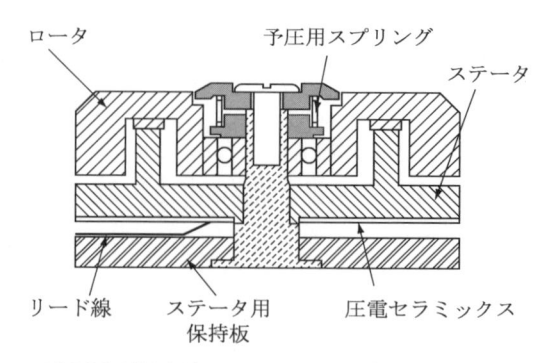

図 7.58 進行波型超音波モータ（セイコーインスツルメンツ製）

ここで重要なことは，超音波モータ用駆動素子にユニモルフ（圧電板と金属板を貼り付けた素子）のたわみモードを用いることは，電気機械結合係数 k が 10 [％] 以下であるため理論的に駆動効率が低いことである．そこでユニモルフ構造にするよりは単板をそのまま利用してモータを構成する場合もある[76,77]．図 7.59 に円板の(1,1)，(2,1)，(3,1) モード（軸非対称モード）を示す．リング状単板でも類似のモードが存在し，リングの外周，内周どちらを用いても「フラフープ」のように相手に回転力を伝えることができる．

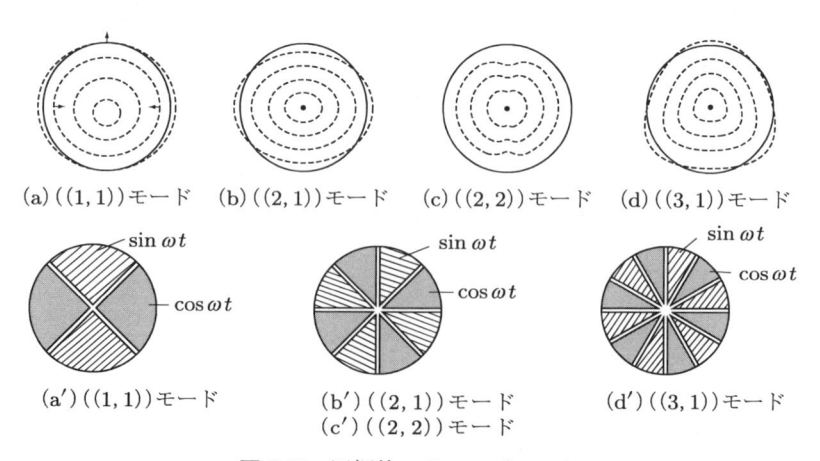

(a) ((1,1))モード (b) ((2,1))モード (c) ((2,2))モード (d) ((3,1))モード

(a') ((1,1))モード
(b') ((2,1))モード
(c') ((2,2))モード
(d') ((3,1))モード

図 7.59 円板状フラフープモータ

もう一つの興味深いデザインは，トーキンで開発された「皿回し」型超音波モータである[78]．図 7.60 にその駆動原理を示した．正弦電圧と余弦電圧により回転するたわ

み振動モードが棒状 PZT 上に励振される．皿状のロータを端面にかぶせたとすると，皿内面に接触した PZT 素子により回転力が伝えられる．

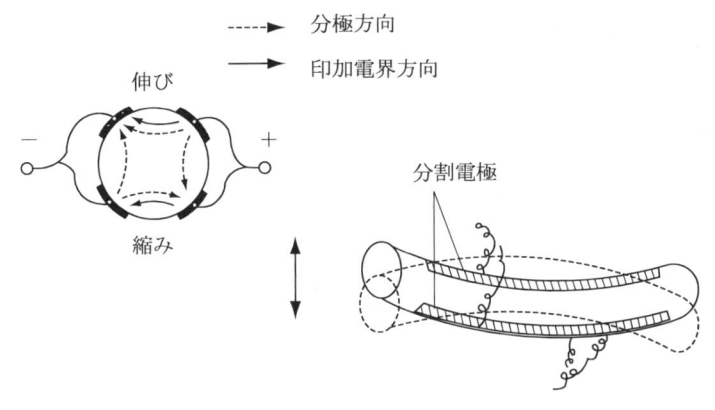

図 7.60 「皿回し」型超音波モータ（トーキン製）

■**各種超音波モータの比較**

定在波型超音波モータは一般的に低コスト（振動源が一つ）で高効率（理論的に最大 98 [%]）であるが，両方向回転の制御が困難である点が問題である．一方，進行波型超音波モータは時間的空間的に 90° 位相の異なる定在波を二つ重ね合わせるため，振動源が二つ必要で効率はさほど高くない（50 [%] 以下）が，両方向回転が容易に実現できる．

表 7.4 に，振動片型（日立マクセル），進行波型（新生工業），折衷案型（松下電器）のモータ特性についてまとめた．

表 7.4 各種超音波モータの比較

型式 \ 特性	回転	回転速度 [rpm]	最大トルク [N·m]	最大効率 [%]	形状サイズ	例えると…
振動片型	一方向	600	1.3	80	細い長い	ミドリムシ
折衷案型	両方向	600	0.1	45		ゾウリムシ
表面波型	両方向	600	0.05	30	広い薄い	アメーバ

(5) 超音波モータの駆動および制御

図7.61にさまざまな制御方法についてまとめた．超音波モータの回転速度は，印加電圧，駆動周波数，印加電圧の位相差，**パルス幅変調**のデューティ比のどれを変化させても制御が可能であるが，それぞれに特徴がある．電圧や周波数の変化では安定な低速回転が得られず，位相変化では効率が悪い．制御性と効率を考えれば，パルス幅変調方式（PWM）が最適な方法である．

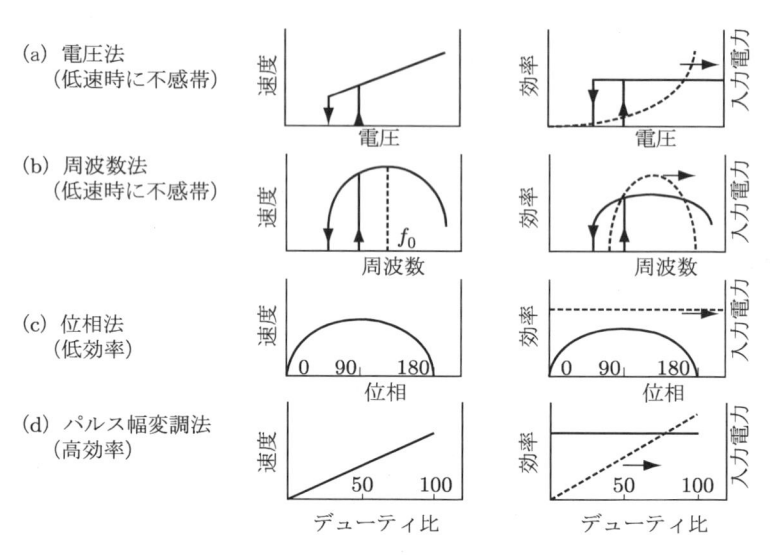

- (a) 電圧法（低速時に不感帯）
- (b) 周波数法（低速時に不感帯）
- (c) 位相法（低効率）
- (d) パルス幅変調法（高効率）

図7.61 超音波モータの制御法

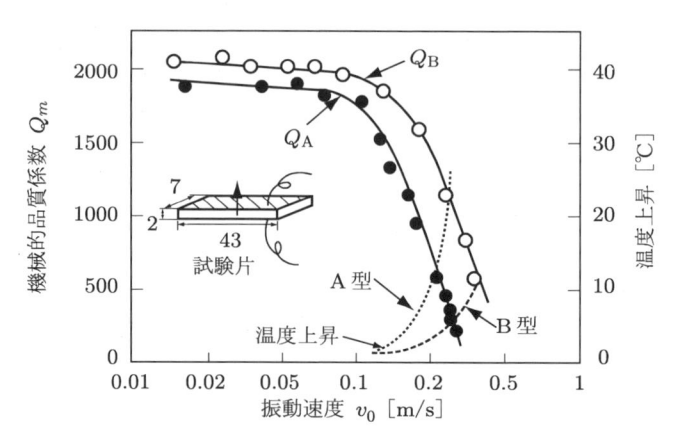

図7.62 機械的品質係数 Q_m および温度上昇の振動速度依存性
（矩形PZT板の d_{31} によるたて振動）
A型（共振駆動），B型（反共振駆動）

共振周波数ではなく反共振周波数で超音波モータを駆動する方法は，セラミックスや電源の負荷を減少させる点で興味深い．矩形の PZT セラミックスを用いて，機械的品質係数 Q_m と温度上昇を調べた．図 7.62 に振動速度の関数として，基本波共振モード（A 型）と基本波反共振モード（B 型）の特性を示す[80]．全速度領域において Q_B が Q_A よりも大きいことが認められた．つまり同じ振動速度では，反共振点で駆動した方が共振点で駆動するよりも発熱が少ないことになる．さらに「反共振」はアドミッタンスが低いため高電圧電源（比較的安価）が必要となり，共振駆動時の低電圧大電流の電源（比較的高価）とは必要な特性が異なる．

章のまとめ

1. 圧電性能指数
   (a) 圧電歪み定数：d --- $x = dE$
   (b) 圧電電圧定数：g --- $E = gX$
   (c) 電気機械結合定数：k --- $k^2 = \dfrac{\text{蓄えられた機械エネルギ}}{\text{入力電気エネルギ}} = \dfrac{d^2}{\varepsilon_0 \varepsilon_s}$
   (d) 機械的品質係数：Q_m --- $Q_m = \dfrac{\omega_0}{2\Delta\omega}$
   (e) 音響インピーダンス：Z --- $Z = \sqrt{\rho c}$

2. 圧電方程式
$$x_i = s_{ij}^E X_j + d_{mi} E_m$$
$$D_m = d_{mi} X_i + \varepsilon_{mk}^X E_k$$
$(i, j = 1, 2, .., 6 ; m, k = 1, 2, 3)$

3. 共振モード，反共振モードともに機械共振である．電気的アドミッタンスの極大，極小がそれぞれ対応する．

4. セラミックアクチュエータの分類

表 7.4 各種超音波モータの比較

変位	駆動方法	アクチュエータ種類	材料
静的変位	サーボ駆動	サーボ変位トランスデューサ	電歪
静的変位	ON/OFF 駆動	パルス駆動モータ	ソフト圧電
共振変位	AC 駆動	超音波モータ	ハード圧電

5. 超音波モータの長所・短所

■長所

(1) 低速度，高トルク　---　ダイレクトドライブに適した特性

(2) 高速応答性，広い速度範囲，停止時のブレーキ作用，バックラッシュなし　---　優れた制御性，高い位置決め精度，高分解能

(3) 高いパワー／重量比，高効率

(4) 静粛性

(5) 小型，軽量

(6) 単純な構造，単純な製作工程

(7) 磁気の発生や外部磁気による影響がきわめて小さい

■短所

(8) 高周波電源が必要

(9) 摩擦駆動のため堅牢性に若干劣る

(10) 「速度 vs. トルク」が垂下特性

6. 弾性体リングに進行波を駆動する方法

n 次定在波：$u(\theta, t) = A \cos n\theta \cos \omega t$

n 次進行波：$u(\theta, t) = A \cos(n\theta - \omega t)$

$$= A \cos n\theta \cos \omega t + A \cos\left(n\theta - \frac{\pi}{2}\right) \cos\left(\omega t - \frac{\pi}{2}\right)$$

時間的・空間的に 90° 位相の異なった二つの定在波を重ね合わせることで進行波を励振することができる．

章末問題

7.1 次にあげる振動モードの場合の圧電セラミックス振動子の電気機械結合係数 k_{ij} を求めよ．

(a) d_{31} （⊥E）による長さ方向伸縮振動モード：k_{31}

(b) 板のせん断振動モード：k_{15}

ヒント 必要な方程式．

(a) $x_1 = s_{11}{}^E X_1 + d_{31} E_3$
$D_3 = d_{31} X_1 + \varepsilon_3{}^X E_3$

(b) $x_5 = s_{55}{}^E X_5 + d_{15} E_1$
$D_1 = d_{15} X_5 + \varepsilon_1{}^X E_1$

7.2 セラミックアクチュエータ用電源の仕様を決定する．
 (a) 厚み 100 [μm]，面積 (10 × 10) [mm²]，比誘電率 10000 のセラミックシート 100 枚からなる積層アクチュエータの静電容量を求めよ．
 (b) 密度 $\rho = 7.9$ [g/cm³]，弾性コンプライアンス $s_{33}^D = 13 \times 10^{-12}$ [m²/N] のとき，共振周波数を求めよ．ただし，電極部分は無視する．
 (c) アクチュエータを 100 [V] で駆動する場合の必要電流を求めよ．
 (d) カットオフ周波数（$1/RC$）は機械的共振周波数よりも小さくなければならない．電源の出力インピーダンスを求めよ．

7.3 長さ L，幅 w，厚み b，厚み方向に分極された矩形圧電板の電気機械結合係数 k_{31}，d_{31}，Q_m を求めよ．共振法，パルス駆動法の両方について説明せよ．セラミックスの密度 ρ，誘電率 ε_3^X はわかっているものとする．
 (a) インピーダンスアナライザを用いてアドミッタンスの周波数特性を測定した（サンプル板は中央（振動の節）部分で保持することにより機械的にフリーな条件である）．アドミッタンスデータより k_{31}，d_{31}，Q_m を決定する方法を説明せよ．また低結合圧電材料の場合，次の近似式が成り立つことを証明せよ．
$$\frac{k_{31}^2}{1-k_{31}^2} = \frac{\pi^2}{4} \frac{\Delta f}{f_R} \quad (\Delta f = f_A - f_R)$$
 (b) パルス駆動法を用いて，変位の過渡応答を時間の関数として測定した．変位データより k_{31}，d_{31}，Q_m を決定する方法を説明せよ．

ヒント パルス駆動法は高電圧印加時の圧電特性を測定する方法の一つである．圧電サンプルにステップ電圧を印加すると，残留振動のような過渡振動が観測される．共振周期，安定変位，減衰定数を実験的に求められる．これより弾性コンプライアンス，圧電定数，機械的品質係数 ($Q_m = \frac{1}{2}\omega_0 \tau$)，電気機械結合係数を計算により求めることが可能である．実験精度はさほど高いものではないが，簡易なセットアップや低コストである点は魅力的である．さらに本手法は共振／反共振法とは異なり，パルス電圧を印加するのみで素子の発熱がほとんど無い．したがって圧電性の印加電界依存性を発熱の影響をほとんど受けることなく測定することが可能である．本手法の理論的背景は例題 7.8 を参照されたい．

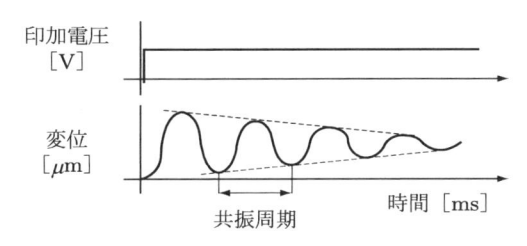

電気機械パラメータ測定用パルス駆動法

7.4 板状セラミックスの d_{31} による横効果変位を用いてフライトアクチュエータ（ピンボー

ルマシン）を設計せよ．

(a)片端を垂直に固定，もう片端を自由にしたセラミックス試料に負のステップ電圧$(-E_0)$を印加したとき，自由端の速度は $2|d_{31}|E_0v$（セラミックス長さによらない）で求まることを証明せよ．ただし v はセラミックスの音速である．

(b)この速度で質量 M の鋼球が損失なしで打ち出されたとする．鋼球が垂直に打ち出された時の最大到達高さを計算せよ．

7.5 図7.13に示したような低電気機械結合材料の歪み分布 $x_1(x)$ より，共振状態および反共振状態の変位分布 $u(x)$ を描け．またそれらの違いについて述べよ．

7.6 反共振状態にある圧電トランスデューサの等価回路（図7.15(b)）より，L，C の ρ，d，s^E，トランスデューサ寸法などとの関係を導出せよ．

7.7 ユニモルフ構造の弾性リングに進行波を励振する一般的な原理を説明せよ．また，二次の振動モード $(u(\theta, t) = A\cos(2\theta - \omega t))$ の場合について，実際の分極パターンおよび電極パターンを説明せよ．パターンは少なくとも二種類ある．

参 考 文 献

1) B. Jaffe, W. Cook and H. Jaffe : *Piezoelectric Ceramics*, London : Academic Press (1971).
2) W. G. Cady : *Piezoelectricity*, New York : McGraw-Hill, Revised Edition by Dover Publications (1964).
3) M. E. Lines and A. M. Glass : *Principles and Applications of Ferroelectric Materials*, Oxford : Clarendon Press (1977).
4) K. Uchino : *Piezoelectric Actuators and Ultrasonic Motors*, Kluwer Academic Publishers, MA (1996).
5) K. Uchino : *Piezoelectric/Electrostrictive Actuators*, Morikita Publishing, Tokyo (1986).
6) T. Ikeda : *Fundamentals of Piezoelectric Materials Science*, Ohm Publishing Co., Tokyo (1984).
7) Y. Ito and K. Uchino : Piezoelectricity, *Wiley Encyclopedia of Electrical and Electronics Engineering*, Vol. **16**, p. 479, John Wiley & Sons, NY (1999).
8) W. A. Smith : *Proc. SPIE - The International Society for Optical Engineering* 1733 (1992).
9) H. Takeuchi, S. Jyomura, E. Yamamoto and Y. Ito : *J. Acoust. Soc. Am.*, **74**, 1114 (1982).
10) Y. Yamashita, K. Yokoyama, H. Honda and T. Takahashi : *Jpn. J. Appl. Phys.*, **20**, Suppl. 20-4, 183 (1981).
11) Y. Ito, H. Takeuchi, S. Jyomura, K. Nagatsuma and S. Ashida : *Appl. Phys. Lett.*, **35**, 595 (1979).

12) H. Takeuchi, H. Masuzawa, C. Nakaya and Y. Ito: *Proc. IEEE 1990 Ultrasonics Symposium*, 697 (1990).
13) J. Kuwata, K. Uchino and S. Nomura : *Jpn. J. Appl. Phys.*, **21**, 1298 (1982).
14) T. R. Shrout, Z. P. Chang, N. Kim and S. Markgraf : *Ferroelectric Letters*, **12**, 63 (1990).
15) R. E. Newnham, D. P. Skinner and L. E. Cross : *Materials Research Bulletin*, **13**, 525 (1978).
16) W. A. Smith: *Proc. 1989 IEEE Ultrasonic Symposium*, 755 (1989).
17) Kistler, Stress Sensor, Production Catalog, Switzerland.
18) Tokin, Gyroscope, Production Catalog, Japan.
19) K. Uchino, S. Nomura, L. E. Cross, S. J. Jang and R. E. Newham : Jpn. J. Appl. Phys. **20**, L367 (1981) ; K. Uchino : Proc. Study Committee on Barium Titanate, XXXI-171 -1067 (1983).
20) B. A. Auld : *Acoustic Fields and Waves in Solids*, 2nd ed., Melbourne : Robert E. Krieger (1990).
21) G. S. Kino : *Acoustic Waves : Device Imaging and Analog Signal Processing*, Englewood Cliffs, N. J.: Prentice-Hall (1987).
22) C. S. Desilets, J. D. Fraser and G. S. Kino : *IEEE Trans. Sonics Ultrason.*, SU-25, 115 (1978).
23) C. Campbell : *Surface Acoustic Wave Devices and Their Signal Processing Applications*, San Diego, Calif. Academic Press (1989).
24) H. Matthews : *Surface Wave Filters*, New York : Wiley Interscience (1977).
25) C. A. Rosen : Proc. Electronic Component Symp., p.205 (1957).
26) S. Kawashima, O. Ohnishi, H. Hakamata, S. Tagami, A. Fukuoka, T. Inoue and S. Hirose : Proc. IEEE Int'l Ustrasonic Symp. '94, France (Nov., 1994).
27) K. Uchino : Bull. Am. Ceram. Soc., **65** (4), 647 (1986).
28) K.Uchino : MRS Bull., **18** (4), 42 (1993).
29) *Handbook on New Actuators for Precision Position Control*, Edit. in Chief K. Uchino., Fuji Technosystem, Tokyo (1994).
30) K. Uchino : "Recent Developments in Ceramic Actuators," Proc. Workshop on Microsystem Technologies in the USA and Canada, Germany, mst news, special issue, VDI/VDE, p. 28-p. 36 (1996).
31) K. Furuta and K. Uchino : Adv. Ceram. Mater., **1**, 61 (1986).
32) J. von Cieminski and H. Beige : J. Phys. D, **24**, 1182 (1991).
33) L. E. Cross, S. J. Jang, R. E. Newnham, S. Nomura and K. Uchino : Ferroelectrics, **23** (3), 187 (1980).
34) K. Uchino : Ceramic Data Book '88 (Chap.: Ceramic Actuators), Inst. Industrial Manufacturing Tech., Tokyo (1988).
35) K. Uchino and S. Nomura : Ferroelectrics, **50** (1), 191 (1983).
36) A. Furuta, K. Y. Oh and K. Uchino : Sensors and Mater., **3** (4), 205 (1992).

37) S. Takahashi, A. Ochi, M. Yonezawa, T. Yano, T. Hamatsuki and I. Fujui : Ferroelectrics, **50**, 181 (1993).
38) A. Bauer and F. Moller : Proc. 4th Int'l Conf. New Actuators, Germany, p. 128 (1994).
39) Active Control Experts, Inc. Catalogue "PZT Quick Pack" (1996).
40) Y. Sugawara, K. Onitsuka, S. Yoshikawa, Q. C. Xu, R. E. Newnham and K. Uchino : J. Am. Ceram. Soc., **75** (4), 996 (1992).
41) H. Goto, K. Imanaka and K. Uchino : Ultrasonic Techno, **5**, 48 (1992).
42) N. Kanbe, M. Aoyagi, S. Hirose and Y. Tomikawa : J. Acoust. Soc. Jpn. (E), **14** (4), 235 (1993).
43) S. Sugiyama and K. Uchino : Proc. Int'l. Symp. Appl. Ferroelectrics '86, IEEE, p.637 (1986).
44) C. Kusakabe, Y. Tomikawa and T. Takano : IEEE Trans. UFFC, **37** (6), 551 (1990).
45) T. Ota, T. Uchikawa and T. Mizutani : Jpn. J. Appl. Phys., **24**, Suppl. 24-3, 193 (1985).
46) J. T. Dorsey, T. R. Sutter and K. C. Wu : Proc. 3rd Int'l Conf. Adaptive Structures, p.352 (1992).
47) B. Wada : JPL Document D-10659, p.23 (1993).
48) F. K. Straub : Smart Mater. Struct., **5**, 1 (1996).
49) P. C. Chen and I. Chopra : Smart Mater. Struct., **5**, 35 (1996).
50) A. Ohgoshi and S. Nishigaki : Ceramic Data Book '81, p. 35 Inst. Industrial Manufacturing Technology, Tokyo (1981).
51) Okamoto et al.: Broadcasting Technology, No. 7, p. 144 (1982).
52) M. Kobayashi, M. Tomita, K. Yamada and M. Matsumoto : National Technical Report **28**, 419 (1982).
53) K. Yamada et al.: Abstract Television Soc. Jpn., 8-2 (1982).
54) T. Yano, E. Sato, I. Fukui and S. Hori : Proc. Int'l Symp. Soc. Information Display, p.180 (1989).
55) Y. Tanaka : Handbook on New Actuators for Precision Control, Fuji Technosystem, p.764 (1994).
56) Y. Yokoya : Electronic Ceramics, **22**, No. 111, p.55 (1991).
57) M. P. Koster : Proc. 4th Int'l Conf. New Actuators, Germany, p. 144 (1994).
58) H. V. Barth : IBM Technical Disclosure Bull. **16**, 2263 (1973).
59) V. V. Lavrinenko, S. S. Vishnevski and I. K. Kartashev : Izvestiya Vysshikh Uchebnykh Zavedenii, Radioelektronica **13**, 57 (1976).
60) P. E. Vasiliev et al.: UK Patent Application GB 2020857 A (1979).
61) T. Sashida : Oyo Butsuri **51**, 713 (1982).
62) A. Kumada : Jpn. J. Appl. Phys., **24**, Suppl. 24-2, 739 (1985).
63) B. Koc, A. Dogan, Y. Xu, R. E. Newnham and K. Uchino : Jpn. J. Appl. Phys. **37**, 5659 (1998).

64) Y. Fuda and T. Yoshida : Ferroelectrics, **160**, 323 (1994).
65) K. Nakamura, M. Kurosawa and S. Ueha : Proc. Jpn. Acoustic Soc., No.1-1-18, p. 917 (Oct., 1993).
66) K. Uchino, K. Kato and M. Tohda : Ferroelectrics **87**, 331 (1988).
67) Y. Tomikawa, T. Nishituka, T. Ogasawara and T. Takano : Sonsors and Mater., 1, 359 (1989).
68) S. Ueha and Y. Tomikawa : "Ultrasonic Motors," Monographs in Electr. & Electron. Engin. **29**, Oxford Science Publ., Oxford (1993).
69) Nikkei Mechanical, Feb. 28 issue, p. 44 (1983).
70) M. Kurosawa, S. Ueha and E. Mori : J. Acoust. Soc. Amer., **77**, 1431 (1985).
71) T. Sashida : Mech. Automation of Jpn., **15** (2), 31 (1983).
72) S. Ueha and M. Kuribayashi : Ceramics **21**, No.1, p.9 (1986).
73) K. Ise : J. Acoust. Soc. Jpn., **43**, 184 (1987).
74) M. Kasuga, T. Satoh, N. Tsukada, T. Yamazaki, F. Ogawa, M. Suzuki, I. Horikoshi and T. Itoh : J. Soc. Precision Eng., **57**, 63 (1991).
75) J. Cummings and D. Stutts : Amer. Ceram. Soc. Trans. "Design for Manufacturability of Ceramic Components," p. 147 (1994).
76) A. Kumada : Ultrasonic Technology **1** (2), 51 (1989).
77) Y. Tomikawa and T. Takano : Nikkei Mechanical, Suppl., p. 194 (1990).
78) T. Yoshida : Proc. 2nd Memorial Symp. Solid Actuators of Japan : Ultra-precise Positioning Techniques and Solid Actuators for Them, p. 1 (1989).
79) K. Uchino : Solid State Phys., Special Issue "Ferroelectrics" **23** (8), 632 (1988).
80) S. Hirose, S. Takahashi, K. Uchino, M. Aoyagi and Y. Tomikawa : Proc. Mater. for Smart Systems, Mater. Res. Soc. Vol. **360**, p. 15 (1995).

第 8 章　電気光学デバイス

　電気光学効果とは印加電界によって屈折率が変化する現象のことで，電気光学素子は固体レーザチップや光ファイバと共に，光スイッチ，光シャッタ，光屈折素子，光通信素子，表示素子のようなすばらしい応用が期待されている．セラミック電気光学素子は液晶素子と比較すると一般的に応答速度（特に立ち下がり）が速く（μs），コントラスト比（10^2）が高く，グレイスケール（16 階調）が可能で，高輝度に耐えられる点が優れている．しかし現状のセラミック素子は高駆動電圧（1 [kV]）と製造コスト（約 1 万円）に課題を残している．今後はシンプルな大量生産プロセス，微細電極パターン，材料特性改善の開発などがセラミック光学素子商品化のキーポイントであろう．

8.1　電気光学効果

　まず初めに，二次の電気光学効果（カー効果）による光シャッタの動作を振り返ってみよう．ある種の結晶に電界 E が印加された時，複屈折 Δn が誘起される．

$$\Delta n = -\frac{1}{2} R n^3 E^2 \tag{8.1}$$

ここで R は二次の電気光学係数，n は結晶の屈折率（電界ゼロ時の値）である．この結晶を直交させた偏光板の間に電界印加方向と偏光軸が 45° をなすように置き光を通す（図 8.1）．印加電界が 0 だと光は透過しないが，電界を印加すると次式に示すよ

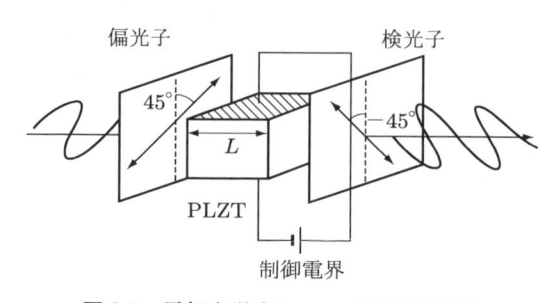

図 8.1　電気光学光シャッタの基本構造

うに透過光強度が変化する．

$$I = I_0 A \sin^2\left(\frac{\pi R n^3 L}{2\lambda} E^2\right) \tag{8.2}$$

I_0 は入射光強度，A は装置に関する定数，L は光路長（試料長），λ は入射光の波長である．印加電圧が増加するにともない，最初に透過光強度が極大値を示す時の電圧を**半波長電圧**とよび電気光学素子の重要なパラメータである．

8.2 透明電気光学セラミックス

　1960 年代から強誘電体の非線形光学効果が集中的に研究され初め，多くの電気光学／光パラメトリックデバイスが開発されてきた．しかし高品質で光学的に均一な単結晶を得るのは現在でも難しく，製造コストはまだまだ高価である．

　多結晶微構造の強誘電体セラミックスであっても，空孔のない透明セラミックスが実現できるならば電気光学効果を示すことが可能である．リラクサ強誘電体も，常誘電体ではあるが巨大な見かけの電気光学カー効果が観測される点で非線形光学分野への応用が可能であり実に興味深い．本節ではペロブスカイト型結晶構造をもつ多結晶および単結晶強誘電体の基本的な電気光学特性を述べる．

(1) (Pb, La)(Zr, Ti)O$_3$

　昔から使われている優れた強誘電体電気光学材料は (Pb, La)(Zr, Ti)O$_3$ 系である．この材料は可視光から赤外光の波長において透明性に優れており，印加電圧に対して光学的に非等方性を示す．図 8.2 に (Pb$_{1-x}$La$_x$)(Zr$_{1-y}$Ti$_y$)$_{1-x/4}$O$_3$ 系の相図を示す．こ

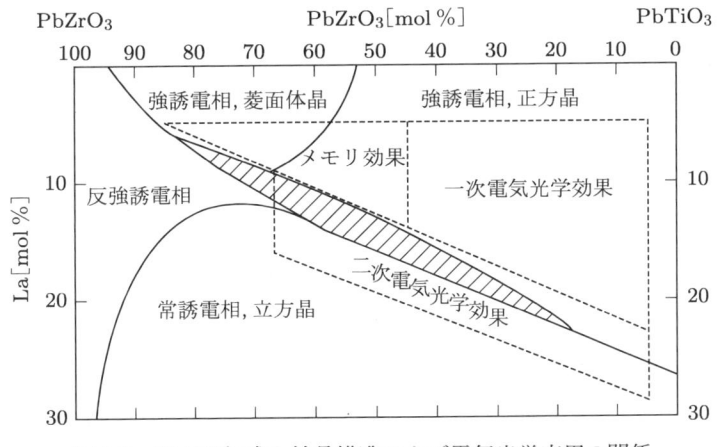

図 8.2　PLZT 組成と結晶構造および電気光学応用の関係

の材料はいろいろな相領域において電気光学効果が確認されている．通常二価のイオンが入る A サイトに三価のランタンイオンが入ることによって B サイトに空孔を生じる点が重要である．

PLZT 固溶体は組成によってポッケルス効果とカー効果（それぞれ一次，二次の電気光学効果）を示す．図 8.3 に代表的な Δn-E 特性のグラフを示す．また表 8.1 に示すように，PLZT 系セラミックスの電気光学係数は $LiNbO_3$ や $(Sr, Br)Nb_2O_6$ (SBN) などの以前から使われている電気光学結晶よりもかなり大きい電気光学係数を持つ．

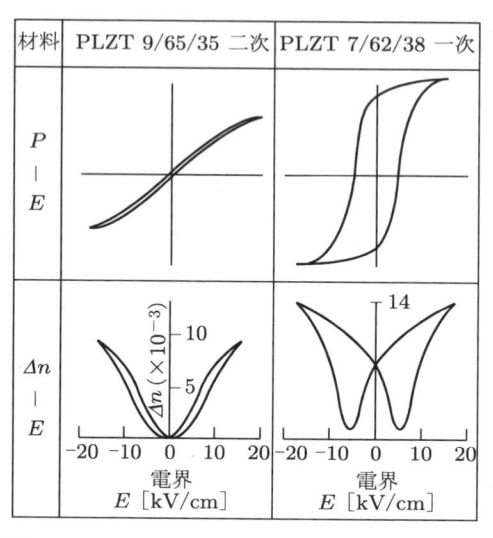

図 8.3 PLZT セラミックスの分極 P，複屈折 Δn の印加電界 E 依存性

表 8.1 各種材料の一次および二次の電気光学係数
（それぞれポッケルス効果およびカー効果）

	材　料	$r(\times 10^{-10}\,[\mathrm{m/V}])$
一次電気光学効果	$LiNbO_3$	0.17
	$Ba_2(K_{0.9}Na_{0.1})Nb_5O_{15}$	0.52
	KH_2PO_4	0.52
	$(Sr_{0.5}Ba_{0.5})Nb_2O_6$	2.10
	PLZT (8/65/35) (GS = 10 [μm])	5.23
	PLZT (8/65/35) (GS = 3 [μm])	6.12
		$R(\times 10^{-16}\,[\mathrm{m^2/V^2}])$
二次電気光学効果	$KTa_{0.65}Nb_{0.35}O_3$	5.30
	PLZT (9/65/35) (GS = 2 [μm])	9.12
	PLZT (10/65/35) (GS = 2 [μm])	1.07

つまり PLZT を用いることで低電圧でも電気光学シャッタが実現できることがわかる．

PLZT 組成の中でも，正方晶，菱面体晶，立方晶の三重点近傍の (9/65/35) は大きな電気光学効果を示し($R = 9.1 \times 10^{-16}$ [m²/V²])光シャッタや光学ディスプレイへの応用が期待される．

しかしセラミックスの粒径制御には注意を要する．図 8.4 に PLZT (9/65/35) の電気光学係数 R と圧電定数 g の粒径依存性を示す[1]．ここで g 定数は $\Delta n = -\frac{1}{2} g n^3 P^2$ で定義される電気光学定数である．試料は共沈法で作製された PLZT をホットプレスして焼結した．粒径が約 2 [μm] 以下になると電気光学係数が急激に低下していることがわかる．粒径 2 [μm] は強誘電性の消失する臨界粒径に対応すると考えられ，この粒径以下ではセラミックスはおそらく反強誘電体になっていると思われる[2]．したがって大きな電気光学係数のためにはセラミックスの粒径は比較的大きくなければならないといえる．一方，粒径が大きくなるとセラミックスの破壊靱性や耐久性が低下することがわかっているため際限なく大きくするわけにはいかない．強度低下の原因はおそらく結晶構造中の B サイトの空孔であろうと考えられる．普通焼成の透明 PLZT セラミックスは平均粒径 6 [μm] 以上であり，破壊靱性値 $K_{Ic} = 0.9$ [MN/m$^{3/2}$] である（モード I：引っ張り応力がクラック面に対して垂直に働く）．この値はおおむね 10^8 サイクルの駆動に耐えられるものである[2]．しかしこの値では，30 [Hz] で動作するディスプレイ（TV）に PLZT を使用すると二ヶ月しか持たないことになる．

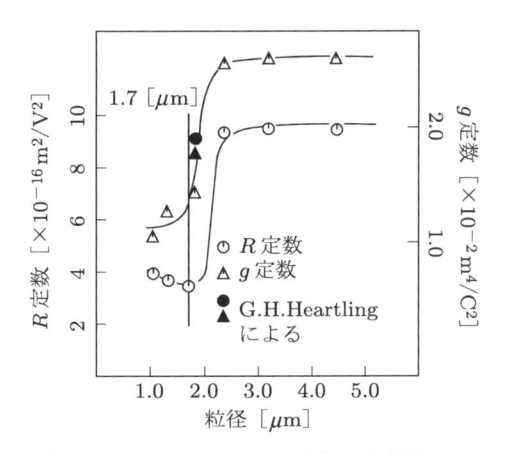

図 8.4 PLZT (9/65/35) セラミックスの電気光学係数 R と g の粒径依存性

例題 8.1 ❖❖❖❖❖

立方晶 PLZT (10/65/35) は電気光学係数 $(R_{11} - R_{12})$ 1.1×10^{-16} [m^2/V^2],と屈折率 $n_0 = 2.49$ をもつ.光路長 $L = 1$ [mm],光の波長 $\lambda = 633$ [nm] の場合,半波長電界を求めよ.電界印加方向は光路に対して直角である(図 8.1 参照).

ヒント 半波長電圧は次式で求められる.Γ_y は変化した位相遅れ [rad] である.

$$\Gamma_y = \frac{\pi n_0^3 E_3^2 (R_{11} - R_{12}) L}{\lambda} = \pi \tag{P 8.1.1}$$

解

$$\begin{aligned} E_3 &= \sqrt{\frac{\lambda}{n_0^3 (R_{11} - R_{12}) L}} \\ &= \sqrt{\frac{633 \times 10^{-9}}{2.49^3 \times 1.1 \times 10^{-16} \times 1 \times 10^{-3}}} \\ &= 6.1 \times 10^5 \text{ [V/m]} \end{aligned} \tag{P 8.1.2}$$

❖

(2) Pb(Zn$_{1/3}$Nb$_{2/3}$)O$_3$

Pb(Zn$_{1/3}$Nb$_{2/3}$)O$_3$ (PZN) はリラクサ強誘電体であり単結晶で使用される.図 8.5 に Pb(Zn$_{1/3}$Nb$_{2/3}$)O$_3$ 単結晶(常誘電相)の複屈折 Δn の印加電界依存性を示す[3].単結晶は過剰 PbO を用いるフラックス法によって作製される.低電界領域では放物線であるが高電界領域では直線になっている.

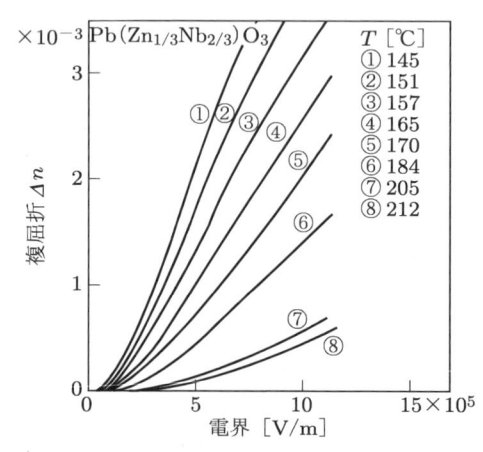

図 8.5 常誘電体 Pb(Zn$_{1/3}$Nb$_{2/3}$)O$_3$ 単結晶の複屈折 Δn の印加電界依存性

この特性は，結晶に強誘電相と常誘電相が共存しているモデルを用いて現象論的解析ができそうである[3]. 常誘電相の体積分率 $x(T)$ が温度に関するガウス分布の重ね合わせであるとすると，複屈折 Δn は一次と二次の電気光学効果の和で見積もることができる[4].

$$\Delta n = \{1 - x(T)\}n^3(r_{33} - r_{13})\frac{E}{2} + x(T)n^3 R_{44}\frac{E^2}{2} \tag{8.3}$$

ここで n は屈折率，r と R はそれぞれポッケルス係数，カー係数である．しかし $x(T)$ は印加電界の関数でもあり，たとえ実験値が現象論的に説明できたとしても実際はそれほど簡単ではない．

もう一つの現実的な説は，微小分域反転機構に関するものである．$Pb(Zn_{1/3}Nb_{2/3})O_3$ は非常に小さな紡錘形の分域をもつ．その大きさは5[μm] で境界ははっきりせず，印加電界に対して直角に並んでいる．0.5[kV/mm] 以上の印加電界の場合，分域壁はその近傍領域も含めて移動する．すると電界印加とともに微小分域はいっせいに移動する（図8.6参照）[5]. したがって分域の明暗の縞（分極方向が異なっている）の周期は分域反転によって変化せず，各々の分域の体積は，電界が0の時に正味の分極が0になるように外部交流電界によって変化する点は注目に値する．リラクサ結晶は相転移温度近傍で電界を印加すると容易に分極され，残留分極なしに完全に脱分極ができる．これがヒステリシスのほとんどない電歪効果や電気光学カー効果のような大きな「みかけ」の二次の非線形効果の基本である．

(3) $Pb(Mg_{1/3}Nb_{2/3})O_3$-$PbTiO_3$

ディスプレイ応用に適した材料として，靱性が高く電気光学係数が大きい新しい電気光学セラミックスの開発が必要とされている．次に挙げる条件が重要である．

1) セラミックスの透明度だけでなく，光の散乱を防ぐためにゼロ印加電界のときにほとんど複屈折ゼロ（擬立方晶）を必要とする．

2) 大きな靱性（イオンの空孔なし）は，十分な高密度に焼結することで得られると考えられる．

3) 大きな電気光学効果はリラクサ強誘電体で実現できそうである．

$Pb(Mg_{1/3}Nb_{2/3})O_3$-$PbTiO_3$ 系は，優れた電歪（二次効果）材料であるとともに高靱性（$K_{IC} = 1.7$ [MN/m$^{3/2}$]）材料としても知られている．したがって透明な材料が得られれば，同じ二次効果である電気光学材料としても優れた特性が期待できる[6]. そこで $(1-x)Pb(Mg_{1/3}Nb_{2/3})O_3$-$xPbTiO_3$ 系セラミックスを酸素雰囲気中にてホットプレスで作製した．$PbTiO_3$ の分率が増加するにつれてキュリー温度は徐々に上昇する．

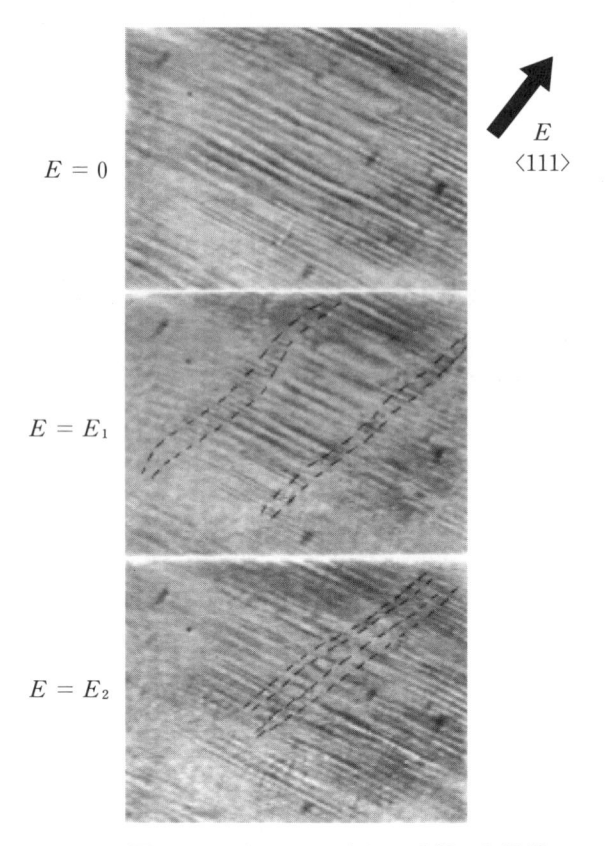

図 8.6 $Pb(Zn_{1/3}Nb_{2/3})O_3$ の分域反転機構

$x = 0.12$ 近傍でキュリー温度は室温とほぼ等しくなり，$x = 0.4$ までは結晶構造は擬立方晶である．図 8.7 に $\lambda = 633\,[\mathrm{nm}]$ 光の透過率（試料厚み $0.5\,[\mathrm{mm}]$）の分率 x 依存性を示す．$x = 0.14$ 以上で透過率は著しく低下している．これはおそらく自発複屈折による光の散乱によるものと考えられる．最大透過率 $49\,[\%]$ は PLZT の $62\,[\%]$ と比較してまだまだ低い．今後，十分透明な PMN-PT セラミックスを実現するためには，より高度な粉体合成技術が求められている．

屈折率 $n(\lambda = 633\,[\mathrm{nm}])$ の分率 x 依存性を図 8.8 に示す．$x = 0.12$ 付近で緩やかではあるが極大値がみられる．このときの値は PLZT(10/65/35) の $n = 2.49$ よりも少し大きい．一方，電気光学効果は興味深い．図 8.9(a)，8.9(b) に電気光学係数 R とヒステリシスの x 依存性（$\lambda = 633\,[\mathrm{nm}]$ の場合）をそれぞれ示す．最大 R 係数は $x = 0.12$ のときに $22\times10^{-16}\,[\mathrm{m^2/V^2}]$ であり，これは PLZT (9/65/35) の値（9.1×10^{-16}

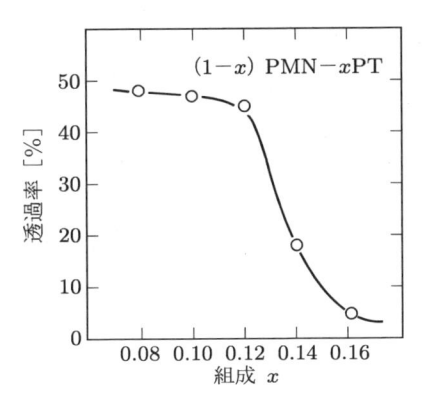

8.2 透明電気光学セラミックス　213

図 8.7　$(1-x)\mathrm{Pb}(\mathrm{Mg}_{1/3}\mathrm{Nb}_{2/3})\mathrm{O}_3\text{-}x\mathrm{PbTiO}_3$ の透過率
　　　　（$\lambda = 633$ [nm]，試料厚 0.5 [mm]）

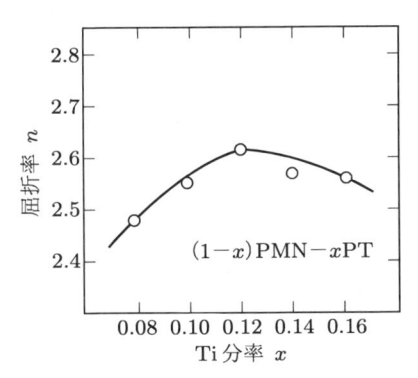

図 8.8　$(1-x)\mathrm{Pb}(\mathrm{Mg}_{1/3}\mathrm{Nb}_{2/3})\mathrm{O}_3\text{-}x\mathrm{PbTiO}_3$ における屈折率の x 依存性

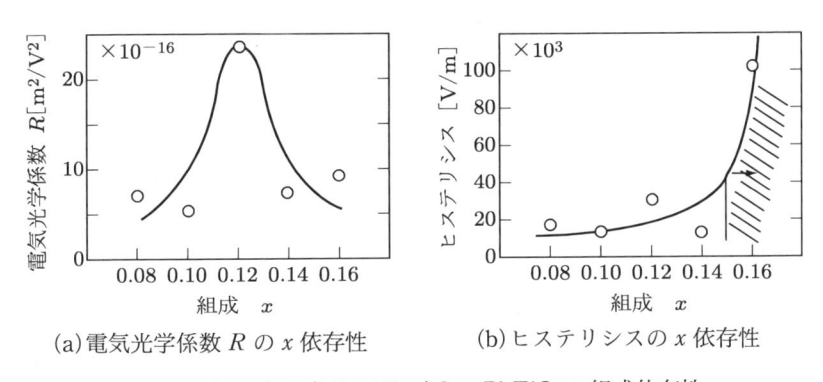

(a) 電気光学係数 R の x 依存性　　　(b) ヒステリシスの x 依存性

図 8.9　$(1-x)\mathrm{Pb}(\mathrm{Mg}_{1/3}\mathrm{Nb}_{2/3})\mathrm{O}_3\text{-}x\mathrm{PbTiO}_3$ の組成依存性

$[m^2/V^2]$)の二倍以上である．ヒステリシスは実験的に Δn 曲線から得られる等価抗電界で定義され，$x = 0.16$ 以上で急激に上昇する．よってこの領域では実際に使用することはできない．

これらの結果より，$0.88\,\text{Pb}(\text{Mg}_{1/3}\text{Nb}_{2/3})\text{O}_3$-$0.12\,\text{PbTiO}_3$ は高靱性であり，電気光学セラミックスとして PLZT を超える可能性を示している．今後はより高い光学的透過率が達成されなければならないが，同時に製造プロセスの最適化も必要である．

8.3 バルク電気光学デバイス

(1) Ferpic

最初の電気光学的応用は，Ferpic(Ferroelectric Picture Memory Device：強誘電体画像記憶素子）である．図 8.10 に Ferpic の原理を示す[7]．まず PLZT (7/65/35) セラミックス板を横方向に一様に分極する（図 8.10(a)）．そして画像の明るい部分に

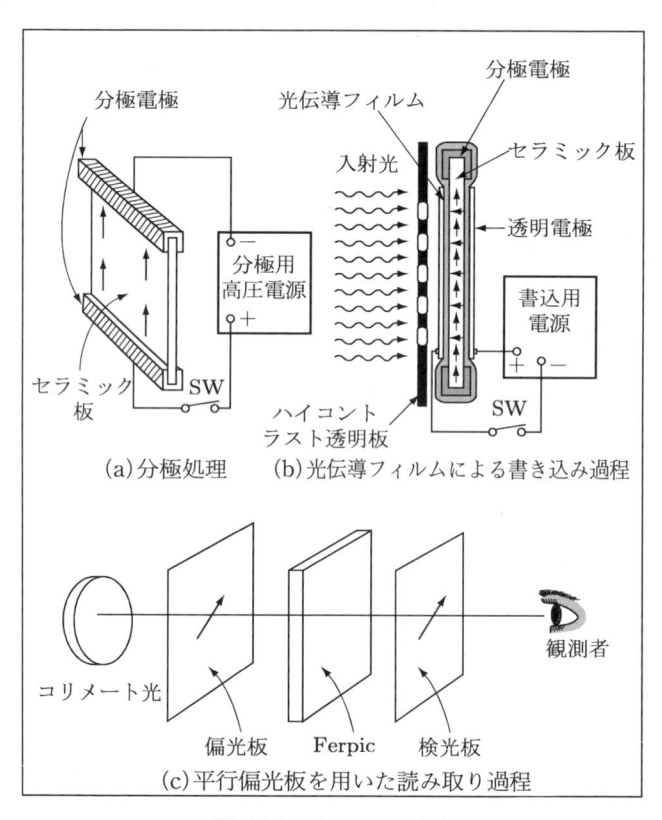

図 8.10 Ferpic の原理

対応する分域の分極方向が変化すると記憶が完成する．分極方向の変化は次のように行われる．Ferpic の前面にハイコントラストの画像フィルムを置き，光を照射する(図 8.10(b))．すると光の当たった光伝導フィルムは低インピーダンスになり，その領域にのみ書き込み電圧が印加され板に平行から垂直へ分極方向変化が起きる．

記憶した画像は，Ferpic を偏光板でサンドイッチすると透過光で見ることができる（図 8.10(c)）．偏光板と検光板が平行のとき，残留分極が板と垂直の領域は光を通し他の領域は光を遮る．

(2) 眼球防護ゴーグル応用

Sandia 国立研究所でアメリカ空軍向けに搭乗員の目を熱や閃光から守るために PLZT ゴーグルが設計された[8]．ゴーグルは基本的に図 8.11 に示すような交差指型の表面電極による横方向モード光シャッタである．

(3) ステレオテレビ応用

ステレオテレビ用 PLZT メガネ（図 8.11）が光シャッタの原理を用いて試作された[9]．レンズは等方性 PLZT (9/65/35) 板を直交偏光板でサンドイッチしたもので構成されている．印加電圧が 0 のとき光はレンズを透過しない．透過光強度は印加電圧が増加するにつれて上昇し，位相遅れが 180° に達した時に最大値を示す．そのときの印加電圧を半波長電圧とよぶ．

ステレオテレビ映像は目と同じように二台のテレビカメラで撮影される．二つの映像は混合されて交互に再生する．右カメラの映像の時に右レンズのシャッタを開き，左カメラの映像の時に左レンズのシャッタを開くとステレオ映像を楽しむことができる．

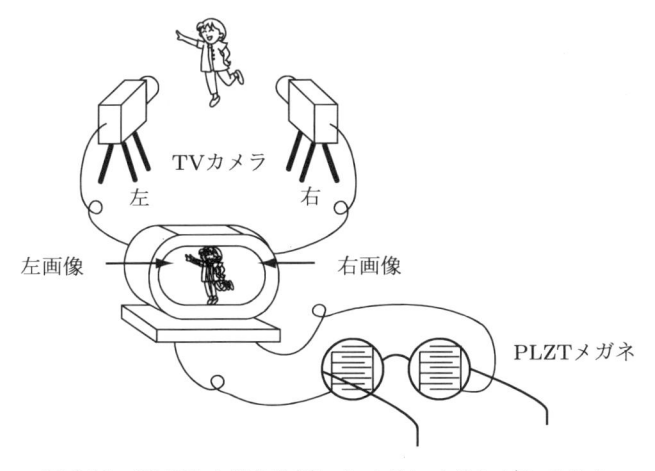

図 8.11　PLZT メガネを用いたステレオテレビシステム

(4) 二次元ディスプレイ

現在，高解像度テレビへの高性能化の要求には厳しいものがあるがいくつかのシステムが提案されている．その一つが一次元[10]もしくは二次元[11] PLZT ディスプレイを用いたプロジェクション型テレビである．本節では，二次元 PLZT ディスプレイを用いたプロジェクションテレビの駆動原理を述べる．大量生産工程の開発や細いギャップを持つ電極配置の設計が PLZT ディスプレイの生産のキーポイントとなる．図 8.12 に示す設計は，画像が非常に明るく，クロストーク関係の問題が少なく製造も容易である．

(a) 電極配置およびマトリックス状画素配列

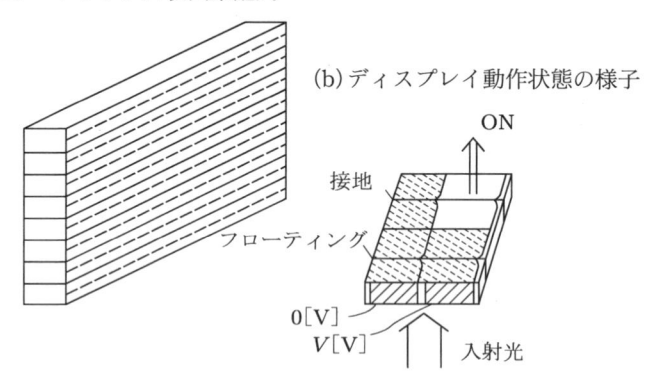

(b) ディスプレイ動作状態の様子

図 8.12　二次元 PLZT ディスプレイ

■二次元ディスプレイの製造工程

二次元 PLZT ディスプレイの製造工程を図 8.13 に簡単に示す[11]．共沈法で作製した PLZT(9/65/35)粉体とバインダを有機溶媒で混合し，グリーンシートに成型する．白金の内部電極をグリーンシート上に印刷する．その後シートは電極が 90°をなすように交互に重ね合わされ約 21 [MPa]（約 210 気圧）の圧力で成型される．成型体は酸素雰囲気中で焼成され，焼結体は所望の形・大きさに切断・研磨される．最後に外部電極を取り付ける．

図 8.14(a)に 10×10 マトリックスディスプレイの電極配置を示す．図中の斜線部分が画像単位（ピクセル）である．内部電極は素子表面に印刷された外部電極によって接続されている．ディスプレイを貫通している連続電極は表面から 100 [μm] 下に埋め込まれており，表面の外部電極による短絡を防止している．図 8.14(b)に実際のディスプレイを示す．層の厚みは約 0.35 [mm] である．

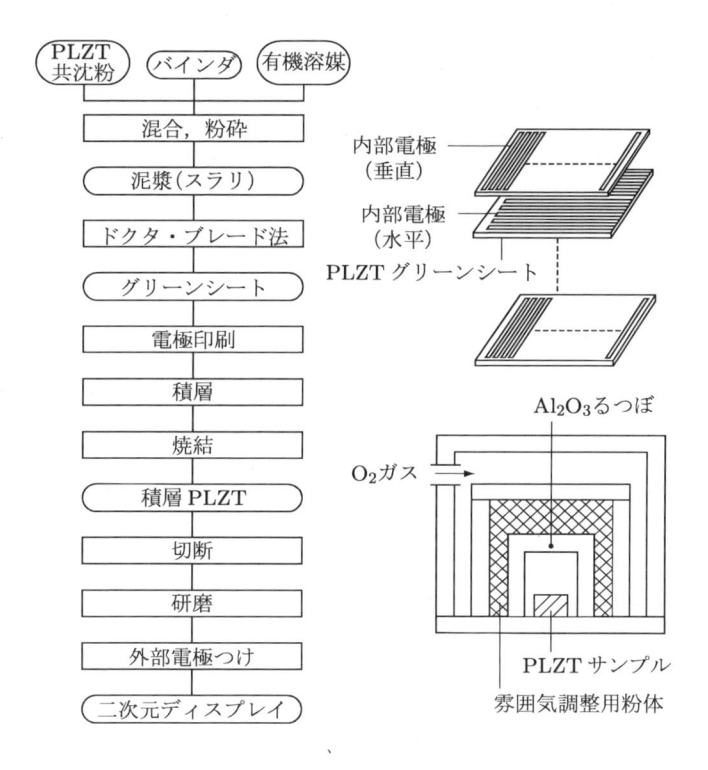

図 **8.13** 二次元 PLZT ディスプレイの製造工程

■**光スイッチアレイの特性**

テープキャスティング法で作成された PLZT 素子の透過率は $\lambda = 633$ [nm] で 62 [％] である．ホットプレスで作成した PLZT は透過率 63 [％] であり，ほぼ同等の透明度が得られるようになった．図 8.15 に RGB 光強度の印加電圧依存性を示す．電極ギャップは 0.45 [mm] である[11]．印加電圧が 0 の時と半波長電圧の時の明るさ比 $\dfrac{220\,[\text{cd/m}^2]}{2.8\,[\text{cd/m}^2]}$ をコントラスト比と定義すると約 80 となる．この値は従来のブラウン管（CRT）や液晶ディスプレイ（LCD）よりも優れている．単一ピクセルの応答時間は 10 [μs] 以下でラスタ周波数に十分追従でき，従来の CRT に匹敵する値である．

■**プロジェクタの構成**

図 8.16(a) にディスプレイの駆動回路を示す．図 8.16(b) のように端子に信号が加わると，図 8.6(c) に示すようにスクリーン上に像（この場合「F」）が現れる．

図 8.17 に示す装置と単色光を用いて二次元ディスプレイのクロストークを測定し

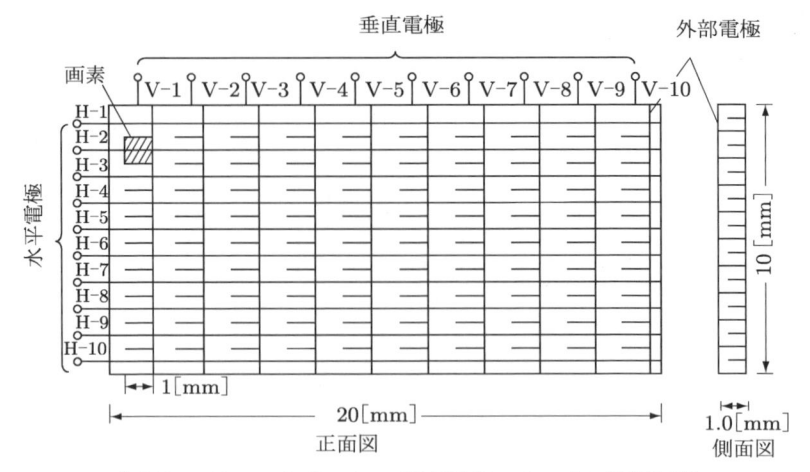

(a) 10×10 のマトリックス PLZT 光スイッチの電極配置

(b) 外部電極付き PLZT 光スイッチアレイの平面写真

図 8.14　PLZT 光スイッチアレイ

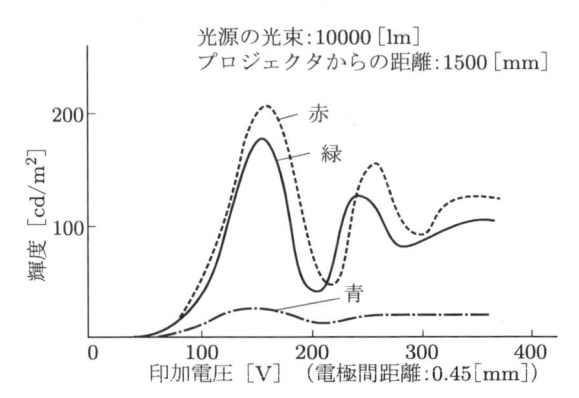

図 8.15　スクリーン上の各色の明るさと印加電圧の関係
　　　　（色によって半波長電圧が異なる）

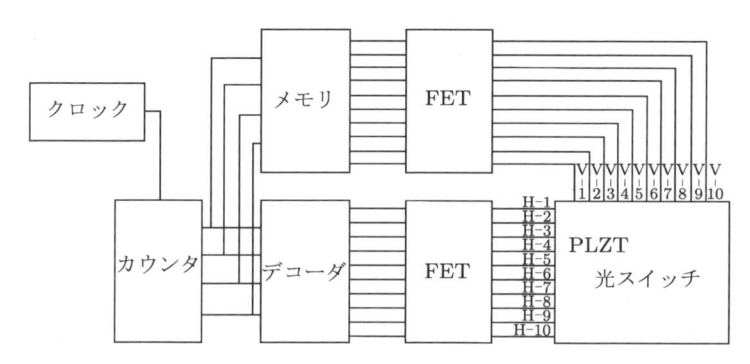

(a) 二次元ディスプレイ用駆動回路

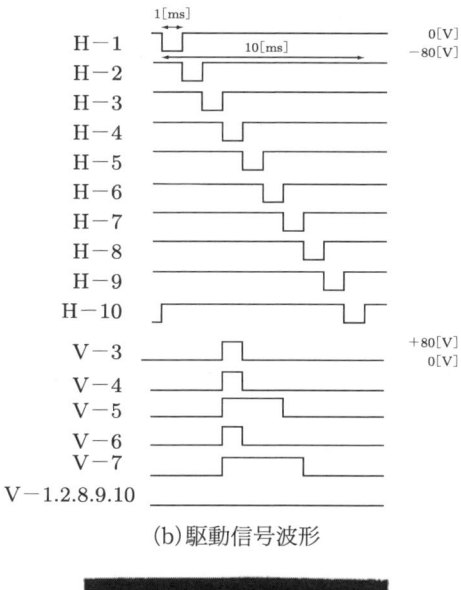

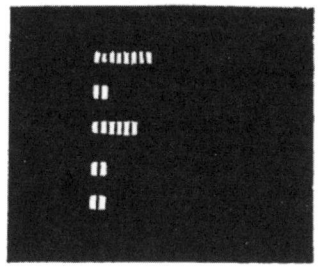

(b) 駆動信号波形

(c) PLZT プロジェクタを通してスクリーン上に映った「F」の文字

図 8.16　二次元ディスプレイ

た[6]．テストは垂直端子の一つを接地し同電位を保持した．水平端子(板を貫通している)には高電圧を印加した．**クロストーク**は三パターン見受けられた．垂直型，水平型，斜方型である．それぞれ漏洩光がどの方向のピクセルに見えたかで分類される．図 8.18 (a)，(b)，(c)に結果を示す．

漏洩光の強度はメインピークに対して垂直方向に 20-30 [%]，水平方向に 10-20 [%]で，画像のコントラストにさほど影響を与えるものではない．しかし，斜め方向には 50 [%]におよぶ漏洩光が観測され無視できない．印加電界や接続した水平電極の数によってクロストークは変化することがわかった．これを複合型クロストークと

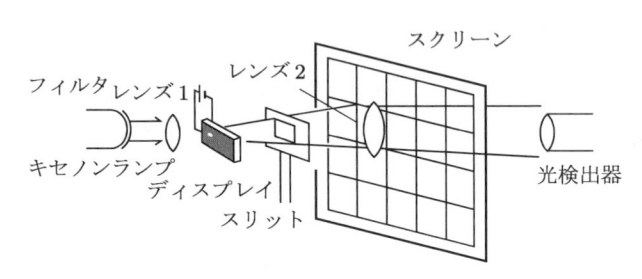

図 8.17 クロストークテスト
スリットを通りスクリーンに合焦した光の測定

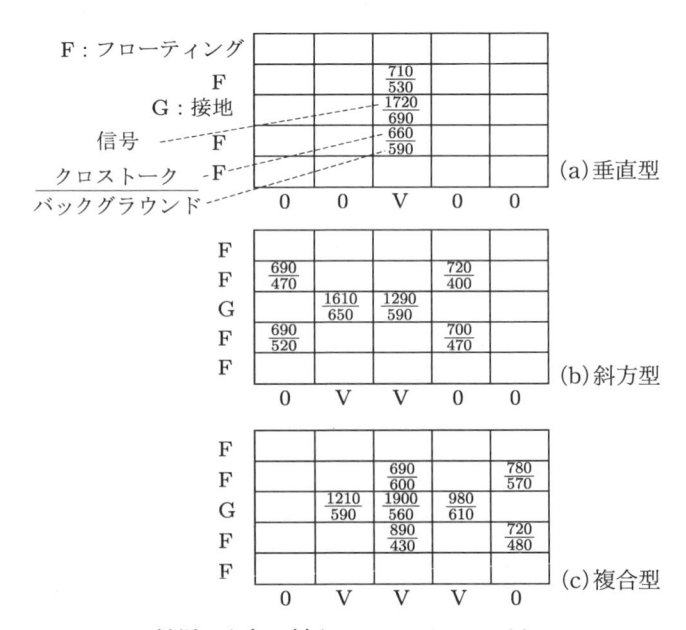

図 8.18 三種類の入力に対するクロストークパターン

いう．今後は，内部電極パターンの改良などでクロストーク問題を解決しなければならない．

例題 8.2 ❖❖❖❖❖

図 8.15 に示すように，RGB それぞれについて異なる半波長電圧が得られた．

R : 160 [V]，G : 150 [V]，B : 130 [V]．

(1) 半波長電圧が異なる理由を物理的に説明せよ．

(2) 屈折率（$n = 2.49$）と電気光学係数（$R_{11} - R_{12} = 3.6 \times 10^{-16}$ [m²/V²]）がこの波長範囲で大きく変化しないとしたとき，RGB それぞれの波長を求めよ．

ヒント 半波長電圧は次式で求められる．
$$\Gamma_y = \frac{\pi n_0^3 E_3^2 (R_{11} - R_{12}) L}{\lambda} = \pi \tag{P 8.2.1}$$

解 (1) 半波長電圧は式 (P 8.2.1) で求められるので，照射光の波長によって半波長電圧が異なることがわかる．
$$\lambda = n_0^3 E_3^2 (R_{11} - R_{12}) L \tag{P 8.2.2}$$

(2) 電極ギャップ 0.45 [mm] より，RGB の半波長電界はそれぞれ 3.55, 3.33, 2.89×10⁵ [V/m] である．光路長（$L = 0.9$ [mm]：表面深さ 0.1 [mm] までは不活性部分である）より，RGB の波長は，それぞれ次のようになる．

$$\lambda = 2.49^3 \times (3.55 \times 10^5)^2 (3.6 \times 10^{-16})(0.9 \times 10^{-3})$$
$$= 630 [\text{nm}] (赤)$$
$$\lambda = 555 [\text{nm}] (緑)$$
$$\lambda = 418 [\text{nm}] (青) \tag{P 8.2.3}$$

❖

8.4 導波路変調器

光導波路は基板に高屈折率層を堆積させて作成することができる．図 8.19 に光導波路の原理を示す[12]．光ファイバと原理は同じで，光は屈折率の高い方に屈折するので，狭いながらも高屈折率部分に閉じ込められている．通常 Nb 拡散 LiNbO₃ 単結晶が用いられる．図 8.20(a)，8.20(b) に平板型，リッジ型光導波路をそれぞれ示す[13]．平板型は比較的作りやすいが，電界強度が一様になりにくい点が問題である．一方リッジ型は作るのは難しいが，理想に近い機能が得られる．透過光強度は比較的低電圧で変調可能であり，例えば 1 ラジアンの位相変調を 0.3 [V] で実現できる．消費電力は 1 [μW/MHz] のオーダである．

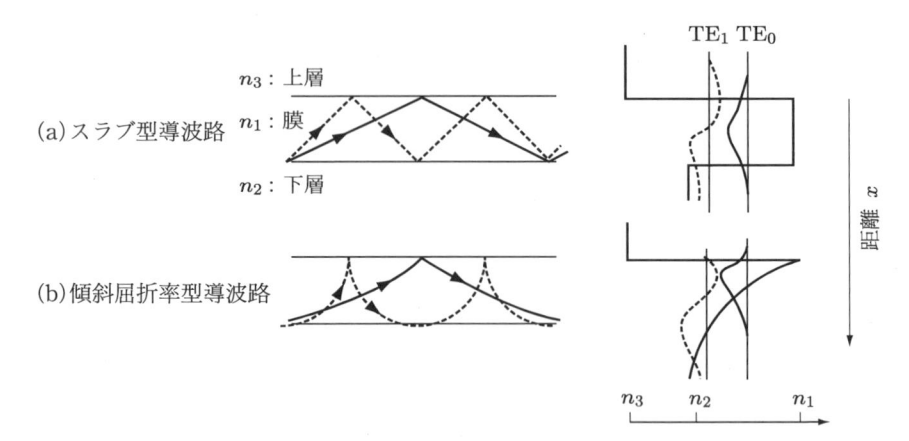

図 8.19　TE_0 モードと TE_1 モードの波動関数[12]

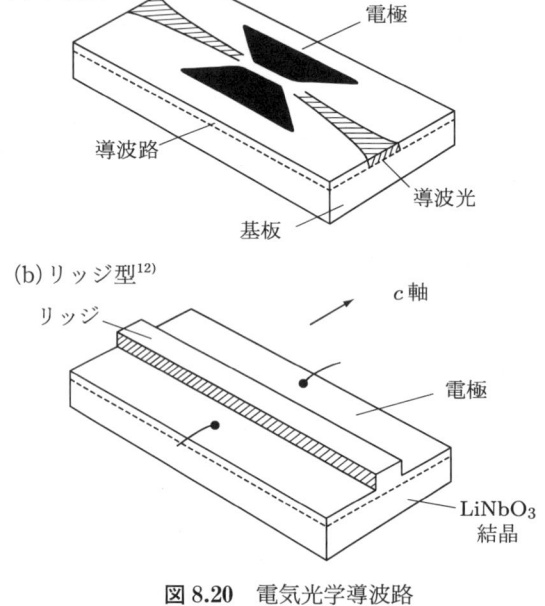

図 8.20　電気光学導波路

章のまとめ

1. リラクサ強誘電体は強誘電体微小分域が容易に分極されるため優れた特性を示す．電気光学光スイッチや光ディスプレイ応用に広く用いられている．
2. 新しい電気光学セラミックスとして，$0.88\,Pb(Mg_{1/3}Nb_{2/3})O_3\text{-}0.12\,PbTiO_3$ が有望である．機械的強度に優れ，長寿命ディスプレイへの応用が期待される．

3. 新型 PLZT 二次元ディスプレイがテープキャスティング法を用いて実現した．低コスト・大量生産デザインのよい一例である．
4. 光導波路は LiNbO$_3$ などの基板上に高屈折率層を堆積させることで作製できる．

章末問題

8.1 ガラス板上に堆積した厚み 1 [μm] の PLZT を考える．電極パターンは次の二種類である．(a)電界方向が面と平行，(b)電界方向が面と垂直
(1) 二種類の電極パターンそれぞれの長所短所を述べよ．
(2) (b)のパターンで，電極が SnO$_2$ のような透明電極であった場合，PLZT フィルムに垂直に入射した光に対してデバイスは機能するかどうか述べよ．

ヒント 電界で誘起される複屈折と屈折率楕円体の形状を考慮せよ．

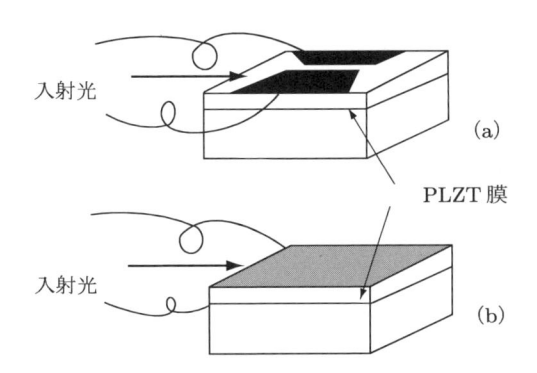

8.2 $m3m$ 結晶の電気光学カー効果を考える．
(1) $m3m$ に対する二次の電気光学係数マトリックスを導け．
(2) z 軸方向に電界を印加したときの屈折率楕円体（屈折率を三次元で表現したもの）の形状変化について述べよ．
(3) y 軸方向に電界を印加したときの透過光の位相遅れを計算せよ．光路長を L とする．

ヒント 電気光学係数マトリックスは次のように表される．

$$\begin{bmatrix} R_{11} & R_{12} & R_{12} & 0 & 0 & 0 \\ R_{12} & R_{11} & R_{12} & 0 & 0 & 0 \\ R_{12} & R_{12} & R_{11} & 0 & 0 & 0 \\ 0 & 0 & 0 & R_{44} & 0 & 0 \\ 0 & 0 & 0 & 0 & R_{44} & 0 \\ 0 & 0 & 0 & 0 & 0 & R_{44} \end{bmatrix}$$

参考文献

1) K. Tokiwa and K. Uchino : Ferroelectrics 94, 87 (1989).
2) K. Uchino and T. Takasu : Inspec. 10, 29 (1986).
3) F. Kojima, J. Kuwata and S. Nomura : Proc. 1st. Mtg. on Ferroelectric Mater. & Appl. (Kyoto) p.155 (1977).
4) J. Kuwata, K. Uchino and S. Nomura : Ferroelectrics 22, 863 (1979).
5) R. Ujiie and K. Uchino : Proc. IEEE Ultrasonic Sympl (Hawaii) p.725 (1990).
6) K. Uchino : Ceramics International 21, 309 (1995).
7) L. M. Levinson edit. : Electronic Ceramics, Marcel Dekker (New York), Chap.7, p. 371 (1988).
8) J. T. Cutchen : Proc. 49th Annual Sci. Mtg. Aerospace Medical Assoc., New Orleans, May (1978).
9) A. Kumada, K. Kitta, K. Kato and T. Komata : Proc. Ferroelectric Mater. & Appl., 2, p.205 (1977).
10) K. Murano : Ceramic Transactions 14 *Electro-Optics and Nonlinear Optic Materials*, p.283 (1990).
11) K. Uchino, K. Tokiwa, J. Giniewicz, Y. Murai and K. Ohmura : Ceramic Transactions 14 *Electro-Optics and Nonlinear Optic Materials*, p.297 (1990).
12) M. E. Lines and A. M. Glass : Principles and Applications of Ferroelectrics and Related Materials, p. 604, Clarendon Press, Oxford (1977).
13) I. P. Kaminov : Trans. IEEE, M. T. T. 23, 57 (1975).

第 9 章　PTC 材料

9.1 PTC 現象の原理
(1) PTC 現象

　チタン酸バリウム(BaTiO$_3$)に 0.3 [at.%] のランタンを添加するとセラミックスは半導体化し，その抵抗率は 10-10^3 [Ω・cm] である．このセラミックスの抵抗率は温度上昇にともないキュリー点近傍において 3-5 桁もの急激な増加を示す．この現象は 1954 年に発見され，PTC 効果（PTCR 効果：Positive Temperature Coefficiet of Resistivity）と呼ばれるようになり，それ以降多くの研究が行われた[1,2]．図 9.1 に各種添加物におけるチタン酸バリウム PTC セラミックスの抵抗率の温度依存性について示す．

　PTC の添加物には価数の大きなイオンが多い．Ba は La, Sm, Ce, Gd と，Ti は Nb, Ta, Bi と置換される．抵抗率の温度依存性が大きい部分はキュリー点と関係が

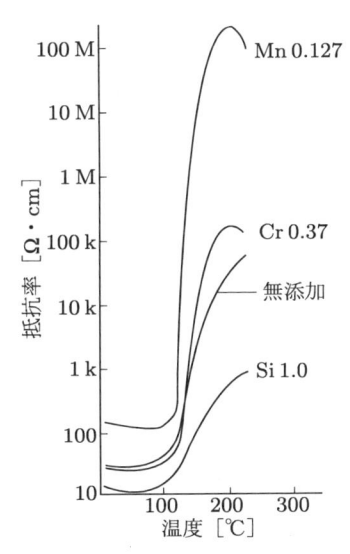

図 9.1　チタン酸バリウム PTCR セラミックスの抵抗率の温度依存性
　　　　添加物濃度はグラフ中に示す

あり，$BaTiO_3$ のキュリー点は固溶体を形成することで簡単に変化させることができる．図 9.2 に二種類の固溶体における PTCR 特性曲線を示す．実線は $BaTiO_3$（無添加）の特性を示す．一点鎖線は Sr 添加効果（特性曲線が低温側へシフト）および Pb 添加効果（特性曲線が高温側へシフト）を示す．

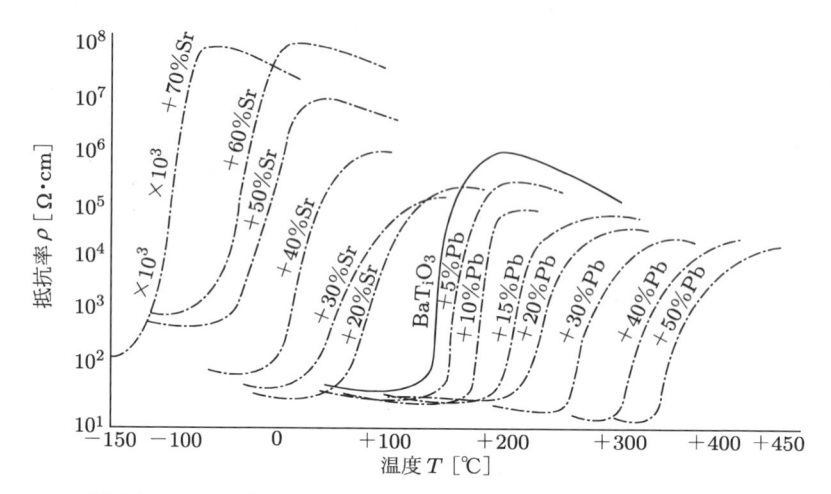

図 9.2 チタン酸バリウム PTCR サーミスタ抵抗率の温度依存性（Ba を価数の同じ Sr や Pb で置換した場合）

(2) PTC 現象のメカニズム

PTC 効果の理論はまだ完成していない．ここでは添加物半導体特性と粒界障壁効果の二つのメカニズムについて考察する．

高温で焼結されたとき，ランタン添加チタン酸バリウムは n 型半導体になる．反応は次の通りである[3]．

$$Ba_{1-x}La_xTiO_3 \rightarrow Ba^{2+}{}_{1-x}La^{3+}{}_xTi^{4+}{}_{1-x}Ti^{3+}{}_xO^{2-}{}_3$$

この反応は，チタンイオン間の電子交換によって生じる．

$$Ti^{4+} + e^- \longleftrightarrow Ti^{3+}$$

したがって，チタン酸バリウムのグレインは原子価制御半導体化し，室温になっても半導体状態が保たれている．

しかし，粒界領域は冷却時に変化する．酸素がセラミックス表面に吸収され，粒界に拡散することで粒界に欠陥構造を誘起する．酸素イオンは近くの Ti^{3+} から電子を奪い，グレイン間に絶縁層を形成する．過剰酸素が加わると，粒界領域の組成は次のように現される．

$$(Ba^{2+}{}_{1-x}La^{3+}{}_x)(Ti^{4+}{}_{1-x+2y}Ti^{3+}{}_{x-2y})O^{2-}{}_{3+y}$$

図 9.3 にその様子を示す．

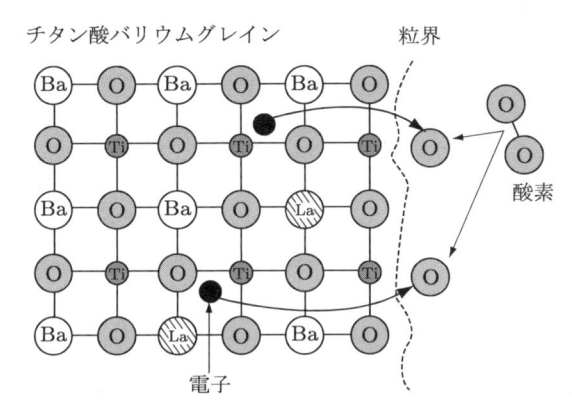

図 9.3 粒界近傍の $Ba_{1-x}La_xTiO_3$ 構造
雰囲気中の酸素が分離し粒界に拡散する
近傍の原子から電子を奪い絶縁層を形成する[3]．

PTC (PTCR) 現象を説明するためのモデルを図 9.4 に示す．初めに提案したのは Heywang らである[1]．粒界で二つの n 型半導体粒子が接触したき，電子のエネルギバリア（ショットキー障壁）が生じる．バリアの高さは次式で表される．

$$\phi = \frac{eN_s^2}{2\varepsilon_0\varepsilon N_d} \tag{9.1}$$

N_d はドナー原子濃度，N_s は負アクセプタ（ここでは Ba 空孔のため表面にとどまっている）の表面密度である．T_c 以上では誘電率 ε はキュリー・ワイスの法則に従う．

$$\varepsilon = \frac{C}{T - T_0} \tag{9.2}$$

高温から温度を下げるに従い抵抗率が低下するのは，T_c に向かって誘電率が上昇し

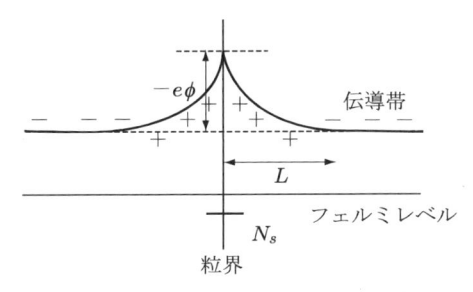

図 9.4 $BaTiO_3$ 系 PTCR 材料の粒界近傍のエネルギレベルダイヤグラム

バリアポテンシャルが低くなるためと説明される．T_c 以下では誘電率は低下するが，自発分極が生じ始めるためバリアポテンシャルが低くなるような電子濃度になっている．このことより抵抗率は低い値に保たれている．

例題 9.1 ❖❖❖❖❖

セラミックスの電子的特性は表面層や粒界によって大きく影響される．n 型半導体グレイン間の粒界がアクセプタ不純物を含んでいるとする．すると電子がアクセプタレベルへ流れ込み図 9.4 に示すようなエネルギバリアが形成される．図 9.5 のような電荷密度分布を用い，次の設問に答えよ．

$$\rho(x) = eN_D \quad (0 < |x| < L)$$
$$\rho(x) = 0 \quad (|x| > L) \tag{P 9.1.1}$$

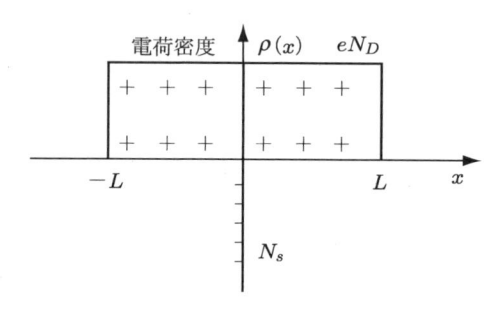

図 9.5 n 型半導体グレイン間の粒界近傍の電荷密度分布

(a) ドナー密度 N_D，バリア厚み L，誘電率 $\varepsilon_0 \varepsilon$，電子の電荷 e を用いて，$0 < |x| < L$ 領域内でのポテンシャル $\phi(x)$ を説明せよ．

(b) ドナー密度 N_D と表面アクセプタ密度 N_S を用いてバリア厚 L を説明せよ．

(c) 半導体チタン酸バリウムにおいて，誘電率はキュリー温度（130℃）以上で顕著に低下する．バリアポテンシャル $-e\phi_0$ を考慮し抵抗率変化を説明せよ．

解 (a) ポアソンの方程式は

$$\frac{\partial^2 \phi}{\partial x^2} = -\frac{eN_D}{\varepsilon_0 \varepsilon} \quad (0 < |x| < L) \tag{P 9.1.2}$$

で与えられる．境界条件

$$\phi(L) = \phi(-L) = \phi(\infty)$$
$$-\phi'(L) = E = 0 \tag{P 9.1.3}$$

と一般解 $\phi(x) = -\dfrac{eN_D}{2\varepsilon_0 \varepsilon} x^2 + Ax + B$ を考慮すると，特解は

$$\phi(x) = \phi(\infty) - \frac{eN_D}{2\varepsilon_0\varepsilon}(|x|-L)^2 \tag{P9.1.4}$$

となる.
　$x=0$ でのポテンシャル深さは次式で求められる.

$$\phi_0 = -\frac{eN_D}{2\varepsilon_0\varepsilon}L^2 \tag{P9.1.5}$$

(b) 電荷のバランスを考えると

$$2eN_DL = eN_S \tag{P9.1.6}$$

となり,

$$L = \frac{N_S}{2N_D} \tag{P9.1.7}$$

である.
　(c) バリア高さ $-e\phi_0$ は次式で表される.

$$-e\phi_0 = \frac{e^2N_DL^2}{2\varepsilon_0\varepsilon} = \frac{e^2N_S^2}{8\varepsilon_0\varepsilon N_D} \tag{P9.1.8}$$

キュリー・ワイスの法則

$$\varepsilon = \frac{C}{T-T_0} \tag{P9.1.9}$$

を考慮すると, 次式を得る.

$$-e\phi_0 = \frac{e^2N_S^2}{8\varepsilon_0 C N_D}(T-T_0) \tag{P9.1.10}$$

バリア高さは温度に比例して上昇する.

抵抗率は $\exp\left(-\frac{e\phi_0}{kT}\right)$ に比例するため, $T>T_c$ において温度上昇にともなって急激に増加する $\left(\propto \exp\left(1-\frac{T_0}{T}\right)\right)$.

　T_c 以下においては, 誘電率は低下するが自発分極が生じるためバリア高さが低くなるような電子濃度になっている. このことにより抵抗率が低い値に保たれている. T_c よりも高い温度範囲においては, 電子は非常に高い熱エネルギ (kT) を持つためエネルギバリアを通り抜け抵抗率は低下する.

❖

9.2　PTC サーミスタ

　PTC サーミスタは温度センサのみならず, 電流コントローラとしても応用できる. 自分自身の発熱で温度が上昇すると, 抵抗率が上昇し電流が減少する. 実用化例には過電流／過電圧防止素子として, モータのスイッチやカラーテレビの自動脱磁回路などに用いられている[4].
　「セラミックヒータ」もまたパネルヒータ, 電子ポット, ドライヤーなど, 広く商品化されている. 図9.6にドライヤーや自動車用チョークに用いられているハニカム構造 PTC ヒータを示す (NGK 製).

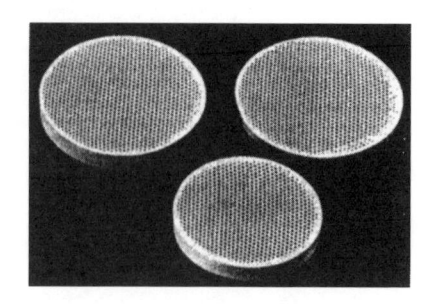

図 9.6 ドライヤー用ハニカム構造 PTC ヒータ（NGK 製）

例題 9.2 ❖❖❖❖❖

チタン酸バリウム PTC セラミックスの抵抗率の温度特性を図 9.7 に示す．ジュール熱による発熱を考慮し，室温における電流－電圧特性を定性的に述べよ．

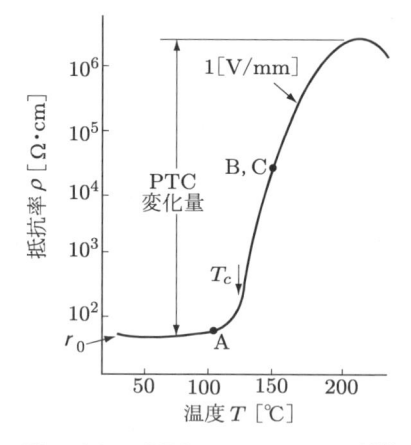

図 9.7 チタン酸バリウム PTC セラミックスの抵抗率の温度特性

解 初めはオームの法則が成り立ち，ρ はほぼ定数である．ジュール熱 (V^2/R) によって電力が消費される．A 点近傍（ρ の上昇がみられる）で電流は極大値を示し，それ以降は印加電圧を上昇させても電流は減少する（図 9.8 参照）．B 点と C 点の間で素子温度はほぼ安定し，VI は一定になる．C 点から大きく離れた温度領域では，抵抗率が飽和し NTC (Negative Temperature Coefficient)効果も発生するため電流の急増が予測される．したがって安定した温度を保つためには，印加電圧は B 点と C 点の間になるように調整しなければならない．

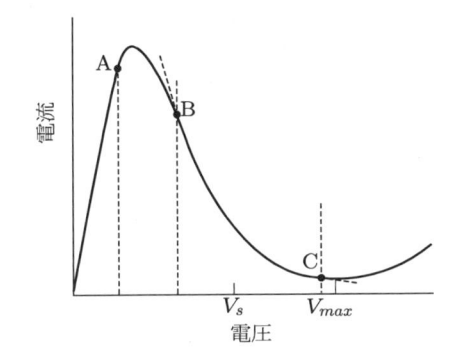

図 9.8 チタン酸バリウム PTC セラミックスの電流−電圧特性

9.3 粒界型キャパシタ

　半導体 $BaTiO_3$ セラミックスを酸化させることで表面に抵抗層を形成し，高容量キャパシタとして用いることができる．静電容量は，0.4-0.5 [$\mu F/cm^2$] の範囲に調整可能である．粒界に電気抵抗を持たせることで新しいタイプの粒界層キャパシタ（GBL : Grain Boundary Layer）が開発されている．図 9.9 に構造モデルを示す．実際には半導体セラミックスにコーティングした CeO_2 や Bi_2O_3 を熱処理によって粒界に拡散させ高抵抗境界層を形成する．この 1 [μm] 厚の抵抗性粒界層は粒径 10 [μm] のセラミックス中に網の目のように存在する．このタイプのキャパシタは優れた周波数特性を持ち，数 GHz までの広帯域バンドパスフィルタとして用いられる．

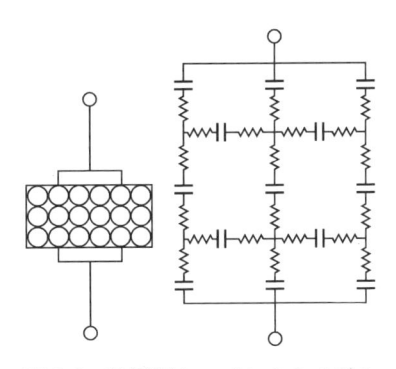

図 9.9 粒界型キャパシタのモデル

例題 9.3 ❖❖❖❖❖

GBL キャパシタが多数の立方晶コアーシェル単位(粒径 D, 誘電率 ε_s, 厚み δ の抵抗性被膜(粒界厚みの半分))で構成されているとする．この複合材料の見掛けの誘電率 ε_{app} を求めよ．試料電極面積は S, 電極間距離は d, グレインの抵抗率は 0 とする．

解 図 9.10 に示すように，サンプルを C_1 と C_2 の二領域に分類する．

(a) C_1：面積と厚みはそれぞれ，$S-(D-2\delta)^2\dfrac{S}{D^2}$ と d として与えられる．

$$\begin{aligned}C_1 &= \varepsilon_0\varepsilon_s\frac{S}{d}\left\{1-\left(1-\frac{2\delta}{D}\right)^2\right\}\\&= \varepsilon_0\varepsilon_s\frac{S}{d}\frac{4\delta}{D} \quad \left(\frac{\delta}{D}\ll 1\right)\end{aligned} \quad (\text{P}9.3.1)$$

(b) C_2：この領域は，面積 $(D-2\delta)^2\dfrac{S}{D^2}$, 厚み 2δ のキャパシタが $\dfrac{d}{D}$ 個直列接続されたものと考えられる．

$$\begin{aligned}C_2 &= \varepsilon_0\varepsilon_s\frac{D}{d}\left\{S\left(1-\frac{2\delta}{D}\right)^2\right\}\frac{1}{2\delta}\\&= \varepsilon_0\varepsilon_s\frac{S}{d}\frac{D}{2\delta} \quad \left(\frac{\delta}{D}\ll 1\right)\end{aligned} \quad (\text{P}9.3.2)$$

したがって合わせると，

$$\begin{aligned}C_{total} &= C_1 + C_2\\&= \varepsilon_0\varepsilon_s\frac{S}{d}\frac{D}{2\delta}\end{aligned} \quad (\text{P}9.3.3)$$

となる．よって，見かけの誘電率 ε_{app} は $\varepsilon_s\dfrac{D}{2\delta}$ と表せる．

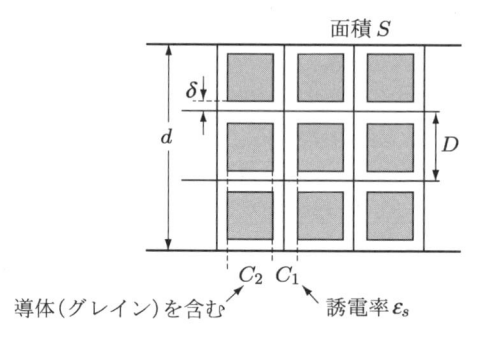

図 9.10 GBL キャパシタのコアーシェルモデル

章のまとめ

1. ランタン添加量 0.3 [at.%] 以下のチタン酸バリウムセラミックスは半導体になり，その抵抗率は 10-10^3 [Ω·cm] である．
2. PTC 効果：温度上昇にともない，キュリー温度近傍で抵抗率が 3-5 桁急激に増加する．
3. PTC セラミックスの応用には次のようなものが挙げられる．
   (1) サーミスタ：過電流／過電圧防止素子，モータスイッチ，カラーテレビ用脱磁回路
   (2)「セラミックヒータ」：パネルヒータ，電気ポット，ドライヤ，自動車用チョーク
4. GBL キャパシタ：半導体チタン酸バリウムセラミックスからなるキャパシタで，高抵抗粒界をもつ．

章 末 問 題

9.1 ZnO バリスタの電流−電圧特性を述べよ．また，PTC 材料と比較して応用例を述べよ．

9.2 セラミックスの電気的特性は表面や粒界の特性に強く影響を受ける．ここでは n 型半導体セラミックスを例に考える．アクセプタ添加物が半導体表面に局在しているとし，その表面エネルギレベルが半導体フェルミレベルよりも低いとすると，半導体中の電子はアクセプタレベルに流れ込みポテンシャルバリアを形成する．バリア高さ V_d は次式で表せる．

$$V_d = \frac{eN_D L^2}{2\varepsilon_0 \varepsilon}$$

N_D は半導体中のイオン化ドナー密度，L はバリア厚み，$\varepsilon_0\varepsilon$ は半導体の誘電率，e は電子の電荷である．バリア中では電子密度が非常に小さく，電子がバリアを乗り越えるには高励起状態にならなければならないため，結晶表面は高抵抗状態にあると考えられる．次の設問に答えよ．

(a) 表面アクセプタ密度 N_S はドナー密度 N_D と次のような関係がある．

$$2eN_D L = eN_S$$

V_d を N_D，N_S 項を用いて導出せよ．

(b) SnO_2 や ZnO などの n 型半導体表面には負の酸素イオン (O^-, O^{2-}) が吸着しており，ポテンシャルバリアを形成している．この表面に可燃性ガスを接触させた場合，酸化反応により吸着していた酸素が減少し電気抵抗も低下する．この現象がガスセンサの動作原理である．吸着した酸素が可燃性ガスによって半分に減少した場合のポテンシャルバリア高さを計算せよ．また，半導体のドナー密度変化，電子密度変化を考慮し，可燃性ガスによる抵抗値の変化についても述べよ．

(c) 粒界のエネルギバンド構造も上記と同様に考えることができる．境界面の表面レベルは不純物によって決まる．半導体チタン酸バリウムセラミックスでは，キュリー点(約 120 [℃])

以上で誘電率は急激に減少する．温度による抵抗変化（PTCR効果）について述べよ．

参 考 文 献

1) W. Heywang : J. Amer. Ceram. Soc. 47, 484 (1964).
2) E. Andrich : Electr. Appl. 26, 123 (1965-66).
3) R. E. Newnham : "Structure-Property Relations in Electronic Ceramics," J. Materials Education, Vol.6-5.
4) Murata Mfg. Comp. Catalog, "Misterious Stones."

第 10 章 複合材料

　圧電セラミックスとポリマから構成される圧電複合材料（コンポジット）は，その作製自由度の高さから所望の特性を得やすい優れた材料である．二相複合材料の場合，各相の結合性(次元)からコンポジットを 10 種類に分類できる．0-0, 0-1, 0-2, 0-3, 1-1, 1-2, 1-3, 2-2, 2-3, 3-3 である．最も有用な材料である 1-3 圧電コンポジットを例に説明しよう．1 はセラミックスが一次元，3 はポリマが三次元であることを示しており，棒状の PZT がポリママトリックス材料中に存在している．この複合材料の優れたところは高電気機械結合係数，低音響インピーダンス（水や生体とのマッチングがよい），機械的柔軟性，低機械的品質係数からくる広帯域特性，刻まなくても電極パターンのみでアレイが実現できるという点である．通常の PZT (20-30 [Mrayls]) と生体や水 (1.5 [Mrayls]) とのマッチングはこの複合材料を用いることで劇的に改善される．圧電複合材料は特に水中音響分野や医療用超音波分野で有用である．もう一つの例は，磁歪セラミックスと圧電セラミックスの複合材料であり，磁界が印加されると応力を介して電界が誘起される．「磁電効果」ということができるだろう．

10.1　コネクティビティ

　Newnham らによってさまざまな PZT：ポリマ複合材料構造に対して，「結合性(**コネクティビティ**)」という概念が提案された[1]．二相の複合材料について考えるとき，それぞれの相のコネクティビティは次元数で表される．x, y, z 方向につながっていれば，「3」であり，z 方向のみであれば「1」である．この手法に基づいて二相コンポジットを分類すると，m-n という二つの次元数の組み合わせで分類することができる．m は活性物質 (PZT) を示し，n は不活性物質 (ポリマ) を示す．一般的に図 10.1 に示すように 10 種類に分類することができる．

　例えば 0-0 コンポジットは相 1 と相 2 が交互に並んでいる．1-0 コンポジットは相 1 が z 方向につながっている．1-3 コンポジットは棒状 PZT (一次元) がポリママトリックス (三次元) 内に並んでいる．3-1 コンポジットはハニカム構造の PZT (三次元) 中にポリマ相 (一次元) が埋め込まれている．2-2 コンポジットはセラミックシート (二

236 第10章 複合材料

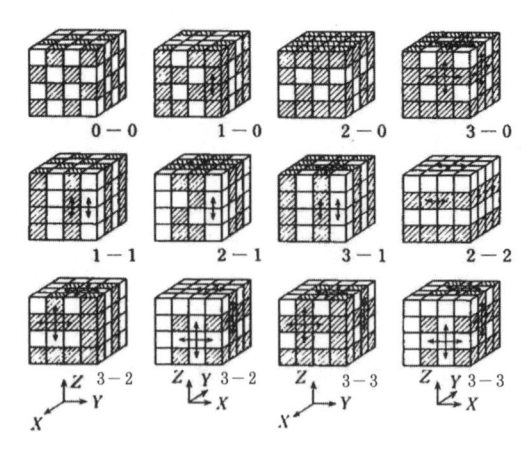

図 10.1 結合性に基づく二相複合材料の分類
(3-2 と 3-3 については 2 種類のモデルを示す)

次元)とポリマシート(二次元)が交互に積層されている．3-3 コンポジットはジャングルジム状の PZT セラミックス(三次元)中にポリママトリックス(三次元)が入り込んでいる．

例題 10.1 ❖❖❖❖❖

次の二相複合材料のコネクティビティを示せ．
(a) 積層圧電アクチュエータ(圧電セラミックスと電極)
(b) PTC ハニカムヒータ(チタン酸バリウムと空気)
(c) BL キャパシタ(半導体グレインと絶縁性粒界)
(d) 鉄筋コンクリート(コンクリートと鉄筋)

解 (a) 2-2
(b) 3-1
(c) 0-3 (粒界は三次元)
(d) 3-1

10.2 複合効果

複合効果には 3 種類ある(表 10.1)．和効果，結合効果，積効果である．

表 10.1 複合効果

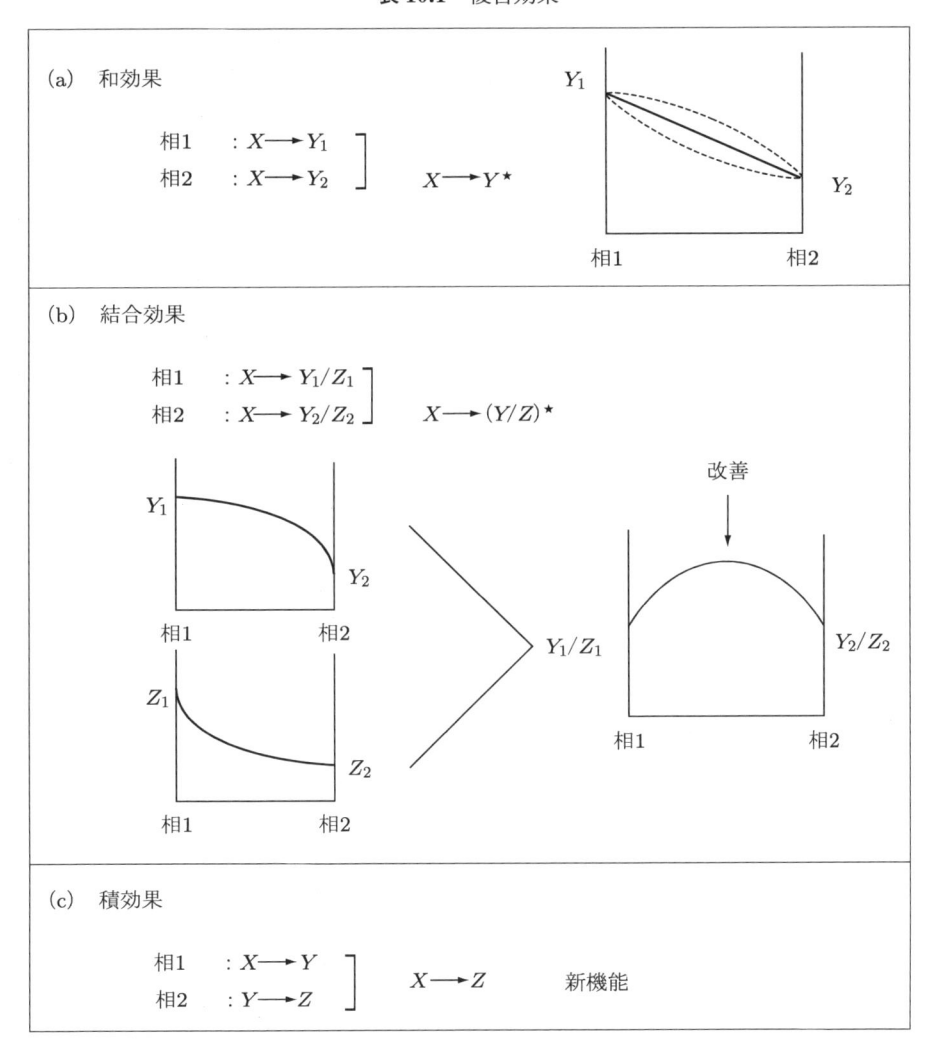

(a) 和効果

相1 ： $X \longrightarrow Y_1$
相2 ： $X \longrightarrow Y_2$ ］ $X \longrightarrow Y^{\star}$

(b) 結合効果

相1 ： $X \longrightarrow Y_1/Z_1$
相2 ： $X \longrightarrow Y_2/Z_2$ ］ $X \longrightarrow (Y/Z)^{\star}$

(c) 積効果

相1 ： $X \longrightarrow Y$
相2 ： $Y \longrightarrow Z$ ］ $X \longrightarrow Z$ 新機能

(1) 和効果

二相系複合材料について，入力 X から出力 Y への変換に注目して述べる．Y_1 と Y_2 を相1と相2の出力とする．相1と相2の複合材料の出力を Y^* とすると，Y^* は Y_1 と Y_2 の中間の値をとる．表10.1(a)中の図に Y_2 の体積分率による Y^* の変化を示す（ただし $Y_1 > Y_2$）．曲線は上に凸もしくは下に凸の場合があるが，平均値は Y_1 を超えることはなく Y_2 を下回ることもない．この効果を「**和効果**」とよぶ．

例として釣竿がある．軽量で丈夫な材料としてポリマ中にカーボンファイバが埋め

込まれており，3-1 コンポジットと 3-0 コンポジットの中間と考えられる．コンポジットの密度はカーボンとポリマが化学反応を起こさない限り体積分率によって表 10.1(a) に示すように計算できる．一方，材料強度に関してはカーボンファイバを長さ方向に配向することで劇的に改善され，表 10.1(a) に示すように上に凸のグラフになっている．

もう一つの例が NTC-PTC 材料である[2]．V_2O_3 粉体をエポキシ樹脂に混練したときに，粉体を比較的多めに混合し，高充填化することで図 10.2 に示すように 3-3 コンポジットに近い状況が実現される．V_2O_3 は 160 [K] で半導体－金属相転移を起こすので，その温度を通り過ぎるときに抵抗率は急激に変化する．さらに温度が上昇すると，ポリマの熱膨張率が大きいため 100 [℃] 近傍で 0-3 コンポジットに変化し抵抗率が変化する．したがって，この複合材料の伝導度は －100 [℃] から 100 [℃] までの範囲内で高くなり，「**伝導度ウィンドウ**」とよばれている．

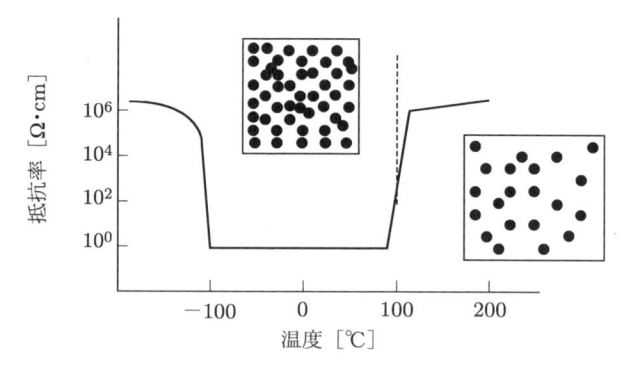

図 10.2 V_2O_3：エポキシ複合材料の NTC-PTC 効果[2]

(2) 結合効果

ある種のケースでは，複合材料出力値の平均値 Y^* は Y_1 や Y_2 を超えることがある．例えば，出力 Y と出力 Z があり，Y が上に凸 Z が下に凸の特性を示したとすると，その組み合わせ Y/Z は表 10.1(b) に示したように中間点で極大値をとるこれを**結合効果**とよぶ．

ある種の圧電セラミックス：ポリマ複合材料の g 定数（**圧電電圧定数**）は組み合わせ効果を示す（$g = d/\varepsilon$（d：圧電歪定数，ε：誘電率））．詳細は次節で述べる．

(3) 積効果

相 1 の入力が X のとき出力 Y で，相 2 の入力が Y のとき出力 Z としたときに，複合材料の入力が X で出力が Z ということになる．このように，複合材料構造によって

新機能が創出される効果を「**積効果**」とよぶ．

　Philips はこのコンセプトに基づいて**磁電材料**を開発した[2]．この材料は磁歪材料 $CoFe_2O_4$ と圧電材料 $BaTiO_3$ を混合，焼結したものである．図 10.3 に一方向に固体化した棒状材料（過剰 TiO_2（1.5 [重量%]）含む）の横部分の顕微鏡写真を示す．倍率 100 で四枚羽根のスピネル樹状構造 $CoFe_2O_4$ が見受けられる．図 10.4 に室温における磁電効果の磁界依存性を示す．磁界が複合材料にかかったときに，コバルトフェライトが磁歪を生じ，その歪によってチタン酸バリウムの圧電効果によって電荷／電圧を生じる．

　Cr_2O_3 のような単相材料の磁電効果は，極低温（液体ヘリウム温度）においてのみ観

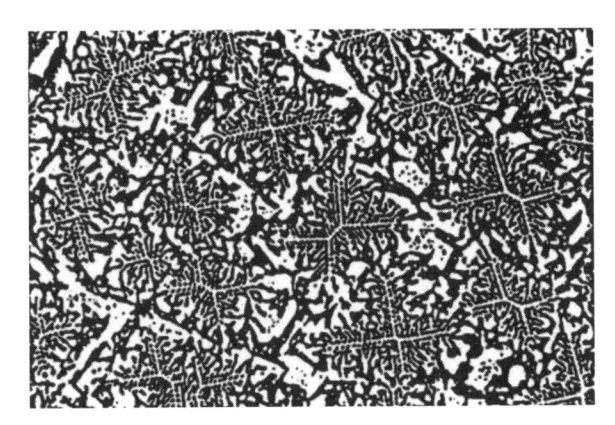

図 10.3　一方向に固体化した棒状材料
（磁歪材料 $CoFe_2O_4$ と圧電材料 $BaTiO_3$ を混合，焼結）
（過剰 TiO_2（1.5 [重量%]）含む）の横断面の顕微鏡写真[2]

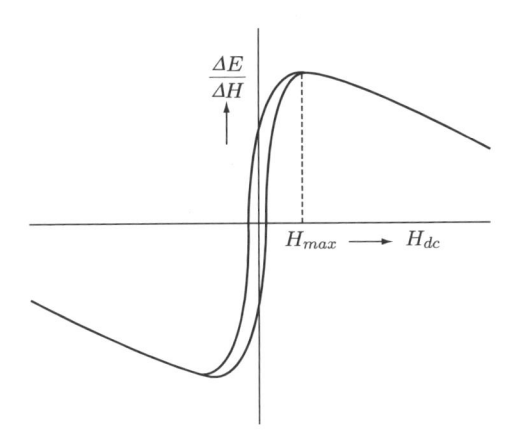

図 10.4　$CoFe_2O_4$ と圧電材料 $BaTiO_3$ 複合材料の磁電効果の磁界依存性

測されるため，室温でこの効果が観測できるのは非常に珍しい．室温や高温での安価な磁気センサがこれらのような複合材料で実現できる．

10.3 PZTとポリマの複合材料
(1) 圧電複合材料

第7章7.1節(2)で述べたように，PVDFのようなポリマ圧電材料は優れたセンサ材料である．しかし，圧電d定数や弾性スティッフネスが小さいためにそれ自身のみではハイパワーアクチュエータを構成することはできない．ところがPZT：ポリマ複合材料を用いると，ソナー用トランスデューサ（センサとアクチュエータ両機能が必要）としてアクチュエータを構成することができる[3]．

表10.2に各種複合圧電材料の代表的な値を示す[3]．圧電ポリマやPZT単体の値も同時に示す．PVDFの圧電d定数(単位電界あたりの歪：アクチュエータ性能の目安)はPZTの約1/10であるが，誘電率が小さいため，PVDFの圧電g定数(単位応力あたりの電圧：センサ性能の目安)はPZTの約10倍である．PZT：ポリマ複合材料は，dはPZTよりも少し小さくgはPVDFよりも少し小さいだけで，それぞれのよいところをあわせ持つ優れた材料であるといえる．特に水中音響トランスデューサはアクチュエータとセンサの両方の機能を一つの素子で行うことが多く，性能指数d_h, g_hの良い本材料は，単体のPZTやPVDFよりもはるかに優れた材料であるといえる．

表10.2 PZT：ポリマ複合材料の圧電応答性の比較（単相のPVDF, PZTを含む）

コネクティビティ	材料名	密度 ρ [10^3 kgm^{-3}]	弾性係数 c_{33} [GPa]	誘電率 ε_3	圧電定数		
					d_{33} [10^{-12}CN^{-1}]	g_{33} [10^{-3}mVN^{-1}]	g_h [10^{-3}mVN^{-1}]
—	PZT (501A) 単相	7.9	81	2000	400	20	3
3-1	PZT：エポキシ	3.0	19	400	300	75	40
3-3	PZT：シリコーンゴム（レプリカ型）	3.3	3	40	110	280	80
	PZT：シリコーンゴム（ハシゴ型）	4.5	19	400	250	60	—
3-0	PZT：PVDF	5.5	2.6	120	90	85	—
	PZT：ゴム	6.2	0.08	73	52	140	30
	PZT：クロロプレンゴム	—	—	40	—	—	90
—	延伸したPVDF	1.8	3	13	20	160	80

10.3 PZTとポリマの複合材料　241

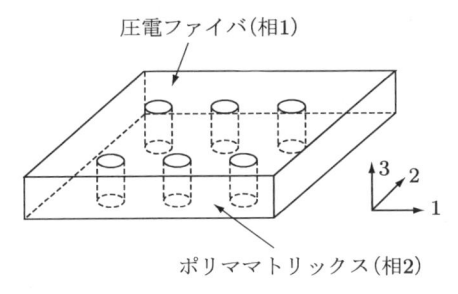

図10.5　棒状PZTとポリマの1-3コンポジット（上下面の電極は剛体）

(2) PZT：ポリマ複合材料の原理

ここでは原理の説明のために，1-3コンポジット（ポリママトリックス中に棒状PZT）を例に挙げる（図10.5参照）．特別な治具によって並べられたPZTファイバのすきまにエポキシ樹脂が流し込まれるのが当初の作成方法である[4]．エポキシが乾燥したらサンプルは所望の形に切断・研磨され，上下面に電極がつけられる．最後に分極処理がなされ素子の完成である．近年，PZTスラリから棒状PZTアレイをダイキャスト方式で作製できるようになっている[5]．

複合材料の有効圧電定数 d^* と g^* は以下のように求められる．電界 E_3 が印加されたとき，棒状圧電セラミックスは周囲のポリマが柔らかいので容易に伸びることができる（上下面の電極の剛性は充分確保している）．よって，d_{33}^* はPZTの d_{33} である $^1d_{33}$ とほとんど同じ値である．

$$d_{33}^* = {}^1d_{33} \tag{10.1}$$

同様に，

$$d_{31}^* = {}^1V\,{}^1d_{31} \tag{10.2}$$

ここで ^1V は相1（圧電体）の体積分率である．一方，外部応力がかけられた時には棒状圧電セラミックスがその応力のほとんどを支えるため，セラミックスにかかる応力は体積分率に反比例し，誘起電界や g^* は大きくなる．g^* は次式のように表される．

$$g_{33}^* = \frac{d_{33}^*}{\varepsilon_0 \varepsilon_3^*} = \frac{{}^1d_{33}}{{}^1V\varepsilon_0\,{}^1\varepsilon_3} = \frac{{}^1g_{33}}{{}^1V} \tag{10.3}$$

図10.6にPZT-エポキシによる1-3コンポジットの圧電定数を示す．測定にはBerlincourtの d_{33} メータを使用した．測定した d_{33}^* は体積分率に関係なく，PZT-501Aセラミックスの約75［％］の値であった．計算値の d_{33}^* 値が得られなかったのは，おそらく分極が完全ではなかったと考えられる．誘電率に関してはほぼ予測通りに体積分率 ^1V との線形な関係が得られた．したがって，g_{33}^* はPZTの体積分率が減少す

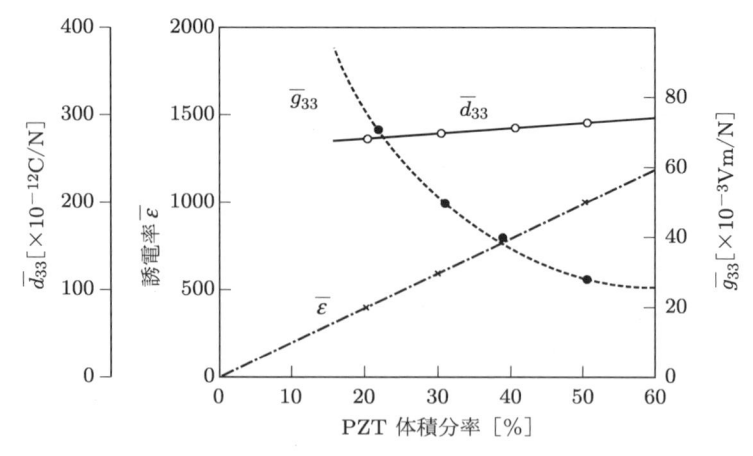

図 10.6 1-3 PZT：ポリマコンポジットの誘電率 ε と圧電定数 d_{33}，g_{33} の体積分率依存性

るにつれて急激に増加することがわかった．1-3 コンポジットの圧電定数を表 10.2 に示す．PZT：シリコーンの 3-3 コンポジットもあわせて示す．複合材料は PZT の体積分率を減少させることで，圧電 d 定数をほとんど変えることなく圧電 g 定数を二桁も増加させることができる非常に優れた材料である．

この複合材料の利点は高電気機械結合係数，低音響インピーダンス，水や生体とのマッチングがよいこと，柔軟性，広帯域（低 Q_m）という特性である．さらに，材料を刻まずに電極パターンのみでアレイを形成できる可能性がある．

複合材料の厚みモード電気機械結合係数は通常のセラミックス（$k_t = 0.40$-0.50）よりも大きく，ほぼ細棒のたてモード電気機械結合係数に近い値（$k_{33} = 0.70$-0.80）に迫るほどである[6]．水や生体（1.5 [Mrayls]）への音響マッチングは，普通のセラミックス（20-30 [Mrayls]）の時と比較してかなり改善された．圧電複合材料は特に水中音響ソナーや医療用超音波診断用トランスデューサへの有望な材料として注目されている．

PZT コンポジットは音響トランスデューサとして有用ではあるけれども，アクチュエータとして用いる時には注意が必要である．DC 電界を印加した場合は，誘起歪みは大きなヒステリシスを示し，ポリマ材料の粘弾性特性からクリープ現象も発生する．さらに深刻な問題は AC 電界を印加した場合の発熱である．複合材料の場合，圧電セラミックスの強誘電性ヒステリシスによる発熱は周囲を取り囲んでいるポリマの熱伝導率が低いためなかなか消散せず，圧電性が劣化する心配がある．

10.3 PZTとポリマの複合材料

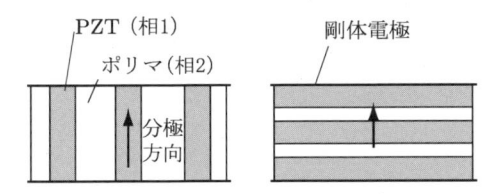

(a) 並列コネクティビティ　(b) 直列コネクティビティ

図 10.7 二相コンポジット

例題 10.2 ◆◆◆◆◆

二相の圧電体1, 2からなる複合材料があり（3軸方向に分極），図10.7(a)に示すように平行に配列されている．電子回路との類似性から，図10.7(a)の構造を並列接続，図10.7(b)を直列接続ということができる．体積分率は $^1V : {}^2V({}^1V + {}^2V = 1)$ である．ここで上下面の電極が十分な剛性をもち（電界誘起歪みの異なるセラミックス部分とポリマ部分で電極がたわまない），相1と相2の間で圧電結合が無視できるくらい小さいとき，次の物理的特性を計算せよ．

(a) 有効誘電率 $\varepsilon_3{}^*$
(b) 有効圧電定数 $d_{33}{}^*$
(c) 有効圧電定数 $g_{33}{}^*$

D_3：誘電変位，E_3：電界，X_3：応力，x_3：歪み，s_{33}：弾性コンプライアンス，などのパラメータを用いよ．

解　(a) 電極は相1, 相2ともに共通なので，電界 E_3 も同様にかかる．

$$D_3 = {}^1V {}^1\varepsilon_3\varepsilon_0 E_3 + {}^2V {}^2\varepsilon_3\varepsilon_0 E_3 = \varepsilon_3{}^* \varepsilon_0 E_3 \tag{P 10.2.1}$$

したがって，

$$\varepsilon_3{}^* = {}^1V {}^1\varepsilon_3 + {}^2V {}^2\varepsilon_3 \tag{P 10.2.2}$$

(b) もしも相1と相2が独立にフリーだとする．

$$^1x_3 = {}^1d_{33} E_3 \tag{P 10.2.3}$$
$$^2x_3 = {}^2d_{33} E_3 \tag{P 10.2.4}$$

歪み x_3 は両相ともに等しくなければならず，平均歪み $x_3{}^*$ は次式で与えられる．

$$\frac{{}^1V({}^1x_3 - x_3{}^*)}{{}^1s_{33}} = \frac{{}^2V(x_3{}^* - {}^2x_3)}{{}^2s_{33}} \tag{P 10.2.5}$$

したがって，

$$x_3{}^* = \frac{{}^1V {}^2s_{33} {}^1d_{33} + {}^2V {}^1s_{33} {}^2d_{33}}{{}^1V {}^2s_{33} + {}^2V {}^1s_{33}} E_3 \tag{P 10.2.6}$$

であり，有効圧電定数は次式で表される．

$$d_{33}{}^* = \frac{{}^1V {}^2s_{33} {}^1d_{33} + {}^2V {}^1s_{33} {}^2d_{33}}{{}^1V {}^2s_{33} + {}^2V {}^1s_{33}} \tag{P 10.2.7}$$

(c) $g_{33}{}^* = \dfrac{d_{33}{}^*}{\varepsilon_0 \varepsilon_3{}^*}$ なので，

$$g_{33}{}^* = \frac{{}^1V^2 s_{33}{}^1 d_{33} + {}^2V^1 s_{33}{}^2 d_{33}}{({}^1V^2 s_{33} + {}^2V^1 s_{33})\varepsilon_0({}^1V^1\varepsilon_3 + {}^2V^2\varepsilon_3)} \qquad (\text{P}10.2.8)$$

である．

❖

(3) 0-3 コンポジットの理論的モデル

複合材料の電気機械特性を予測するために，さまざまなモデルが提案されている．Pauer は PZT 粉体とポリウレタンゴムの 0-3 コンポジットを開発し，立方体モデルを用いてその誘電率を推定した[7]．図 10.8 に比誘電率の PZT 体積分率依存性を示す．実測値および各モデルによる予測値を示す．立方体モデル（立方体 PZT 粒子），球体モデル（球体 PZT 粒子），並列モデル，直列モデルのどのモデルも実測値を満足に説明するに至っていない．

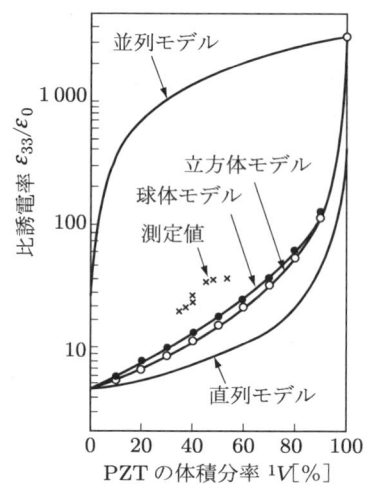

図 10.8 PZT 粉体：ポリウレタンゴムコンポジットの比誘電率の PZT 体積分率依存性

Banno によって x, y, z 方向の非等方性分布を考慮した「改良立方体モデル」が提案されている[8]．このモデルの単位胞を図 10.9 に示す．一軸性非等方性材料の場合 ($l = m = 1, n \neq 1$)，次の公式が導出される．

$$\varepsilon_{33}{}^* = \frac{a^2\{a + (1-a)n\}^2 \, {}^1\varepsilon_{33}{}^2\varepsilon_{33}}{a^2\varepsilon_{33} + (1-a)n\,{}^1\varepsilon_{33}} + [1 - a^2\{a + (1-a)n\}^2\varepsilon_{33}] \qquad (10.4)$$

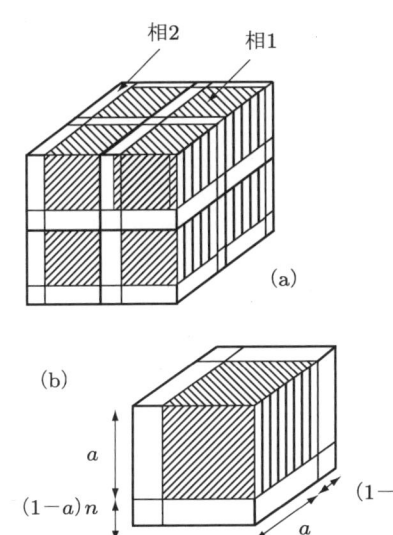

図 10.9 Banno の改良立方体モデル (0-3 コンポジットの単位胞)

$$d_{33}{}^* = {}^1d_{33} \frac{a^3\{a+(1-a)n\}}{a+(1-a)n\frac{{}^1\varepsilon_{33}}{{}^2\varepsilon_{33}}} \cdot \frac{1}{\frac{(1-a)n}{a+(1-a)n}+a^3} \tag{10.5}$$

$$d_{31}{}^* = {}^1d_{31} \frac{a^2\{a+(1-a)n\}}{a+(1-a)n\frac{{}^1\varepsilon_{33}}{{}^2\varepsilon_{33}}} \cdot \frac{a}{1-a\sqrt{a+(1-a)n}+a^3} \tag{10.6}$$

相1の体積分率は，次式で求められる．

$$^1V = \frac{a^3}{a+(1-a)n} \tag{10.7}$$

$n=1$ の場合は立方体モデルに対応し，一般的な $0<n<1$ の場合は z 方向がより高密度な配列のモデルに対応する．図 10.10 に実測した PbTiO₃：クロロプレンゴム複合材料の圧電係数 $d_h{}^*(=d_{33}{}^*+2d_{31}{}^*)$ および理論曲線を示す[9]．PbTiO₃ (^1V) の体積分率が小さい時，n は1以下になる(すなわち PbTiO₃ 周辺のゴム厚みは，z 方向に薄く x,y 方向に厚い)と考えられる．体積分率が増加するにつれて n は1に近づき，ゴム厚みはどの方向でも同じ厚みになる．この配列の変化は，混練やカレンダリングを含む製造工程の違いによるものと考えられる．

(4) 改良型 PZT：ポリマ複合材料

3-3 コンポジットは，最初サンゴのレプリカ法で作っていた．天然サンゴの構造をレプリカの型としてワックスを含浸させ，酸でサンゴを溶かす．そのワックス型に PZT

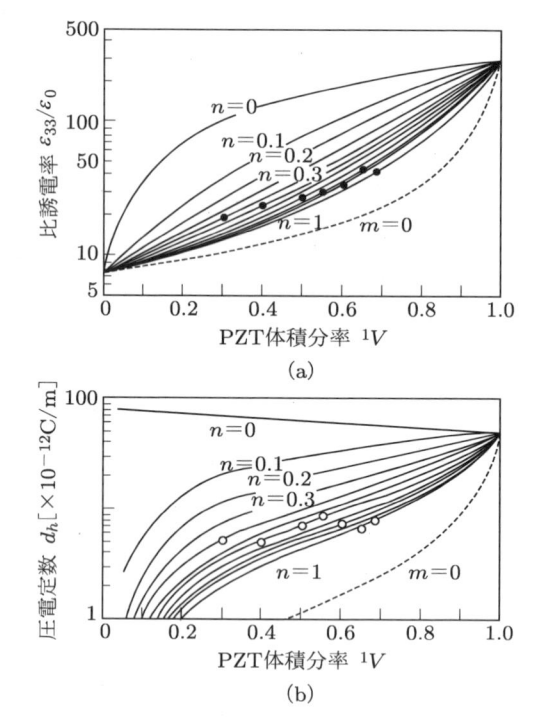

図 10.10 PbTiO$_3$：クロロプレンゴム，0-3 コンポジットの「改良立方体モデル」に基づく理論曲線および測定値
(a)誘電率　(b)圧電 d_h^* 定数($= d_{33}^* + 2d_{31}^*$)

スラリを流し込み，乾燥させ，ワックスを焼きとばし，最後にセラミックスを焼結させる[10]．空孔率の高いポーラス PZT 骨格を作るためには，BURPS (BURned-out Plastic Spheres) 法も提案された[11]．PZT 粉体と球形プラスチックをバインダと共に混合し焼結させる．宮下らによって，PZT の細棒を積み上げて三次元的に結合させる方法も報告されている[12]．

3-1, 3-2 コンポジットは PZT ブロックにドリルで穴をあけエポキシを充填することで作成可能である．ドリル法の他にはハニカム構造 PZT を作製する押し出し成型法がある．3-1, 3-2 コンポジットは大きな d_h, g_h 値を示す[13]．図 10.11 に示すように，これらコンポジットに使われる電極配置には並列型および直列型がある．一般に，直列型は並列型よりも大きな d_h, g_h 値を示す．

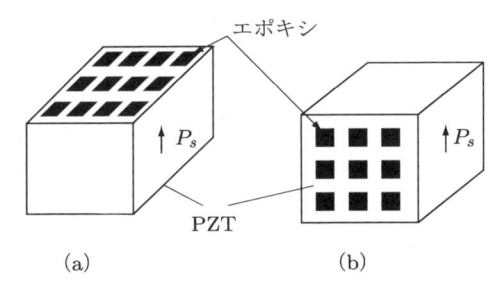

図 10.11 3-1 コンポジットの電極配置（上下面に剛体電極を設ける）
(a) 並列型　(b) 直列型

10.4　PZT 複合材料ダンパ

　PZT のもう一つの興味深い応用はパッシブ機械ダンパである．振動を抑えたい物体に圧電材料を貼り付けたとする．振動が圧電材料に伝搬すると，振動エネルギは圧電効果により電気エネルギ（AC 電圧）に変換される．ここで圧電材料に何も接続されていないオープン状態であったり，圧電材料がショート状態であったりするとエネルギ損失は無く，電気エネルギは再び機械エネルギに変換され，機械振動が長く続くことになる．もしも適切な抵抗が圧電材料に接続されたならば電気エネルギは抵抗を通してジュール熱に変換され（エネルギが消費され），再変換される機械エネルギが減少し振動が急速に減衰する．抵抗値 R が**インピーダンス整合**条件 $(R = \frac{1}{2\pi fC})$ を満たす時に最大の制振効果が得られる[14]．C は圧電材料の静電容量，f は振動周波数である．この手法を用いて K2 社は ACX 社との共同研究により PZT を制振に用いたスキー板を開発した．スキー中の不要な振動を抑圧することができる[15]．

　電気エネルギ U_E は，機械エネルギ U_M と電気機械結合係数 k を用いて次のように表すことができる．

$$U_E = U_M \times k^2 \tag{10.8}$$

　圧電ダンパは抵抗を接続することで電気エネルギを熱エネルギに変換する．ダンパのエネルギ変換効率は最大 50 [%] である．その時，一回振動するたびに振動エネルギは $\frac{k^2}{2}$ の率で熱エネルギとして消費されていくので，振動エネルギの大きさは $1 - \frac{k^2}{2}$ の率で減少する．振幅の二乗が振動エネルギに対応するので，振幅は $\sqrt{1 - \frac{k^2}{2}}$ の率で減少する．もしも共振周期を T_0 とすると，時間 t の間の振動回数は $\frac{2t}{T_0}$ である．振

幅は時間 t の間に $\left(1-\dfrac{k^2}{2}\right)^{\frac{t}{T_0}}$ になる．したがって振動の減衰は次式で表すことができる．

$$\left(1-\dfrac{k^2}{2}\right)^{\frac{t}{T_0}} = \exp\left(-\dfrac{t}{\tau}\right) \tag{10.9}$$

もしくは

$$\tau = -T_0 \ln\left(1-\dfrac{k^2}{2}\right) \tag{10.10}$$

k 値が大きいほど制振効果は大きい．

セラミックスは硬くてもろいため，機械系に直接組み込むことは難しいことがあり，柔軟性をもつ複合材料が用いられることがある．ポリマ：セラミックス粉体：カーボンブラックのコンポジットの場合 (図 10.12)，コンポジットの電気伝導度はカーボンブラックの含有率によって大きく変化する[16]．図 10.13 に作製過程を示す．コンポジットの電気伝導度を適切に選択することにより，セラミックス粉体とカーボンブラックが直列回路を形成する状態が得られ，振動エネルギが消費される状態になる．伝導度はカーボンブラックの含有率によって 10 桁も変化する．カーボンブラックが互いに接触し始める時の値をパーコレーション臨界値とよぶ．この特性を用いることで外部抵抗を接続する必要がなくなる．

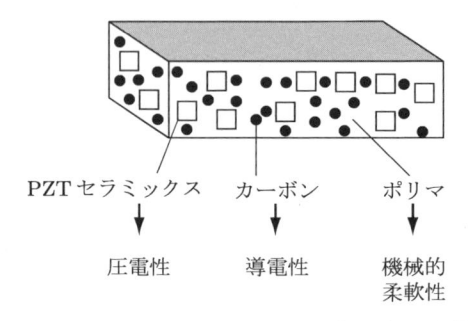

図 10.12 圧電セラミックス：ポリマ：カーボンブラック，制振用コンポジット

図 10.14 に PLZT：PVDF と PZT：PVDF コンポジットの減衰時定数とカーボンブラックの体積分率 [%] の関係を示す．カーボンブラック約 7 [%]（パーコレーション臨界値）で減衰時定数が最小になった．より高い電気機械結合係数 k をもつ PLZT を用いれば減衰時定数はさらに小さくなる．

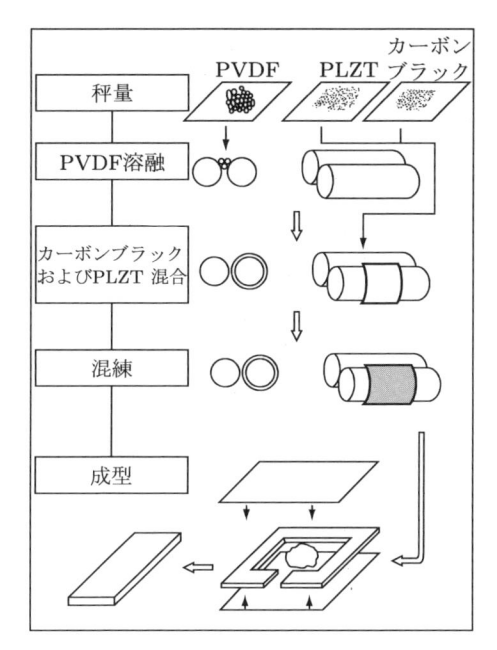

図10.13 カーボンブラックを含むPLZT：PVDFコンポジットの製造工程

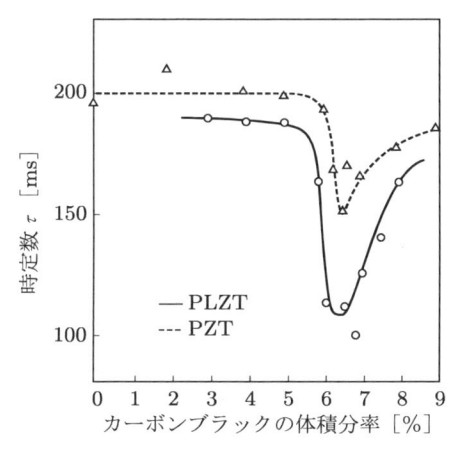

図10.14 PLZT：PVDF複合材料における減衰係数の
カーボンブラック体積％依存性

章のまとめ

1. 複合材料効果　(1)和効果　(2)結合効果　(3)積効果
2. PZT：ポリマ複合材料
    (a)高い d_h, g_h 定数

250　第10章　複合材料

　　(b) 水や生体への音響インピーダンス整合の良さ

　　(c) 機械的柔軟性

3. 1-3 コンポジット

　　有効圧電係数 d^*, g^*

$$d_{33}{}^* = {}^1d_{33}$$

$$d_{31}{}^* = {}^1V\,{}^1d_{31}$$

$$g_{33}{}^* = \frac{d_{33}{}^*}{\varepsilon_0 \varepsilon_3{}^*} = \frac{{}^1d_{33}}{{}^1V\varepsilon_0{}^1\varepsilon_3} = \frac{{}^1g_{33}}{{}^1V}$$

　　${}^1V$ は相1（PZT）の体積分率

4. メカニカルダンピングの原理

　　(1) 振動が圧電材料に伝搬する

　　(2) 振動エネルギが圧電効果によって電気エネルギ（AC電圧）に変換される

　　(3) 適切な抵抗が接続されていれば，電気エネルギは抵抗によって効率よくジュール熱に変換される

　　(4) 機械エネルギに再変換される分が減少し，振動エネルギが急速に減衰する

　　(5) 制振の最適条件は，接続抵抗値が $R = \dfrac{1}{2\pi f C}$ のときである

章末問題

10.1　二種類の圧電材料1と2がある．図10.7(b)に示すようなコンポジットで3軸方向に分極されている．体積分率は ${}^1V : {}^2V\,({}^1V + {}^2V = 1)$ である．上下面電極の剛性が充分あるとし，相1と相2間の横方向圧電結合が無視できるほど小さいとする．次にあげるコンポジットの物理特性を計算せよ．

　(a) 有効誘電率：$\varepsilon_3{}^*$

　(b) 有効圧電定数：$d_{33}{}^*$

　(c) 有効圧電定数：$g_{33}{}^*$

パラメータ D_3：誘電変位，E_3：電界，X_3：応力，x_3：歪み，s_{33}：弾性コンプライアンスを用いよ．

10.2　図10.9に示すような $(l = m = 1,\ n \neq 1)$ x, y, z 方向に関する非等方性分布考慮した「改良立方体モデル」に関し，次の式を導出せよ．

$$\varepsilon_{33}{}^* = \frac{a^2\{a + (1-a)n\}^2\,{}^1\varepsilon_{33}{}^2\varepsilon_{33}}{a^2\,{}^2\varepsilon_{33} + (1-a)n\,{}^1\varepsilon_{33}} + [1 - a^2\{a + (1-a)n\}^2]\,{}^2\varepsilon_{33}$$

$$d_{33}{}^* = {}^1 d_{33} \frac{a^3\{a+(1-a)n\}}{a+(1-a)n\frac{{}^1\varepsilon_{33}}{{}^2\varepsilon_{33}}} \cdot \frac{1}{\frac{(1-a)n}{a+(1-a)n}+a^3}$$

$$d_{31}{}^* = {}^1 d_{31} \frac{a^2\{a+(1-a)n\}}{a+(1-a)n\frac{{}^1\varepsilon_{33}}{{}^2\varepsilon_{33}}} \cdot \frac{a}{1-a\sqrt{a+(1-a)n}+a^3}$$

10.3 下図に示すように，焦電材料のPZT：ポリマコンポジットを考える．PZTとポリマの

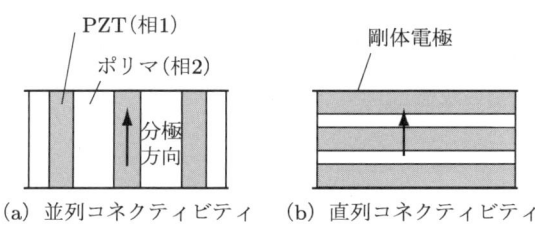

(a) 並列コネクティビティ　　(b) 直列コネクティビティ

焦電材料の複合材料構造

熱膨脹係数が大きく異なるため，一次の焦電係数 $\alpha = \frac{\partial P}{\partial T}$ だけでなく二次の焦電係数も観測される．並列接続と直列接続それぞれの場合に関して二次の焦電効果を述べよ．

上下の電極面は充分に剛性があり，相1と相2間の横方向応力は無視できるくらい小さいものとする．体積分率は ${}^1V : {}^2V ({}^1V + {}^2V = 1)$ である．パラメータとして，T：温度，α_T：熱膨脹係数，X_3：応力，x_3：歪み，s_{33}：弾性コンプライアンスを用いよ．

参 考 文 献

1) R. E. Newnham et al.: Mater. Res. Bull. 13, 525 (1978).
2) K. Uchino: Solid State Phys. 21, 27 (1986).
3) K. Uchino, S. Nomura and R. E. Newnham: Sensor Technology 2, 81 (1982).
4) K. A. Klicker, J. V. Biggers and R. E. Newnham: J. Amer. Ceram. Soc. 64, 5 (1981)
5) Materials Systems Inc. catalog (1994).
6) W. A. Smith: Proc. IEEE Ultrasonic Symp. '89, p.755 (1989).
7) L. A. Pauer: IEEE Int'l Convention Record, 1-5 (1973).
8) H. Banno: Proc. 6 th Int'l Meeting on Ferroelectricity (IMF-6, Kobe, 1985), Jpn. J. Appl. Phys. 24, Suppl. 24-2, 445 (1985).
9) H. Banno and T. Tsunooka: Ceramic Data Book '87, Industrial Product Technology Soc., p.328 (1987).
10) D. P. Skinner, R. E. Newnham and L. E. Cross: Mater. Res. Bull. 13, 599 (1978).
11) T. R. Shrout, W. A. Schulze and J. V. Biggers, Mater. Res. Bull. 14, 1553 (1979).
12) M. Miyashita et al.: Ferroelectrics 27, 397 (1980).
13) A. Safari, R. E. Newnham, L. E. Cross and W. A. Schulze: Ferroelectrics 41, 197 (1982).

14) K. Uchino and T. Ishii : J. Ceram. Soc. Jpn. 96, 863 (1988).
15) ACX Company catalogue : Passive Damping Ski.
16) Y. Suzuki, K. Uchino, H. Gouda, M. Sumita, R. E. Newnham and A. R. Ramachandran : J. Ceram. Soc. Jpn., Int'l Edition 99, 1096 (1991).

第11章　強誘電体デバイスの将来

これまで我々は以下のような強誘電体の基礎と応用を学んできた．
(1) 高誘電率材料
(2) 強誘電体メモリ
(3) 焦電デバイス
(4) 圧電デバイス
(5) 電気光学デバイス
(6) PTC材料
(7) 複合材料

　商品化の点からみると，現在はキャパシタ誘電体が市場を席巻しており，次にブザーやスピーカなどの圧電振動子が続いている．その他のデバイスの売り上げはそれらよりも少ない．

　強誘電体デバイスの次期主力商品は何であろうか？今まで見てきたように強誘電体にはさまざまな応用分野があるが，商品化されるまでには困難な場合が多い．光センサの場合を例にとると，強誘電体よりも半導体製品の方が応答速度や感度の点で優れている．磁気デバイスは記憶素子として，液晶はディスプレイとして確固たる地位を占めている．高誘電率誘電体薄膜はDRAMに生き残っているが，強誘電体メモリ（FRAM）の商品化は材料の抗電界の安定性のため，今後に期待するところである．現状で既に強力な競争相手が存在する場合，強誘電体デバイスが苦戦を強いられることは想像に難くない．したがって強誘電体の商品化にはまず競争相手のいない独自の分野で展開することが肝要である．

　著者の予測では，次にあげるデバイスが近い将来大きく伸びていくと考えている．
(1) 電気機械デバイス（圧電アクチュエータ，超音波モータ）
(2) 薄膜ハイブリッドセンサ（焦電センサ，圧力センサ，加速度センサ）
(3) 電気光学デバイス（光導波路，薄膜ハイブリッドディスプレイ）

　いうまでもなく，他のデバイスに可能性がないわけではない．しかしながら現状では他のデバイスは開発にさらなる時間，投資，専門知識が必要であり，上に挙げたデ

バイスの方が一歩進んでいることは間違いない．

11.1 マーケットシェア
(1) 強誘電体デバイスのマーケットシェア

図 11.1 に 1983 年度と 1991 年度の強誘電体デバイス（各種類ごと）の売り上げを示す[1,2]．世界市場を考える時には，これらの値を 1.2-1.3 倍すればよい．その理由は，圧電デバイスをはじめ日本企業が世界シェアの 80 [%] を生産しているからである．ただしこの統計に軍用製品は含まれていない．これらの分野は世界的経済不況から 1992 年以来成長が抑えられており 21 世紀初頭までは大きな変化が見込めないと考えられる．

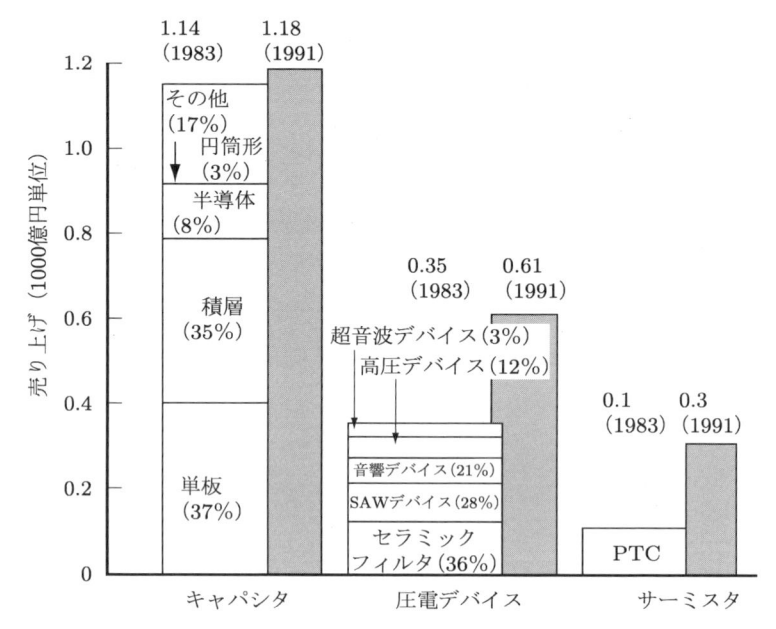

図 11.1 日本における 1983 年度，1991 年度の強誘電体デバイス（各種類ごと）の売り上げ

図 11.2 に各日本企業のシェアを示す．ビッグ 3 (村田製作所，TDK，松下電子部品) が強誘電体関連製品の大部分を占めており，これら三社で全製品の 2/3 を生産している．キャパシタは約 70 [%]，サーミスタは 90 [%] 以上を占める一方，圧電デバイスでは 50 [%] にとどまっている．安価なフィルタ，ブザーなどを除き，将来有望な圧電デバイス分野であまり大きなシェアを持っていない．

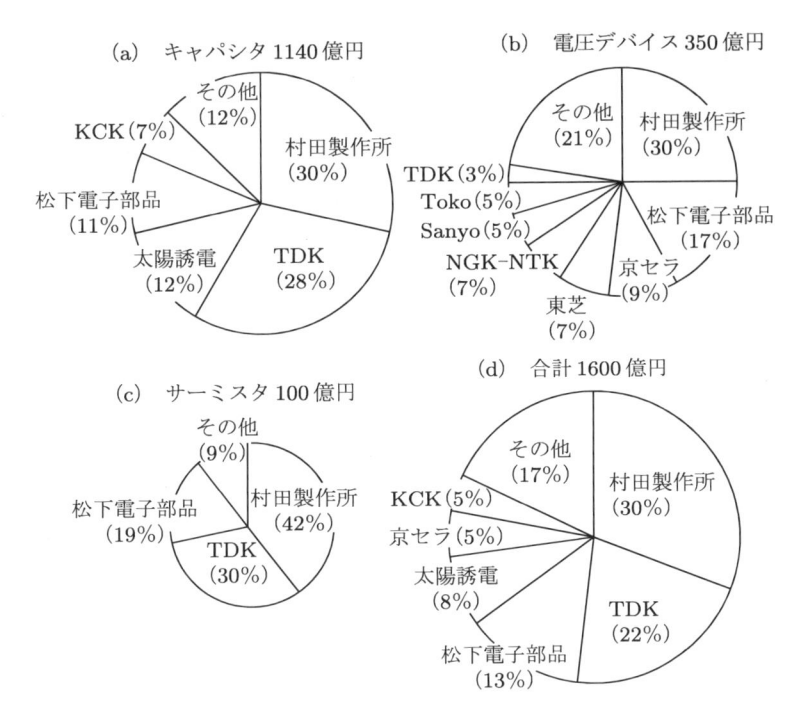

図 11.2 1983 年における日本企業の強誘電体デバイスのマーケットシェア

(2) セラミックアクチュエータのマーケットシェア

　本節では，圧電アクチュエータのマーケットシェアについて述べる．表 11.1 にアメリカ，日本，ヨーロッパでのセラミックアクチュエータの開発についてまとめた[3]．アメリカでの開発は主に軍関係政府機関によってなされており，30 [cm] 以上の比較的大型素子を用いたアクティブ振動制御に注力している．圧電アクチュエータと超音波モータは日本では主に個人企業で開発されてきており，1 [cm] 以下の小型アクチュエータを用いた精密位置決め，小型モータが中心である．研究開発は消費者に向けたものであるために日本政府からのサポートがあるわけではない．しかし，シリコンマイクロマシニング関連のマイクロモータなどの，「マイクロメカニズム」分野に関しては大きな国家プロジェクトがある．一方ヨーロッパの開発状況は日本やアメリカに一歩おくれている感はあるが，さまざまな応用方面を研究している．試作ステージの素子サイズは一般に約 10 [cm] である．

　アメリカの市場は軍用や防衛用に限られており，市場規模を推定することは難しい．海軍の動向からは，潜水艦スマートスキン，水中マイクロホン・アクチュエータ，ス

表 11.1 アメリカ，日本，ヨーロッパにおけるセラミックアクチュエータ開発の比較

	アメリカ合衆国	日 本	ヨーロッパ
目標	軍用	民生用 （大量生産）	研究室用
分類	制振	小型モータ 位置決め	小型モータ 位置決め 制振
応用分野	宇宙応用 軍用車両	OA 機器 カメラ 精密機械 自動車	研究用ステージ／ ステッパ 飛行機，自動車 油空圧システム
アクチュエータ サイズ	大型化 (30 [cm])	小型化 (1 [cm])	中型 (10 [cm])
主要 メーカー	AVX/Kyocera Morgan Matroc Itek Opt. Systems Burleigh AlliedSignal	NEC-トーキン NEC 日立金属 キヤノン セイコー電子 太平洋セメント	Philips Siemens Hoechst CeramTec Ferroperm Physik Instrumente

クリュウ雑音キャンセラ，空軍の動向からは，航空機用スマートスキン，そして陸軍からはヘリコプタロータ制御，航空機用サーボ弾性制御，キャビンの雑音やシート振動吸収デバイスが要求されている．

　日本では，圧電カメラシャッタ（ミノルタ），オートフォーカス機構（キヤノン），ドットマトリックスプリンタ（NEC），パーツフィーダ（産機）などが商品化され，毎月数万個程度の大量生産が行われている．圧電インクジェットプリンタ（EPSON）や圧電トランス（NEC など）も売り上げを驚異的に伸ばしている．数々の特許が特に NEC，TOTO，松下電器，ブラザー工業，トヨタ自動車，NEC-トーキン，日立金属，東芝から公開されている．

　2005 年の日本における年間売り上げは，セラミックアクチュエータが 500 億円，カメラ関係デバイスが 300 億円，超音波モータが 150 億円になるとみられている[4]．全売り上げで比較するとキャパシタ市場に迫る勢いである．もしこれらの部品が最終製品に組み込まれたら，それらの売り上げは 1 兆円に達するであろう．セラミック関連デバイスの将来は明るい．

11.2 信頼性の問題

　強誘電体材料の応用範囲や可能性というものは今までに繰り返し述べてきた．しかし商品化に対して解決しなければならない課題が残されていることも事実であり，特に信頼性や耐久性が問題視されてきた．そこで材料，デバイス設計，駆動／制御技術の観点から信頼性について考えてみる．

(1) 材料改善

　材料の誘電特性／強誘電特性の再現性は，**粒径，空孔率，不純物**に依存する．例えば粒径が増加するにつれて電界誘起歪みや分極は増大するけれども，靱性値は低下する．粒径は目的によって最適化されるべきものである．したがって，共沈法やゾルゲル法などの湿式化学プロセスによって作られる微粉体が望ましい．

　電気光学デバイスにとっては焼結セラミックスの空孔率は0でなければならないが，圧電歪みに関して空孔率は(焼結密度が94[%]以上でありさえすれば)あまり関係がない．空孔率の変化によるPMN系材料で作られたユニモルフの先端変位の低下は8[%]以下であった[5]．ドナー添加，アクセプタ添加の場合は，材料の圧電特性はさまざまに変化する．ドナー添加は材料に「ソフト」特性をもたらし，歪みは大きく履歴は小さくなる(印加電圧1[kV/mm])．アクセプタ添加は材料に「ハード」特性をもたらし，AC電界下でヒステリシス損失は小さく機械的品質係数は大きくなる．

　ほとんどの実用デバイスでは，コンポジットや固溶体技術などを駆使して材料特性の温度依存性を安定させる努力がなされている．最近の傾向として，自動車用高温センサや高温アクチュエータ，実験装置や宇宙構造物などの低温応用デバイスが開発されている．

　強誘電体デバイス特性の高電界依存性や応力依存性は，機械的強度の組成依存性と同様に系統的研究が待たれている．

　エージング効果も非常に重要であるが，あまり多くの研究がなされていない．エージングは主に二つの要因から起きると考えられる．一つは脱分極，もう一つは破壊である．クリープ(印加電圧一定でも徐々に誘起変位が変化する現象)や電気機械特性のゼロ点ドリフト(AC電圧が印加された時，印加電界ゼロ時の特性が徐々に変化する現象)は強誘電体セラミックスの脱分極によって発生する．もう一つの深刻な特性劣化は高温時，高湿度時，高応力時の高電界印加によって引き起こされる．おそらく原子やイオンのマイグレーションによるものと考えられる．積層圧電アクチュエータのような強誘電体デバイスの温度やDCバイアス電圧による寿命の変化は次の経験式に従う[6]．

$$t_{DC} = \frac{A}{E^n} \exp\left(\frac{W_{DC}}{kT}\right) \tag{11.1}$$

W_{DC} は活性化エネルギのようなもの，n は特性パラメータ，T は温度，E は直流バイアス電圧である．

(2) デバイスの信頼性

アクチュエータ，電気光学素子，記憶素子によく使われている銀電極は高湿度高電界下でマイグレーションを起こすという問題が指摘されている．この問題は銀・パラジウム合金（コストが許せば白金）を使用すれば避けることが可能である．安価なセラミックアクチュエータを製造するためには，銅やニッケルを電極材料として使用することが考えられるが，焼結温度を900［℃］以下にしなければならない点が今後の課題である．キャパシタ材料として900［℃］以下で焼結できたとしても，アクチュエータ材料として使用できるようになるにはまだ課題が残っている．

バイモルフや積層アクチュエータの問題として，電極層のはがれ（デラミネーション）がある．各層の接着力を強化するには，金属とセラミックス粉体コロイドの複合電極，セラミック電極や穴あき電極が望ましい．また，内部応力集中を抑制することはデバイス中の初期クラックを防ぐのに有効であり，破壊防止と同時にデラミネーション防止にもなる．その手法のいくつかが，全面電極方式，スリット挿入方式，フローティング電極方式である．ただ，一層の厚みが薄くなるにつれて寿命が延びる理由に関してはまだ明らかにされていない．

疲労破壊検出技術を用いた寿命予測や状態モニタリングシステムもいくつかのデバイスでは重要である[7]．図11.3にアコースティックエミッション（AE）モニタリング機能をもつ「知的」アクチュエータを示す．アクチュエータは位置決めフィードバックと破壊検出フィードバックの二つのフィードバックによって制御されている．位置決めフィードバックは位置のゆらぎや履歴を補正でき，破壊検出フィードバックはアクチュエータの破壊やそれにともなうワークの損傷を未然に防ぎ，装置を安全に停止させることができる（旋盤などの加工機械）．交流駆動されている圧電アクチュエータのAE測定は素子の寿命を予測する有効な手法の一つである．AEはまずセラミックアクチュエータ中にクラックが最大速度で進展した時に検出される．100層の圧電アクチュエータでは，通常駆動条件下で若干のAEが観測されるが，疲労破壊直前ではオーダにして3桁多いAEが観測されることが報告されている．また圧電素子はAEセンサとして利用できることも注目に値する．

積層型圧電アクチュエータの信頼性を向上させるために，歪みゲージと同じ配列の

内部電極をもつものが提案された[8]．図11.4に示すような歪みゲージ型の電極が10層おきに使われている．通常の駆動では横方向圧電歪みに対応する抵抗値変化が観測されるが，クラックやデラミネーションが生じた場合は異常な抵抗変化を示すことでアクチュエータの異変を検出することができる．このモニタ用電極は図11.3に示すような二種類のフィードバック両方に用いることができる．

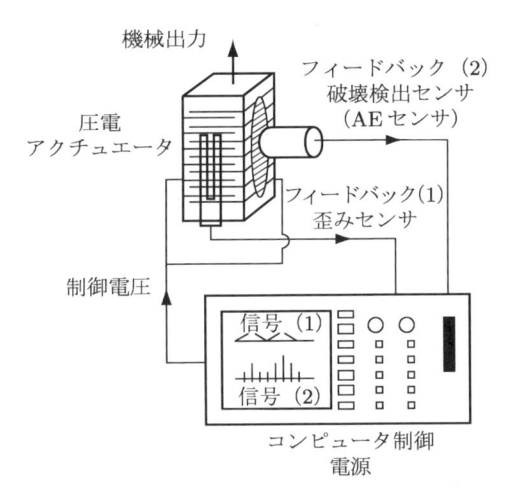

図11.3 位置フィードバックおよび破壊検出フィードバック機構を備えた知的アクチュエータシステム

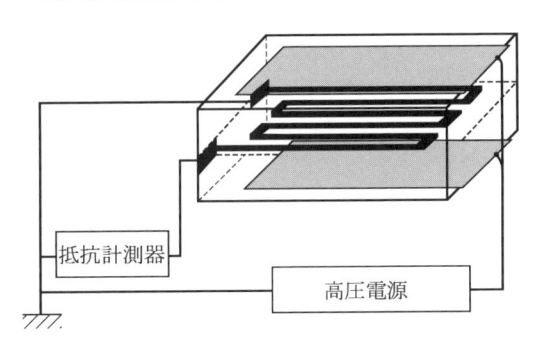

図11.4 内部電極による歪みゲージ機能を有する知的アクチュエータ

(3) 駆動／制御技術

一般に，強誘電体デバイスは高速応答性があるといわれているが，鋭いパルスやステップ電圧が印加されるとオーバーシュートやリンギング（残留振動）が生じてしまうことがある．この現象はアクチュエータのみならずキャパシタや電気光学素子にも

発生する．場合によっては音を生じることがあり，「鳴き」とよばれることがある．圧電性や電歪性に起因する機械的共振現象である．

パルス／ステップ駆動の場合は上記不安定出力に加え，きわめて大きな引張り応力が素子内部に誘起され，時にクラックを生じさせてしまう．予防法の一つは例えばコイルバネや板バネを用いてあらかじめ素子に圧縮応力をかけておくことが有効である．

圧電トランスや超音波モータのようなハイパワー圧電応用分野では，特に高電界でAC駆動されたときに素子の温度上昇が問題になる．温度上昇は発熱量が放熱量を上回った時に発生する．発熱の原因は主に誘電損失であり，放熱は主にデバイスサイズ（表面積）によって決まる[9]．素子特性の劣化を防ぐためには素子温度が 40 [℃] を超えない工夫が必要である．

ハイパワー超音波トランスデューサや超音波モータに限っては，反共振モードでの駆動が提案されている[10]．超音波モータは通常，共振モード（「共振」周波数）で駆動されるが，「反共振」での機械共振状態は「共振」時に比べて高い Q_m 値や低い発熱を示す点が優れている．さらに，アドミッタンスの低い「反共振」での駆動は小電流高電圧駆動であり，共振駆動における大電流低電圧駆動とは電源の仕様が異なる．このことは高価な大電流（低電圧）電源ではなく，廉価な高電圧（小電流）電源を超音波モータに利用できるということを示唆している．

(4) 安全システム

今後の研究開発は，技術的に優れていることと同様に，環境に優しいシステム（とりもなおさず人間にも優しいシステム）であることが求められている．ジルコン酸チタン酸鉛（PZT）系セラミックスは本書のキーマテリアルであるが，実は鉛を用いている点が将来問題になる可能性がある．そこで鉛を使用しない強誘電体セラミックスの開発が近年強く望まれている．近い将来，鉛や鉛を含む材料の使用制限が法制化されないとは限らない．特に医療用応用や自動車応用分野において $BaTiO_3$ や $K(Ta, Nb)O_3$ などの鉛フリー単結晶の研究が今後進むであろう．

材料／デバイスの疲労や破壊の前兆をモニタしたり，問題の起きる前に装置を停止させたりする安全システムも望まれている．積層型圧電アクチュエータの歪みゲージ型内部電極は将来の安全システムのよい例であるといえる．

11.3　ベストセラーデバイスの開発

著者は 25 年以上にわたって 60 種類以上の強誘電体デバイスに携わってきた．その

研究開発の歴史の中で著者は日本とアメリカの両方でいくつかの大学の教授，企業の副社長，研究開発センタ副所長，常任監査役を歴任してきた．

最終節では，特にスマート材料／スマート構造の分野における**ベストセラーデバイス開発のノウハウ**に関して著者の個人的哲学を述べる．若い研究者にとっては実際のデバイスの知識よりもむしろこの「ハウツー」ものの方が重要であると著者は信じている．

(1) ビジネス戦略

「日本の研究者は，商品化に向けてオリジナルアイディアを追いかけ模倣することは得意であるが，一般的に創造性に欠けている．」というジャーナリストの質問に，ソニーの前社長，盛田昭夫氏がこう答えている．「ソニーの研究開発には三種類の創造性があるべき．」「アメリカ人は**技術的創造性**のみに重点を置いている．しかし商業的に成功するには，**商品企画創造性，市場創造性**の二つの創造性もあることに気づかなければならない．」[11]

例えば，松下電器産業（パナソニック）のカラーテレビ技術（色分解能の高いブラックストライプ技術）は Philips から技術移転されている．しかし考えてみれば，アイディアは Philips からではあったが彼らには商品化できる技術力はなかったのである．そこを松下電器は三年の開発期間をかけて商品化にこぎつけたのである．もちろんどちらの会社がより高い技術をもっているかを判断するのは読者である．しかしこのテレビ開発から利益を得ることができたのは松下電器であったことは間違いない．

表 11.2 に研究開発戦略を立てるときの三種類の創造性をまとめた．おのおのの詳細は次で述べる．

表 11.2 研究開発における三タイプの創造性

	研究開発戦略
(1) 技術的創造性	・新機能 ・高性能
(2) 商品企画創造性	・スペック 　（感度，サイズ，出力） ・デザイン
(3) 市場創造性	・価格 ・宣伝

(2) 市場創造性

TreacyとWiersemaによる「Discipline of Market Leaders」[12]は市場創造性を理解するためにきわめて有益な書であり，書中において市場創造性は次に挙げる三つの基礎段階に分かれている．

(a) 顧客の選択
(b) 焦点をしぼる
(c) 市場の支配

これらの段階にしたがって市場創造性の詳細を理解していこう．

■顧客の選択

1) 国内か国外か？

まず次の例題を解いてみよう．

例題 11.1 ❖❖❖❖❖

(a) 日本車はアメリカで人気があるが，アメリカ車は日本では人気はあまり無い．なぜだと思うか？

(b) 温水洗浄便座は日本で大ヒットしているが，アメリカではそうではない．メーカーは販売努力をしているのであるが……．なぜだろうか？

解 (a) まず，交通システムの違いに気づかなければならない．日本は右ハンドル，アメリカは左ハンドルである．日本の自動車メーカーは左ハンドル車を生産しているが，アメリカの自動車メーカーは右ハンドル車の生産にあまり熱心ではない．この点からしてもアメリカ車が日本で簡単に受け入れられるとは思えない．

(b) 日本のトイレには浴室シャワーシステムがないため，温水洗浄便座の取付けの需要があるが，しかし米国ではいわゆるトイレは浴室であり，通常用をすませた後シャワーを使用する習慣があるために，わざわざ温水洗浄便座の取付けの必要性がない．

❖

上記の例からわかるように，事業を海外に展開するためには**その国の文化を理解する**ことや**その国のことをよく知るパートナーを見つける**ことが必要であることは明らかである．

ところで，TOTOの温水洗浄便座「ウォシュレット」には形状記憶合金（スマート材料）を用いた精巧なシステムがある．ノズル部分は，ヒータと形状記憶合金を使ったノズル角制御機構とで構成されている．水がヒータによって所望の温度範囲に温め

られた時のみ形状記憶合金がノズルを適正角度にする機能を持っている．水温が低い場合の水流は真下向きで人に当たらない．

2）軍用か民生用か？

商品開発は軍用製品の場合，時に政府の援助を受けることもある．研究者は軍用と民生用の設計思想や品質管理基準の違いを充分に理解しなければならない．軍用では生産数が多くないので（数百から数千くらい），製造は手作業で行われることが多く，高価格になってしまう．軍関係者を対象にする戦略は，小さなベンチャー企業向きといえるかも知れない．

要求仕様と品質管理の違いも興味深い．図 11.5 に軍用品と民生大量生産品における品質管理の基本的哲学の違いを示す．軍用品は手作業による生産のため，品質のばらつきは比較的大きくなってしまう．しかし，全数検査が行われることで品質の保証がされている．一方大量生産品には全数検査はなじまない．そこで製造技術を駆使して一定品質の（品質の標準偏差はできるだけ小さくなければならない）製品が生産できるように努めている．検査にかかるコストが削減できる．すでに気付いていることと思うが，品質が良すぎることも設計通りでないという意味では NG 品となってしまう．

電球を例にとって考えてみよう．電球の平均寿命は一般に 2000 時間であり，この寿命の標準偏差はプラスマイナス 10［%］である（1800-2200 時間）．もしもこの製品の寿命がたまたま 2400 時間になってしまった場合，どうなるであろうか．電球事業部は経営が難しくなってしまうであろう．高品質（高付加価値）には適正価格が必要で，そのバランスが崩れた場合は会社が成り立たなくなってしまう．特に電球のような成熟市場では売り上げが伸びるとは考えにくく，簡単にいえば 10［%］の寿命延長は年間売り上げ 10［%］減を意味する．したがって「良すぎる品質」というものは大量生産品においては避けなければならない．

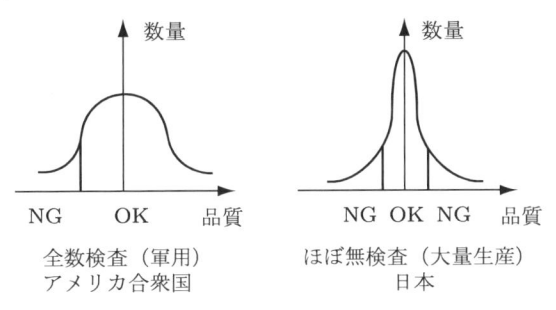

図 11.5 軍用品と大量生産品における品質管理方針の違い

もちろん，メーカーは電球の寿命をのばす技術は持っている．店頭で寿命2400時間の電球を見つけたとき，その価格が2000時間の電球にくらべてきっちり10［％］高かったとしても決して驚くべきことではない．品質管理，コスト管理，価格設定から考えれば当然の結果なのである．

最後に，日本の民生品製造会社であってもNASAスペースシャトル計画のような軍用／政府応用製品に貢献することがある．これはその会社にとって製品がNASAに採用されたことによって高品質の証を得たことになり，直接利益にはならなくても大きな宣伝効果があるからである．

3）一般的社会傾向をつかむ

市場はまた文化的特性を反映した傾向も示し，時間と共に徐々に変化することもあれば急速に変化することもある．ここでは日本の市場トレンドの変化について考える．市場進出する前には，必ずその市場を完全に理解していなければならない．表11.3に市場傾向の推移をまとめた．また，表11.3の最後には，これらの傾向を一言で表す「四文字熟語」を示す[13]．

著者が大学生だった頃，最も人気の高かった学科は冶金工学（鉄鋼や造船）や電気工学（パワープラントの製造）であり，巨大な製品を製造するための学問であった．しかし，1980年代に入り，ほとんどの企業は主に電子機器やコンピュータハードウェアにシフトし始め，素子の小型化を進めていった．圧電アクチュエータ，位置決め装

表11.3　日本の市場傾向の推移

1960年代	重厚長大	・造船 ・製鉄 ・建設 ・パワープラント（ダム）
1980年代	軽薄短小	・プリンタ，カメラ ・テレビ，コンピュータ ・印刷時間，通信時間 ・「ウォークマン」，エアコン
2000年代 （予測）	美遊潤創	・有名ブランド，アパレル ・テレビゲーム ・携帯電話 ・「カルチャー」センタ，オーダーメード

1960年代　重厚長大
1980年代　軽薄短小
2000年代　美遊潤創

置，超音波モータは高精度の組み立てに使われてきた．

2000 年代に入ると，新製品のキーワードは「美」「遊」「潤」「創」となるであろう[12]．テレビゲームの一種であり世界的に子供たちに人気のある任天堂のゲームボーイが良い例である．任天堂は花札の会社として長く続いてきた．1970 年当初，日本の電子産業はアメリカの半導体デバイス技術を追いかけている段階で，大量の 8 ビットチップ不良品が発生していた（当時の技術レベルはその程度であった）．不良品とはいっても，チップの基本機能はほとんど生きていたので任天堂はそれらを超低価格で購入し，コンピュータゲームに使用することにした．ゲームボーイの試作品は先進技術を使ったわけではなく，安価で扱い慣れた 8 ビットチップを使ったのである．ゲームボーイの大ヒットは，トレンドの「遊」に該当したことと子供たちの心をしっかりとつかんだことによるものであろう．

■焦点をしぼる

顧客を選択できたあと，開発の焦点を絞る必要がある．その手法を次にまとめた．
1. すべての可能な応用分野をリストアップする
2. 最も簡単なスペックから始める

可能な応用の中で，最も技術的スペックが簡単なものを見つける．次の例題に沿ってこの手順を追ってみよう．

例題 11.2 ❖❖❖❖❖

ごく普通のセラミックアクチュエータを簡単に利用できる応用分野を選択せよ．
1. OA 機器（プリンタ，FAX）
2. カメラ
3. 自動車

解 (1) 温度範囲

標準的な要求温度範囲は，OA 機器で $-20\,[°C]$ から $120\,[°C]$，カメラでは $0\,[°C]$ から $40\,[°C]$ である．カメラの場合はたとえ屋外であっても結局は手に持って使用するため極端な環境にはならない．またこの温度範囲を超えてしまうと，カメラよりも先に中のフィルムがダメージを受けてしまうことは想像に難くない．一方，自動車に使用するデバイスは $-50\,[°C]$ から $150\,[°C]$ の広範囲で動作しなければならない．

(2) 信頼性

標準的な要求寿命は，OA 機器（例えばプリンタ）で連続三ヶ月以上もしくは 10^{11} サイクル，自動車で十年である．しかしカメラではほんの 5×10^4 サイクルである．想像してみてほしい．

皆さんは一年で何枚の写真を撮るであろうか？一般的な使用状況として，例えば36枚撮りのフィルムを春に使って秋になってもまだ使い終わらないのではないだろうか．

結論として使いやすさは次の順番となる．
カメラ＞OA機器＞自動車

❖

■コストパフォーマンス

我々は開発目標をはっきりさせるために時々スコアシートを使うことがある．表11.4にスコアシートの例を示す．スコアの合計を比較し，開発の最重要課題を選ぶ．

表11.4 デバイスのスコアシート

	デバイスA	デバイスB
低コスト		
1)　原材料コスト	0 1 2	0 1 2
2)　製造コスト	0 1 2	0 1 2
3)　人件費(特殊技能)	0 1 2	0 1 2
高性能		
4)　性能指数	0 1 2	0 1 2
5)　寿命	0 1 2	0 1 2
市場		
6)　デザイン	0 1 2	0 1 2
7)　製造個数	0 1 2	0 1 2
8)　アフターサービス	0 1 2	0 1 2

例題11.3　❖❖❖❖❖

ドットマトリックスプリンタを考えた時，表11.4のような表を作り，バイモルフと積層素子とでコストパフォーマンスを比較せよ．

解　スコアの例を次に示す．
　コメント：(a)積層構造では，高価な電極材料が必要であり，テープキャスティング法には初期投資が必要である．ただし揃ってしまえば製造工程はほぼ自動である．
　(b)積層素子を用いれば，ドットマトリックスプリンタに必要な高速，ハイパワー，長寿命が可能となる．
　(c)積層アクチュエータの製造工程（テープキャスティング法）は大量生産に適している．

	バイモルフ	積層
低コスト		
1）原材料コスト	0 ① 2	⓪ 1 2
2）製造コスト	0 ① 2	⓪ 1 2
3）人件費（特殊技能）	⓪ 1 2	0 1 ②
高性能		
4）性能指数	0 ① 2	0 1 ②
5）寿命	⓪ 1 2	0 1 ②
市場		
6）デザイン	0 ① 2	0 ① 2
7）製造個数	0 ① 2	0 1 ②
8）アフターサービス	0 ① 2	0 ① 2
総得点	6	10

❖

1）市場の支配

目標を定めたら次に挙げる技術や商品企画創造性にしたがって商品を開発し，同時に適度な宣伝と適切な価格帯を考えなければならない．

2）宣伝

開発されたデバイスのネーミングや**商標**を選ぶことはきわめて重要である．著者が一体焼結積層アクチュエータを開発していた当時，積層素子は「変位トランスデューサ」という名前だった．もちろんこれも物理的視点から悪くはないと思うが，消費者にはインパクトが弱い．機械的視点から「ポジショナ」という名前も可能である．

NECとの話し合いの結果，「圧電アクチュエータ」という用語が選ばれた．この用語の巧みな点は，半分は電気技術者になじみのある「圧電」が，半分は機械技術者になじみのある「アクチュエータ」が使われていることである．境界領域で働いている技術者には一度で理解でき，まさにこの製品を使ってもらいたい分野にぴったりのネーミングである．さらに，電気技術者や機械技術者に残り半分の意味を知ってもらうよい機会になり，知名度の向上，市場の認知・拡大を期待することもできる．

3）適正価格

売り上げの利益率は商品によって異なる．電気関係は比較的高めで，電子部品で10 [％]，ビデオテープで30 [％]．化学関係は3-4 [％] である．このような利益率を考慮して材料費，人件費が決められる．表11.5に概算例を示す．

表 11.5　価格計算例

商品価格	100
(同等商品と同程度でなければならない)	
原価	25-50
(流通ルートによって異なる)	
原材料	10
人件費	10
利益	5

例えば，読者の会社が積層アクチュエータビジネスを始めたいと思った時，テープキャスティング装置を購入するかどうか検討するだろう．そのようなとき著者は，年間100万個以上生産するのであれば導入をおすすめする．それ以下であれば，数人の作業員を雇って従来法である切断／接着法を採用する方がよい．

また，読者の会社が自動生産ロボットの購入を検討していたとすると，当然価格の検討をしていると思う．よくあるシングルタスクロボットは300万円する．このロボットはそれほどメンテナンスにコストをかけなくても二年は使用することができる．一方，タイやトルコなどの国では，一人雇うには年間30万円あれば十分である．ということは10人の製造ラインはロボット一台に対応する．したがってロボットの購入だけでなく，人件費の安い国で製造ラインを持つことも一つの選択肢として考えられる．

(3) 技術的創造性

技術的創造性を発揮するには二つの異なったアプローチがある．ひとつは新機能効果や新機能材料を見つけること，もう一つは高性能や高性能指数を得ることである．別の言い方をすればそれぞれ「研究」，「開発」となる．

1) 新機能

セレンディピティは材料の新機能を発見する重要な要因の一つとしてよく語られる言葉である．圧電ポリマ PVDF を発見した河合博士がその一例である．Bednortz と Müller による高温超伝導の発見もまた良い例である．

日本のことわざに，すべての研究者にはその人生の内に新発見の「三つのチャンス」があるというものがあるという．しかし，ほとんどの人はそれらのチャンスに気付くことなく逃している．チャンスをつかむ準備のできている人のみが新現象を発見できるのである．ある日本企業の重役が，「ヒット商品を一つ開発できたら事業部長候補，二つ開発できたら副社長，三つ以上開発できたら社長になれるかもしれない．」とコメ

ントしたことがある．ヒット商品を開発することがいかに困難かわかると思う．

性格や素質はもちろん重要であるが，まず例題 11.4 をやってみて，セレンディピティに出会える力があるかどうか試してみよう．

例題 11.4 ❖❖❖❖❖

まず初めに，図 11.6 の記事を一分間見よ．

> **Kenji Uchino** is an enthusiastic explainer of the mysteries of miniaturization who manages to not only explain complex subjects, but to get his listeners caught up in the excitement of discovery. In the classroom, he introduces students to the joys of ferroelectricity. In industry, he has collaborated in the development of dozens of specialized patented devices.
>
> 15

図 11.6　テスト記事（本記事は学術雑誌から無作為に引用したものである）

次の質問に，○×で答えよ．
(1) 彼の名前は Ohuchi である
(2) 彼の記事は学術雑誌の 15 ページに載っている
(3) 彼はヒゲをはやしている
(4) 彼は水玉模様のネクタイをしている

解 (1)× (2)○ (3)○ (4)×
コメント

	点数	素質
完全に理解して解答	4	良い**技術者**になれるでしょう
当て推量	2-3	**管理職**か **SE** がよいでしょう
見当がつかない	0	**技術者**への道は遠い

技術者になりたいならば，まず書いてあることを覚えようとするだろう．もし質問(1)，(2)に答えられなかったら，その素質が少し足りないかもしれない．人物の特徴である「ヒゲ」には当然気付いてほしい．しかしネクタイにまで気付く読者はあまりいないのではないだろうか．**「見ようとしなければ見えない」**のである．

著者はいつも採用面接のときのくだけた質問として，次のようなことを聞いている．
(a) ほんの少し前，会社の階段を上ってきたと思うけど，何段ありましたか？
(b) 会社の入り口近くにもあるけれど，歩行者信号を見たことはありますね．青信号の歩いている人は覚えていますか？右に歩いていますか？左に歩いていますか？

二番目の質問に関しては，ほとんどの応募者は覚えていると答えるのだが，歩いている方向はいろいろな答えがある．「覚えていません」と答える人には丁重にお引き取り願っている．答えが「左」で合っていたとしたら，それがたとえカンで合っていたとしても，単に確率 50 [%] で合っていたとしても，その人は幹部候補生であろう．正解がしっかりした記憶からのものであったなら，その人は**主任技術者**として採用である．

❖

もしも人生の三つのチャンスを逃してしまったとしたら，どうしたらよいのであろうか？研究者を辞めなければならないのか？そのような読者（著者もそうであるが）には次の例を読んでほしい．我々は，**直感**を使ったより系統的な手法で研究することができるのである．著者は，
(1) 二次効果
(2) 科学的アナロジ
を利用している．

(1) よく知られているように，すべての現象には一次効果と二次効果があり，たいていは線形現象と二次現象である．電気光学デバイスでは，すでに学んだようにポッケルス効果が一次効果であり，カー効果が二次効果である．アクチュエータ材料では，圧電効果と電歪効果がその関係にある．

著者がアクチュエータの研究を始めた1970年代中頃，スペースシャトル計画では特に，数波長の光路長を制御する「可変形鏡」に精密な「変位トランスデューサ」(当時はこの用語を使っていた)が必要とされていた．ところが従来の圧電PZTセラミックスでは高印加電界によるヒステリシスやエージングに悩まされていた．これは光学位置決め装置には致命的な問題であった．ところが，中心対称性を持つ結晶の二次効果である電歪にはヒステリシスやエージングが無かったのである．応答性は，ドメイン再配向を必要とする圧電材料よりはずっと速く，分極が必要ない点も優れている．

しかし当時のほとんどの研究者は，二次効果は小さな効果で一次効果を超えることはないと考えていた．もちろんほとんどの場合，この考え方は合っているであろう．しかし著者の研究グループはついに巨大電歪効果を示すPMN系リラクサ強誘電体を発見したのである．

(2) おそらくほとんどの読者は形状記憶合金をご存じだろう．熱を加えると形が元に戻る材料である．基本原理はオーステナイト相からマルテンサイト相への相転移である．「応力や温度によって相転移が誘起される」のである．著者は同様の効果が強誘電体材料にもあるのではと考えた(科学的アナロジ)．実はあったのである．反強誘電相から強誘電相への「電界誘起」相転移である．このタイプの相転移は応答性がよく理論的にエネルギ効率が高い．このような理論的予想のもと，ジルコン酸鉛系反強誘電体を集中的に研究したところ，セラミックアクチュエータ材料における「形状記憶効果」を発見することができた．

2) 高性能

コンポジット効果の考え方は特に，特性や性能指数を系統的に改良する時に有効である．10章で学んだように，組み合わせ効果によって圧電PZT：ポリマコンポジットの性能指数 $g(=d/\varepsilon)$ を改善することができた．

積効果はさらにすばらしく，簡単な磁場モニタとして使われるPhilipsの磁電材料がその好例である．著者の光歪み材料も同様な理由づけから発見されたものである．「R&D Innovator」[14]から引用した次の逸話も興味深いので紹介しよう．

私は電気を使わず光エネルギから直接音に変換する技術のブレークスルーを行ったのである．おそらくこの発見は光話機を実現でき，光話網の商業化のきっかけになるであろう．またロボットの制御に電線を用いることなく光を直接用いることもできるようになるだろう．
　だが，どこでこのような光変換のアイディアを思いついたのであろうか？それは，仕事場の窓から射す太陽光ではなく，暖かな日差しでもない．カラオケバーの薄暗い光の下であった．
　「光制御アクチュエータ」を研究するきっかけになったのは，東京工業大学でセラミックアクチュエータ（電気エネルギを機械エネルギに変換するトランスデューサの一種）の研究に従事していた頃であった．1980年，精密機械の友人とカラオケで飲んでいた時のことであった．仲間内では「五時から会議」と呼んでいた．その友人はミリサイズの歩行ロボットのようなマイクロメカニズムを研究していた．歩行機構（ミリサイズ）は電気で制御を行っていたが，小さくなるにつれて軽くなるために摩擦力が小さくなる一方，リード線が相対的に重くなって動きがスムーズにならなかった．
　何杯か飲むにつれて「もしも～だったら」ゲームになっていった．「アクチュエータ専門家の君だったら，どんな遠隔操作アクチュエータをつくるかな？電気配線なしだったら？」ほとんどの人にとっては，「遠隔操作」すなわち電波，光波，音波である．一般的に考えれば，光制御アクチュエータは光エネルギを二回変換しなければならないからである．「光→電気」そして「電気→機械」である．セラミックスでは，「光起電力効果」と「圧電効果」である．
　太陽電池は光起電力効果の代表例であるが，圧電素子を駆動するほどの高電圧は発生しない．だから友人のアクチュエータには別の光起電力効果をもつ素子が必要であった．我々は飲んだり歌ったりしながら知的ゲームを楽しんだ．その夜はちょっと飲み過ぎたようで，なんのアイディアもないのに私はそんなアクチュエータを作ってやると彼に約束してしまった．
　ところで，私の仕事は応用研究であるが基礎研究の学会にもよく出かけていた．そこはある意味アイディアの宝庫といえる．例の約束の六ヶ月後であった．その会合の一つで私はロシア人物理学者の「紫色光で高起電力（10 [kV/mm]）を生じるニオブ酸リチウム単結晶」の報告を聞いた．「これだ！」と思った．圧電アクチュエータの電源用材料にならないであろうか？紫色光で直接機械的出力が得られないだろうか？
　私は早速研究室に戻り，PZT圧電セラミックス板の上にニオブ酸リチウム板を重ね合わせた．紫色光を照射し圧電効果（機械変位）を観測した．しかしその電圧上昇はきわめて遅く，変位が観測できる電圧になるまでたっぷり一時間待たされた．
　そこで思いついたのは，「単結晶自体にセンサとアクチュエータの両機能を持たせたらどうだろう？」「光起電力効果と圧電効果を非中心対称性単結晶に持たせられないだろうか？」ということである．その後の多くの研究の結果，タングステンを添加したPLZTでその機能が実現できることを発見した．紫色光に反応し，大きな圧電効果を持ち，しかも作りやすい．
　この材料を用いてデバイスを作るには，二枚のPLZT板を分極方向が逆になるようにして貼り付け，端面に共通電極を設ける．一枚に紫色光を照射すると長さ方向に7 [kV] の光起電

力を生じた．分極方向が逆なので片方は伸びてもう片方は縮み，光から遠ざかる方向に長さに対して約 0.1 [%] の歪みを生じた．長さ 20 [mm]，厚み 0.4 [mm] のバイモルフ端面で 150 [μm] の変位である．応答速度は 1 秒であった．このくらいの応答速度なら十分魅力的な材料である．

　私はこの材料を使って，友人との約束通り「光駆動マイクロ歩行メカニズム」を組み立てた．プラスチックの板に二枚のバイモルフを足のように取り付けた光駆動アクチュエータの各々の足に交互に光を照射することで，インチワームのように動くことが確認できた．電気配線や電気回路がなくても動いたのである！友人との約束から七年後の 1987 年のことであった．

　私はこの「おもちゃ」のおかげで忙しくなったが，夜の東京で「五時から会議」に参加できないほどではなかった．1989 年，いつものカラオケバーで電話会社に勤める別の友人に光駆動アクチュエータについて話していた．するとその友人は，その材料で光音響変換素子ができないかと聞いてきた．おそらく光ファイバ通信の問題を解決する糸口にできないかと思ったのではないだろうか．

　近年，レーザや光ファイバによる高速通信技術の急速な進歩に伴い，音声を送る技術（電話）も急速に進んできている．しかし最後に音声信号を音に変換する技術（スピーカ）は技術の進歩に追いついておらず，光音声信号はいったん電気信号に変換されてから機械信号に変換される二段階変換をしなければならなかった．

　しかし私の材料を使えば光音声信号をそのまま音声に変換できるのである．そこで二つのビームをチョッピングして 180° の位相差をもつビームにする．それらをそれぞれ光歪みバイモルフの両面に照射する．共振点の 75 [Hz] において先端の変位が測定できた．可聴範囲ギリギリであった．現在我々は本物の光スピーカ（光話機）の実現に向けて努力している．振動周波数を可聴周波数波範囲全体に拡げるためには現在の応答周波数を数倍にしなければならず，さまざまなアイディアを研究している．光話機（Photophone）は光通信のブレークスルーになるに違いない．

　ま，これが私から読者皆さんへのメッセージである．それはにぎやかなカラオケバーを見つけることか？おそらくそれは必要ない．しかし，自分の専門から離れたところ（基礎研究分野，特殊な応用分野など）の話を聞くことは必要であろう．

❖❖❖❖❖❖❖❖❖❖❖❖❖❖❖❖❖❖❖❖❖❖❖❖❖❖❖❖❖❖❖❖❖❖❖❖

　「モノモルフ」（半導性圧電たわみアクチュエータ）を発見した時も同じような状況であった．日本物理学会に参加している時，ショットキー障壁の形成による強誘電体単結晶の表面相生成について学ぶことができた．セラミックスにその現象を適応することは技術的にはさほど困難ではなかった．最初に多結晶圧電セラミックスを用い，さまざまな還元処理をすることでショットキー障壁を厚くすることができた．そして最終的に，単板でたわむことができるアクチュエータを実現することができた．モノ

モルフの誕生である．近年，モノモルフの一種である「RAINBOW」構造の製造工程を Aura Ceramics が独自に開発した．

(4) 商品企画創造性
1) シーズとニーズ

著者は会社の商品企画部門の方にいつも「十年前の研究を見直せ」と提案している．もしも**社会のニーズ**がまだあれば，関連特許の期限が切れているかそろそろ切れるころなのでビジネスチャンスなのである．最も重要なことは，当時なぜその研究をやめてしまったのかその理由をはっきりさせることと，現在の会社の状況や技術力でその問題が解決できるかどうかを正しく判断することである．

二次元ディスプレイと圧電トランスにその例を見ることができるであろう．第8章で述べたように二次元 PLZT ディスプレイは当時最新のナノ粉体技術とテープキャスティング法を用いて実現した．今後の技術開発の動向を注意深く見守っていこう．

圧電トランスは最初1970年代初めにカラーテレビの高電圧源として商品化されたことがあった．しかしクラックや破壊による信頼性の低下から一年たたずして消え去ってしまった．しかし現在，三つのキーファクタによって二度目の商品化は成功している．それは，液晶ディスプレイの爆発的普及によるバックライト用インバータとしての強力なニーズ，粉体技術の進歩による充分な機械的強度をもった圧電セラミックスの実現，そして有限要素法（FEM）による電気機械振動シミュレーションを利用した設計技術の進歩である．

将来の技術の予測もまた「シーズ」を発見する重要な商品企画の仕事である．Battelle による2005年のトップテン予測をリストにする[15]（Battelle は定期的に将来の技術的ニーズを報告している）．

---

1. **ヒトゲノムマップ**：遺伝子情報に基づいた個人認証や医療診断は，疾病予防治療やある種のガンの治療につながる．
2. **超材料**：新材料の設計／製作をコンピュータによって分子レベルで行えるようになり，輸送，コンピュータ，エネルギ，通信分野で利用可能な新しい高性能材料が出現する．
3. **燃料電池のような小型，長寿命で持ち運び可能なエネルギ源**：未来の電子機器（たとえば携帯用パソコン）に電力を供給する．
4. **デジタル高画質テレビ**：アメリカのテレビメーカーの大きなブレークスルーであり大きな収入源となる．より進歩したコンピュータ設計および映像化のツールになるであろう．
5. **パーソナル電子機器の小型化**：ファックス，電話，コンピュータ機能（ハードディスクは

地方の図書館が丸ごと入るくらいの容量）をもつポケットサイズの双方向無線データセンタ．
6. **適当な価格の「スマートシステム」**：電源，センサ，制御が一体化．このシステムは結局，製造工程を最初から最後までコントロールする．
7. **老化防止製品**：遺伝子情報に基づいた老化を遅らせるシステム．よく効く肌若返りクリームも出現する．
8. **高度医療**：患部位置を正確に突き止める高精度センサ．ガン治療化学療法のような，薬品を効いてほしい部位に正確に運ぶ薬品輸送システム（吐き気や脱毛などの副作用を減少させる）．
9. **複合燃料自動車**：いろいろな燃料で走れるスマート自動車．走行条件にもっとも適した燃料を選択できる．
10. **エデュテインメント(Edutainment)**：コンピュータの扱いに慣れた学生には，教育ゲームやコンピュータシミュレーションなどが好みにあう．

❖❖❖❖❖❖❖❖❖❖❖❖❖❖❖❖❖❖❖❖❖❖❖❖❖❖❖❖❖❖❖❖❖

特に2，3，4，5，6，8，9の分野では強誘電体デバイスが高い確率で使えることに注意されたい．

アクチュエータのさらなる小型化は血液検査キットや手術用カテーテルなどの医療用診断応用で求められている．特にマイクロ電気機械システム（MEMS）分野の伸びが近年著しい．そのMEMS分野では静電力がよく用いられているが，一般に発生力はあまり大きくなく物体を効率よく動かすことは困難であった．そこでより大きな力が期待できる圧電薄膜（シリコン技術と同様に扱える）をMEMSに応用する集中的な研究が始まっている．シリコン膜でできた直径2[mm]の超音波マイクロモータがその一例である（図11.7）[16]．この試作モータであってもシリコン製モータと比較してオーダで3~4桁大きなトルクを発生できた．

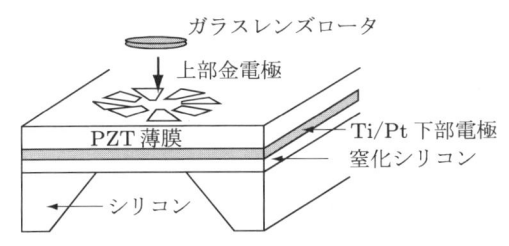

図11.7 シリコン膜上に作られた直径2[mm]の回転型超音波モータ

小型ロボット／アクチュエータのサイズが減少すると相対的に電源用電線の重量が無視できなくなってきた．0.1 [mm] レベルのデバイスでは明らかにリモートコントロールが必要である．光駆動アクチュエータはその点でマイクロロボットに利用できる有望なアクチュエータである．

2) 開発速度

新しいコンセプトや新製品を紹介するには，速すぎても遅すぎてもいけない．研究開発のスピードが重要になってくる．強誘電体分野では商品化に先駆けて三年がちょうどよいくらいであろう．フォード自動車は開発期間を従来の五年から三年へ短縮し，「トーラス」で成功した．

3) 仕様

一般に，圧電アクチュエータの駆動電圧を低くすることは重要であるが，持ち運びできる製品に圧電アクチュエータを利用する場合にはそうとは限らない場合がある．皆さんは設計に使える電圧にはどのような種類があるかご存じであろうか．1.5，3，6，12（乗用車，オートバイ），24（バス，トラック），250 [V] である．

著者が COPAL と共同研究でバイモルフを用いた圧電カメラシャッタを開発していた頃，当初は駆動電圧 100 [V] の通常のバイモルフを利用しようとしていた．しかし 100 [V] 電源が新たに必要でそれにかかるコストが数百円．そこでセラミックスを少し厚くして，250 [V]（ストロボ用の電源回路と共用できる）で駆動できるようにバイモルフの設計変更を行った．

読者が製品の仕様設計を担当した時には，必要な情報を集める必要がある．
- 感度
- サイズ
- 寿命
- 利用可能電源

4) 設計

たとえ装置の性能がほとんど同じであったとしても，売り上げはデザイン，色などに大きく左右されるのはご存知の通りである．市場創造性の部分で述べたように，商品は社会的トレンドに合ったものでなければならない．

表 11.6 に日米の開発コンセプトの違いをまとめた．読者は，アメリカで放送されているサムソナイトのテレビコマーシャルをご存じであろうか．スーツケースが十階建てのビルから落とされても壊れない，というものである．このコマーシャルからはサムソナイトのスーツケースがいかに丈夫で壊れないかがわかる．この典型的なアメリ

表 11.6 日米の開発コンセプトの違い

アメリカ合衆国	日本
最高のデバイス	良いデバイス
軍用品	民生品
最新技術	熟成技術
値段は問わない	低価格
（信頼性）	（新規性，タイミング）

カ的コマーシャルはすばらしいのだが，中身（例えばガラス製品）の安全性についてふれていない点が不満である．

任天堂ゲームボーイの宣伝はまったく異なるコンセプトで行われた．新しさとタイミングである．ゲームは単にタイミングが悪いだけでも売れゆきが悪くなるものである．

もしかするとあるゲーム機メーカーが商品を開発した時，ソフトと本体のコネクタ部分に注目したのではないだろうか．コネクタ部分の耐久性を100回くらいに「弱く」したのかもしれない．100回といえば，平均的な子供なら三から六ヶ月くらいであろう．もしこのおもちゃが壊れた時，子供たちは母親に文句をいうだろうが，おそらく「ゲームのやりすぎでしょ！勉強しなさい！」となるであろう．このシナリオでは母親はメーカーに苦情を言わないことになっている．もちろん子供たちは，一度楽しいゲームの味を知ってしまったらゲーム機なしでは過ごせない．新しいゲーム機をお小遣いで買うだろう．このシナリオが当たっているとしたら，この戦略にはすばらしいものがある．

5) スマートシステム

近年，「インテリジェント」とか「スマート」と呼ばれる材料，構造，システムがよく使われている．「スマート」の基本は「センサ」と「アクチュエータ」の機能をあわせもつことである．著者はここに結びの言葉として個人的意見を述べたいと思う．

新しい「センサ」機能が必要とされた時，ほとんどの研究者はシステムに付加機能を持たせようとするだろうが，システムが複雑化，大型化し，高価になってしまうおそれがある．著者らのグループは，従来材料／構造に新しい機能を加えると同時に，システムの部品点数の減少，小型化，低コスト化など，莫大な貢献をしている．光歪みアクチュエータは「インテリジェント」材料の好例である．照射された光を「センシング」し，光強度に比例した電圧／電流を発生すると同時に，誘起電圧が「制御」電圧として歪みを誘起し，最終的に機械的「アクチュエーション」となる．

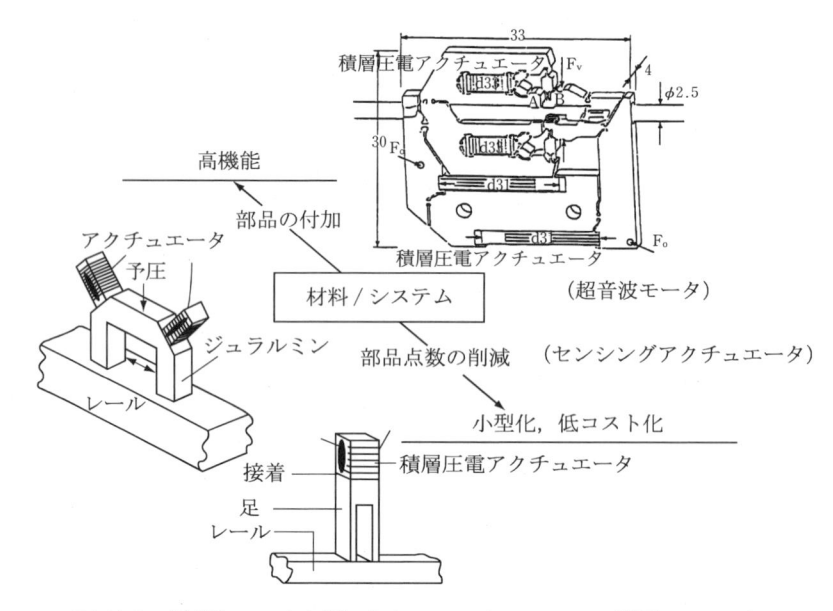

図11.8 超音波モータを例にしたスマートシステムの開発コンセプト

　超音波モータを例にしたスマートシステムの研究開発コンセプトを図11.8に示す．二つの圧電アクチュエータと二つの電源をもつ進行波型超音波モータから始まり，いくつかの研究グループは四個の圧電アクチュエータをもつ複雑な超音波モータへと移っていった．しかし我々のグループはより簡単な方へと逆のアプローチをとり，一個のアクチュエータによる定在波型超音波モータを開発したのである．

章のまとめ

1. 強誘電体の応用
    (1) 高誘電率材料
    (2) 強誘電体メモリ
    (3) 焦電デバイス
    (4) 圧電デバイス
    (5) 電気光学デバイス
    (6) PTC材料
    (7) 複合材料
2. 強誘電体デバイスのマーケットシェア　2000億円
    (1) キャパシタ

(2)圧電デバイス
　　　(3)サーミスタ
3. 強誘電体デバイスの信頼性
　　a. セラミックスの信頼性
　　　セラミックスの再現性，温度特性，特性の電界／応力依存性，エージング
　　b. デバイスの信頼性
　　　電極材料，電極デザイン，層厚み依存性，破壊検出技術
　　c. 駆動技術
　　　パルス駆動法，発熱機構，ハイパワー駆動技術
4. ベストセラーデバイス
　　a. ビジネス戦略
　　　技術の創造，商品企画の創造，市場の創造
　　b. 市場創造性
　　　顧客の選択
　　　焦点をしぼる
　　　市場の支配
　　c. 技術的創造性
　　　セレンディピティ，アナロジ，積効果
　　d. 商品企画創造性
　　　シーズとニーズ，開発速度，仕様
5. スマートシステムの方向性
　　a. 高付加価値化
　　b. 小型化や低価格化に向けた部品点数低減

参 考 文 献

1) J. Ceram. Soc. Jpn., December issue (1984).
2) J. Ceram. Soc. Jpn., December issue (1990).
3) K. Uchino : Piezoelectric Actuators and Ultrasonic Motors, Kluwer Academic Publishers, MA (1996).
4) K. Uchino : Proc. 9 th Int'l. Symp. Appl. Ferroelectrics, p.319 (1995).
5) K. Abe, K. Uchino and S. Nomura : Jpn. J. Appl. Phys., 21, L 408 (1982).
6) K. Nagata : Proc. 49 th Solid State Actuator Study Committee, JTTAS (1995).
7) K. Uchino and H. Aburatani : Proc. 2 nd Int'l Conf. Intelligent Materials, p.1248

(1994).
8) H. Aburatani and K. Uchino : Amer. Ceram. Soc. Annual Mtg. Proc., SXIX-37-96, Indianapolis, April (1996).
9) J. Zheng, S. Takahashi, S. Yoshikawa, K. Uchino and J. W. C. de Vries : J. Amer. Ceram. Soc. 79, 3193 (1996).
10) N. Kanbe, M. Aoyagi, S. Hirose and Y. Tomikawa : J. Acoust. Soc. Jpn. (E), 14 (4), 235 (1993).
11) Weekly Diamond, June 6 (1987).
12) M. Treacy and F. Wiersema : Discipline of Market Leaders, Addison-Wesley Publishing, MA (1996).
13) Y. Hiroshima : Product Planning in the Feeling Consumer Era (1996).
14) R&D Innovator, 4, No.3, Winston J. Brill & Associates (1995).
15) Battelle company report (1995).
16) A. M. Flyn, L. S. Tavrow, S. F. Bart, R. A. Brooks, D. J. Ehrlich, K. R. Udayakumar and L. E. Cross : J. Microelectro-mechanical Systems, 1, 44 (1992).

さくいん

あ 行

アクセプタ　59
圧電アクチュエータ　168
圧電共振　151
圧電コンポジット　146
圧電材料　6, 142
圧電シャッタ　180
圧電性能指数　135
圧電体　1
圧電電圧定数　135, 238
圧電／電歪トランスデューサ　21
圧電トランス　164
圧電歪み定数　135
圧電複合材料　146, 235
圧電方程式　151
アルコキシド　65
アルコキシド法　64
安全システム　260
イオン結晶　4
イオン分極　4
イオン分極率　8
イオン・ラットリングモデル　102
異常光　16, 18
異常粒成長　68
位相遅れ　16
位置決め素子　172
一次の相転移　41
一体構造の拡大機構　180
一体焼結　71
インチワーム　182
インテリジェント材料　3
インピーダンス整合　247
ウッドペッカー型　185
永久双極子　5
エージング　257
エネルギ伝達率　137
エネルギ閉じ込め型フィルタ　161
エネルギ閉じ込め原理　161
応答性　125
オートトラッキングシステム　178

オーバーシュート　173
音響インピーダンス　141, 142
音響モード　7
音速　1

か 行

カー効果　16, 206, 208
仮焼　64
加速度センサ　149
可塑剤　72
片持ち梁　73
ガードバンドノイズ　178
緩和型強誘電体　102
機械インピーダンス　141
機械ダンパ　247
機械的品質係数　140
揮発性メモリ　112
逆圧電効果　3, 11, 12, 45
逆電歪効果　45, 150
キャパシタ　99
キュリー温度　19
キュリー・ワイス温度　19
キュリー・ワイス則　19
キュリー・ワイス定数　19
共振　156
共振器　161
共振周波数　156
共振歪み素子　172
共沈法　64, 65
強誘電性　4, 3, 5, 6, 13
強誘電体 DRAM　116
強誘電体メモリ　21
強誘電分域の再配向　84
局所場　7
空孔率　257
空乏層　114
屈折率　15, 206
屈折率楕円体　15
クリープ　257
グリーンシート　71, 72
グレイン　67

グレインバウンダリ　67
クロストーク　220
形状記憶効果　169
結合効果　236, 238
ゲート　115
現象論　55
光学モード　7
交差指電極　162
格子振動　6
剛体イオンバネモデル　11
抗電界　84, 86, 92
高誘電率キャパシタ　21, 99
効率　139
コネクティビティ　235
コランバイト　64
コリオリ力　150
コンプライアンス　1
コンポジット　146, 235

さ　行

最大歪み　59
サーフィン型　186
サーボ変位トランスデューサ　172, 177
酸化物混合法　64
散漫相転移　103
磁電材料　239
自発歪み　20, 88
自発分極　5, 6, 12, 20
シム　73
ジャイロスコープ　149
重水素化硫酸グリシン　131
主歪み　88, 92
寿命　257
昇圧比　165
常光　16, 18
焼成　67
焦電係数　123
焦電効果　123
焦電性　6
焦電センサ　21, 123
焦電体　3
真空の誘電率　5
進行波型超音波モータ　186
進行波型モータ　191
振動速度　61, 62
振動モード　152

シンバル　77, 171
スティッフネス　1
ステレオテレビ　215
スパッタリング　79
スペーシング角　178
スマート材料　3
スマートシステム　277
スラリー　71
正圧電効果　148
正常粒成長　68
制振効果　247
静水圧モデル　84
静的歪み素子　172
性能指数　127
赤外線センサ　130
積効果　236, 239
積層　70, 71, 100, 170
切断接着法　71
セラミックキャパシタ　99
セラミック電極　258
セレンディピティ　268
ゼロ点ドリフト　257
せん断応力　35
全面電極　258
双極子モーメント　1, 6
層状構造強誘電体　124
相転移　38
束縛容量　156
ソース　115
ソフト圧電材料　172
ソフトエラー　113
ソフトな圧電材料　61
ソフトフォノンモード　7
ゾル-ゲル法　65

た　行

楕円軌跡　185
多結晶　143
脱分極　257
縦方向に拘束した試料の誘電率　155
単結晶　142
弾性表面波　162
単分域－多分域転移モデル　82
チタン酸バリウム　9, 10, 19, 64, 87
中心対称性　5
超音波　158

さくいん　283

超音波トランスデューサ　158
超音波モータ　172, 183
直接圧電効果　45
定在波型超音波モータ　185
定在波型モータ　186
デジタル変位素子　169
デバイスの信頼性　258
テープキャスティング法　71
電界誘起歪み　11
添加物　68
添加物効果　59
電気インピーダンス　155
電気機械結合係数　14, 136, 151
電気光学効果　15, 206
電気光学素子　21, 206
電気双極子　4
電気的等価回路　63
電気熱量効果　3
電気分極　4
電気変位　5
点群　5
電子分極　4
テンソル　24
テンソルの簡易表記　28
伝導性ウィンドウ　238
電歪　11, 172
電歪効果　12, 45
電歪の現象論　42
等価回路　157
動キャパシタンス　156
導波路　222
ドクタ・ブレード　72
ドットマトリックスプリンタヘッド　173
ドナー　59
ドメインのピン留め効果　60
トリビアル材料　3
ドレイン　115

な 行

内部電極　71
ニオブ酸リチウム　164
二次元ディスプレイ　216
二次の相転移　39
二重履歴曲線　47
ねじり結合子　187
ネール温度　49

は 行

π型リニアモータ　189
配向分極　4
バイモルフ　73, 171
パイロクロア相　64
バインダ　72
薄膜／厚膜　78
発熱　61
ハッブル望遠鏡　177
ハード圧電材料　172
ハードな圧電材料　61
バルク電気光学デバイス　214
パルス駆動法　173
パルス駆動モータ　172, 180
パルス幅変調　198
反共振　156
反共振周波数　156
反強誘電体　47
反転層　114
半波長電圧　17, 19, 207
光起電力効果　272
光スイッチ　218
光伝導フィルム　215
微視的ドメイン　109
微視的な組成のゆらぎ　103
歪み　11
非調和性　12
比誘電率　1, 5
表面張力　84
フィルタ　161
不揮発性メモリ　112, 119
複屈折　206
複合材料　77
不純物　257
プリンタヘッド　180
フローティング電極　258
分極　1
分極反転　12
分散剤　72
ペロブスカイト　19
ペロブスカイト結晶　6
変位　11
変換マトリックス　35

ポアソンの方程式　228
ポアソン比　86
方向余弦　38
ポッケルス効果　16, 208

ま 行

摩擦材料　183
マーデルングエネルギ　96
ムーニー　76, 171
モノモルフ　95, 98
モルフォトロピック相境界　62, 143

や 行

誘電緩和　81, 105, 109
誘電緩和現象　102
誘電損失　109
誘電体　4, 99
誘電分極　5
誘電率　5, 99
ユニタリマトリックス　25
ユニモルフ　73
溶媒　72

ら 行

ラプラス変換　174
ランダウ理論　38
粒界層キャパシタ　231
粒径　257
リラクサ　102
リラクサ強誘電体　145
履歴　13, 47
履歴率　59
臨界粒径　82
レイリー波　162
ローレンツ因子　8

わ 行

和効果　236, 237

欧 文

$BaTiO_3$　80
Cole-Cole 関係　107
Curie-Weiss の法則　1
Debye の分散関係　107
DRAM　112
D-TGS　131
Ferpic　214
FET　112
FRAM　118
Känzig region　103
$LiNbO_3$　69, 221
MFSFET　120
MOSFET　112
$PbZrO_3$　50
PLZT　17, 55, 81, 168, 208, 272
PMN　13, 49, 64, 145, 169, 212
PT　55
PTC　225
PTCR　225
PTC 現象　225
PTC サーミスタ　21
PVDF　130, 146
PZN　110, 210
PZT　13, 55, 64, 143, 168
PZT：ポリマ複合材料　240
Skanavi 型誘電緩和　105
$SrTiO_3$　116
TEMS　180
Uchida-Ikeda モデル　87

訳　者　略　歴

内野　研二（うちの・けんじ）
　1950 年　東京都に生まれる
　1975 年　東京工業大学理工学研究科電子物理工学専攻修了
　1976 年　東京工業大学工学部助手
　1978 年　米国ペンシルベニア州立大学材質研究所研究員
　1985 年　上智大学理工学部物理学科助教授
　1991 年　米国ペンシルベニア州立大学工学部電気工学科教授
　1992 年　同大学国際アクチュエータ・トランスデューサ研究所所長兼任
　2004 年　マイクロメカトロニクス社（米国）上級副社長兼職
　　　　　現在に至る
　　　　　工学博士
　　　その間，宇宙開発事業団（NASDA）スペースシャトル利用委員会専門委員，東京セーバー電子株式会社監査役，NF 回路設計ブロックシステム技術研究所副所長，NF Electronics Instruments, USA 副社長，通商産業省（現経済産業省）外郭日本工業技術振興協会固体アクチュエータ研究部会（現スマートアクチュエータ／センサ委員会）委員長を歴任

石井　孝明（いしい・たかあき）
　1964 年　千葉県に生まれる
　1990 年　上智大学大学院理工学研究科物理学専攻修了
　1990 年　アルプス電気株式会社（日本）入社
　1994 年　東京工業大学精密工学研究所助手
　2002 年　山梨大学工学部機械システム工学科助手
　2003 年　山梨大学大学院医学工学総合研究部工学学域助手
　2007 年　山梨大学工学部機械システム工学科　准教授
　　　　　現在に至る
　　　　　博士（工学）

強誘電体デバイス　　　　　　　　　　　　　　　　版権取得　2002
2005 年 8 月 25 日　第 1 版第 1 刷発行　　【本書の無断転載を禁ず】
2008 年 10 月 20 日　第 1 版第 2 刷発行

訳　　者　内野研二・石井孝明
発　行　者　森北博巳
発　行　所　森北出版株式会社
　　　　　　東京都千代田区富士見 1-4-11（〒102-0071）
　　　　　　電話 03-3265-8341／FAX 03-3264-8709
　　　　　　http://www.morikita.co.jp/
　　　　　　日本書籍出版協会・自然科学書協会・工学書協会　会員
　　　　　　JCLS ＜(株)日本著作出版権管理システム委託出版物＞

落丁・乱丁本はお取替えいたします　　　　印刷／壮光舎・製本／協栄製本

Printed in Japan／ISBN978-4-627-77251-9

図書案内 >>> 森北出版

書名	著者	判型	頁数
図解 組込みマイコンの基礎 C言語でH8マイコンを使いこなす	中島敏彦／著	菊判	192頁
作って学ぶCPU設計入門 エミュレータでよくわかる！内部動作とAHDL設計・FPGA実装	葉山清輝／著	B5判	160頁
ＶＨＤＬによるディジタル電子回路設計	兼田 護／著	菊判	160頁
図解 VHDL実習 ゼロからわかるハードウェア記述言語	堀 桂太郎／著	B5判	224頁
図解 Verilog HDL実習 ゼロからわかるハードウェア記述言語	堀 桂太郎／著	B5変形	232頁
しっかり学べる基礎ディジタル回路	湯田春雄・堀端孝俊／著	A5判	212頁
固体物性入門 例題・演習と詳しい解答で理解する	沼居貴陽／著	菊判	276頁
例題で学ぶ半導体デバイス	沼居貴陽／著	菊判	216頁
やさしい電子物性	宮入圭一・橋本佳男／著	A5判	192頁
ワイドギャップ半導体光電子デバイス 青色レーザ・発光ダイオード	高橋 清／監修	菊判	440頁
電気機器の電気力学と制御 電磁現象のモデリングから制御系設計まで	坂本哲三／著	菊判	208頁
マイクロメカトロニクス 圧電アクチュエータを中心に	内野研二・石井孝明／訳	菊判	400頁
電気鉄道（第2版）	松本雅行／著	菊判	304頁
放電プラズマ工学	八坂保能／著	菊判	224頁
光導波路解析入門	山内潤治／監修 藪 哲郎／著	菊判	260頁
線形離散時間システム入門 基礎からScilab/MATLABシミュレーションまで	大野修一／著	菊判	272頁
大学1年生のための電気数学	高木浩一・猪原 哲・佐藤秀則 高橋 徹・向川政治／著	B5判	208頁

もっと詳しい本の情報，新刊の情報などはHPから

http://www.morikita.co.jp